"十四五"职业教育国家规划教材
"十三五"职业教育国家规划教材
"十二五"职业教育国家规划教材
高等职业教育农业农村部"十三五"规划教材

农业推广

第四版

王福海　王海波　主编

中国农业出版社

北京

内容简介

农业推广是高等职业教育种植类相关专业的一门通修课程，《农业推广 第三版》经全国职业教育教材审定委员会审定，被评为"十二五"职业教育国家规划教材。

本教材按照农业推广理论应用（项目一至项目三）、农业推广业务实践（项目四至项目七）、农业推广创新发展（项目八、项目九）三大环节，具体分为农业推广概述、农业推广行为理论、农业创新的采用与扩散、农业推广工作程序、农业推广组织与运行、农业推广模式与方法、农业推广工作评价、农业科技成果转化、农业推广案例分析等9个项目。

本教材以农业推广的主体业务工作为依托，将业务工作与学习活动有机整合，内容丰富，针对性、实用性强，适于种植类相关专业使用，同时可供农业推广专业技术人员使用。

第四版编审人员名单

主　编　王福海　王海波
副主编　崔文芳　任术琦
编　者　（以姓氏笔画为序）
　　　　马　辉（北京首都农业集团有限公司）
　　　　王海波（新疆农业职业技术学院）
　　　　王新燕（新疆农业职业技术学院）
　　　　王福海（北京农业职业学院）
　　　　任术琦（潍坊职业学院）
　　　　许红春（北京农业职业学院）
　　　　李　世（河北旅游职业学院）
　　　　宫绍斌（黑龙江农业职业技术学院）
　　　　郭宏敏（河南农业职业学院）
　　　　崔文芳（内蒙古农业大学职业技术学院）
审　稿　王德海（中国农业大学）
　　　　谢建华（农业农村部耕地质量监测保护中心）

第一版编审人员名单

主　编　王福海

副主编　吴国梁　龚永新

参　编　王季春　李　世

审　稿　申建为

第二版编审人员名单

主　编　王福海
副主编　吴国梁　王海波
编　者　（按姓氏笔画排序）
　　　　王海波（新疆农业职业技术学院）
　　　　王福海（北京农业职业学院）
　　　　刘锋明（山西农业大学原平农学院）
　　　　李　世（河北旅游职业学院）
　　　　吴国梁（河南科技学院）
　　　　姚文秋（黑龙江农业职业技术学院）
　　　　曹雯梅（河南农业职业学院）
审　稿　申建为（中国农业大学）
　　　　杜保德（北京农业职业学院）

第三版编审人员名单

主　编　王福海　王海波
副主编　崔文芳　任术琦
编　者　（以姓名笔画为序）
　　　　王海波　王新燕　王福海
　　　　任术琦　李　世　迟全勃
　　　　宫绍斌　郭宏敏　崔文芳
审　稿　王德海　谢建华

第四版前言

农业推广是高等职业教育种植类相关专业的通修课程。本教材立足于农业科技创新、农业技术推广、农业技能应用,以高素质技术技能型人才培养为核心,以农业推广主体业务工作为依托,将业务工作与教学活动对接,将工作任务与教学项目融合,突出针对性和实用新性,采用项目化结构,将农业推广知识、推广技能、实践应用、成果呈现进行有序组合,有助于农业推广工作的开展和农业科技成果的应用,为乡村振兴战略的实施提供人才和技术支撑。

本教材按照农业推广理论应用(项目一至项目三)、农业推广业务实践(项目四至项目七)、农业推广创新发展(项目八、项目九)三大环节,具体分为农业推广概述、农业推广行为理论、农业创新的采用与扩散、农业推广工作程序、农业推广组织与运行、农业推广模式与方法、农业推广工作评价、农业科技成果转化、农业推广案例分析等9个项目。本教材适合全国高职院校种植类相关专业使用,同时可供农业推广专业技术人员使用。

本教材由王福海、王海波担任主编,崔文芳、任术琦担任副主编,参与编写的还有马辉、许红春、李世、宫绍斌、郭宏敏、王新燕。

本教材承蒙王德海、谢建华审稿,谨表谢意。

限于编者水平,加之时间仓促,不足和疏漏之处在所难免,敬请读者批评指正。

编 者
2019年7月

第一版前言

《农业推广》根据教育部《关于加强高职高专教育人才培养工作意见》的精神及农业高职高专学科建设、教材建设情况编写的。

本教材作为高职高专种植类专业的通修课程，编写中以培养应用型、技能型高等职业技术人才为核心，重组课程的知识结构与技能结构，加强针对性与实用性。本教材系统地阐述了农业推广学的理论与应用，全书共12章，内容包括农业推广概述、农业创新扩散系统与理论、农业推广的行为理论、农业推广工作的原则方针和任务、农业科技成果转化、农业推广信息及其应用、农业推广教育、农业推广体系建设、农业推广方法、农业推广经营、农业推广项目管理、农业推广工作评价等。同时，安排了农业推广现状调查、技术承包合同的签订、农业推广项目的制定、农业推广项目总结、农业推广项目实施的评价等五项实验实训内容。

本教材由王福海主编，申建为主审。编写分工是：王季春编写第1章、第2章、第3章；李世编写第4章、第8章、第10章；吴国梁编写第5章、第6章；龚永新编写第7章、第9章；王福海编写第11章、第12章。

全文构思新颖，注重教材内容的科学性、职业性和针对性，强调专业知识的实用性，专业技能的适用性，是一本较为理想的高职高专教材，供全国各类农业高职高专院校种植类专业使用。

本教材承蒙中国农业大学农村发展学院申建为博士主审，谨表谢意。

由于编者水平有限，加之编写时间短，难免存在缺点和不足之处，敬请同行、读者指正。

编　者
2001年11月

第二版前言

《农业推广》根据教育部教高〔2006〕16号文件精神，结合高等农业职业院校教学改革实践及教材建设情况编写。

本教材作为高等职业教育种植类专业的通修课程，编写中以培养高素质技能型人才为核心，进行知识重构、内容重组，重点加强针对性和实用性。教材共11章，包括农业推广概述、农业推广的行为理论、农业创新的采用与扩散、农业科技成果转化、农业推广工作的原则与程序、农业推广组织与运行、农业推广模式与方法、农业推广项目的选择与实施、农业推广工作的评价、农业推广案例分析、农业推广技能。

本教材由王福海主编，申建为、杜保德主审。编写分工是：王福海编写第一章、第二章；吴国梁编写第四章、第十章；王海波编写第五章、第十一章；李世编写第八章；曹雯梅编写第九章；刘锋明编写第六章、第七章；姚文秋编写第三章。

本教材构思新颖，内容丰富，针对性、实用性强，是一本较为理想的高等职业教育教材。供全国各类农业高职院校种植类各专业使用，同时可供农业推广专业技术人员使用。

本教材承蒙中国农业大学申建为博士、北京农业职业学院杜保德博士审定，谨表谢意。

由于编者水平所限，难免存在缺点与不足，敬请指正。

编 者

2008年5月

第三版前言

《农业推广》作为高等职业教育种植类专业通修课程的教材，编写中以培养高素质技术技能型人才为核心，将业务工作与学习活动有机结合，进行知识重构、内容重组，重点加强针对性和实用性。教材采用模块、单元结构，将农业推广理论知识、实践应用、成果呈现进行有序组合，使农业推广知识的系统性、完整性，服务于农业推广工作开展的必要性、支撑性。

本教材包括农业推广理论、农业推广业务实践、农业推广创新与发展三大模块。具体单元包括农业推广概述、农业推广行为理论、农业创新的采用与扩散、农业推广工作程序、农业推广组织与运行、农业推广模式与方法、农业推广工作评价、农业科技成果转化、农业推广案例分析九个单元。本教材以农业推广的主体业务工作为依托，将业务工作与学习活动有机整合，构思新颖，内容丰富，针对性、实用性强，适于种植类各专业使用，同时可供农业推广专业技术人员使用。

本教材由王福海（北京农业职业学院）、王海波（新疆农业职业技术学院）主编，崔文芳（内蒙古农业大学职业技术学院）、任术琦（潍坊职业学院）副主编。具体编写分工如下：王福海编写模块一第1单元，宫绍斌（黑龙江农业职业技术学院）编写模块一第2单元，郭宏敏（河南农业职业学院）编写模块一第3单元，李世（河北旅游职业学院）编写模块二第1单元，迟全勃（北京农业职业学院）编写模块二第2单元，王新燕（新疆农业职业技术学院）编写模块二第3单元，崔文芳编写模块二第4单元，王海波编写模块三第1单元，任术琦编写模块三第2单元。

本教材承蒙王德海（中国农业大学）、谢建华（全国农业技术推广服务中心）审稿，谨表谢意。

由于编者水平所限，难免存在缺点与不足，敬请指正。

编　者
2013年12月

目 录

第四版前言
第一版前言
第二版前言
第三版前言

项目一　农业推广概述 ··· 1
　一、现代农业 ··· 1
　二、农业科技人才 ··· 5
　三、农业推广 ··· 6
　　技能训练 ·· 16
　　复习思考 ·· 16

项目二　农业推广行为理论 ····································· 17
　一、行为的发生与改变 ······································ 17
　二、农民行为特点及变化规律 ································ 23
　三、农民行为改变 ·· 27
　　技能训练 ·· 30
　　复习思考 ·· 31

项目三　农业创新的采用与扩散 ································· 32
　一、农业创新的采用 ·· 32
　二、农业创新的扩散 ·· 40
　　技能训练 ·· 50
　　复习思考 ·· 50

项目四　农业推广工作程序 ····································· 52
　一、农业推广的原则 ·· 52
　二、农业推广的内容 ·· 55
　三、农业推广项目选择 ······································ 56
　四、农业推广程序 ·· 62
　　技能训练 ·· 72

复习思考 ·· 73

项目五　农业推广组织与运行 ··· 74

　　一、我国的农业推广组织 ·· 74
　　二、国外农业推广组织建设 ··· 77
　　三、农业推广人员 ··· 78
　　四、农业推广运行 ··· 84
　　　技能训练 ··· 88
　　　复习思考 ··· 88

项目六　农业推广模式与方法 ··· 89

　　一、农业推广模式 ··· 89
　　二、农业推广基本方法 ··· 94
　　三、农业推广方法应用 ··· 98
　　　技能训练 ··· 103
　　　复习思考 ··· 103

项目七　农业推广工作评价 ·· 104

　　一、农业推广工作评价概述 ··· 104
　　二、农业推广工作评价的内容 ·· 106
　　三、农业推广工作评价的指标体系和方法 ··· 110
　　四、农业推广成果及报奖 ·· 122
　　　技能训练 ··· 124
　　　复习思考 ··· 125

项目八　农业科技成果转化 ·· 126

　　一、农业科技成果 ·· 126
　　二、农业科技成果转化及其评价 ·· 132
　　三、农业科技成果转化途径和主要模式 ··· 136
　　四、农业科技成果转化的制约因素和解决途径 ··· 142
　　　技能训练 ··· 144
　　　复习思考 ··· 144

项目九　农业推广案例分析 ·· 146

　　案例一　农业技术的示范辐射推广模式 ··· 146
　　案例二　农业大学主导的科技推广模式 ··· 149
　　案例三　科学家领衔科研成果带动模式 ··· 152
　　案例四　科技入村农业推广模式 ·· 153
　　案例五　"农技110"农村信息化服务模式 ··· 156

案例六　国家农业科技园区示范辐射带动模式 ·· 158
案例七　"公司＋农户"农业推广模式 ·· 160
案例八　农民专业合作社农业推广模式 ·· 163
案例九　科技文化融合的文化驻乡推广模式 ·· 167
附录Ⅰ　中华人民共和国农业技术推广法 ·· 169
附录Ⅱ　农业部关于贯彻实施《中华人民共和国农业技术推广法》的意见 ················ 174
附录Ⅲ　实施《中华人民共和国促进科技成果转化法》若干规定 ··························· 181
主要参考文献 ·· 184

项目一　农业推广概述

学习提示

本项目由三部分组成,主要讲述现代农业、农业科技人才、农业推广等相关内容。同时介绍国内外农业推广实践与理论的发展及其趋势。重点掌握现代农业、农业科技人才、农业推广的内涵、性质等,充分理解农业推广与现代农业发展、农业科技人才的关系,了解中国新时期农业推广的基本特点。

一、现代农业

现代农业(Modern Agriculture),相对于传统农业而言,是广泛应用现代科学技术、现代工业提供的生产资料和科学管理方法进行生产的社会化农业。在按农业生产力性质和水平划分的农业发展史上,现代农业属于农业的最新阶段。

农业农村现代化

(一)现代农业的内涵

现代农业是一个动态的和历史的概念,它不是一个抽象的东西,而是一个具体的事物,它是农业发展史上的一个重要阶段。从发达国家的传统农业向现代农业转变的过程看,实现农业现代化的过程包括两方面的主要内容:一是农业生产的物质条件和技术的现代化,利用先进的科学技术和生产要素装备农业,实现农业生产机械化、电气化、信息化、生物化和化学化;二是农业组织管理的现代化,实现农业生产专业化、社会化、区域化和企业化。

现代农业的本质内涵可概括为:现代农业是用现代工业装备的,用现代科学技术武装的,用现代组织管理方法来经营的社会化、商品化农业,是国民经济中具有较强竞争力的现代产业。原国家科学技术委员会发布的中国农业科学技术政策,对现代农业的内涵分为三个领域来表述:产前领域,包括农业机械、化肥、水利、农药、地膜等领域;产中领域,包括种植业(含种子产业)、林业、畜牧业(含饲料生产)和水产业;产后领域,包括农产品产后加工、储藏、运输、营销及进出口贸易技术等。从上述界定可以看出,现代农业不再局限于传统的种植业、养殖业等农业部门,而是包括了生产资料工业、食品加工业等第二产业和交通运输、技术和信息服务等第三产业的内容,原有的第一产业扩大到第二产业和第三产业。现代农业成为一个与发展农业相关、为发展农业服务的产业群体。这个围绕着农业生产而形成的庞大的产业群,在市场机制的作用下,与农业生产形成稳定的相互依赖、相互促进的利益共同体。

综合国内外建设现代农业的经验，对我国现代农业的基本内涵可以理解归纳为以下几方面：

1. 用现代物质条件装备农业 农业现代化，都是与工业现代化的进程相适应的，是在现代工业发展之后才逐步实现的。农业生产率的大幅度提高，实际是工业物化劳动的转变。工业的发展，为传统农业向现代农业转变创造了物质条件。农业机械的应用，使机械动力替代了人力、畜力，大大降低了劳动强度，提高了劳动生产率；化肥、农药的应用，使病虫害控制取得巨大突破，作物产量大幅上升；农田水利、地膜等农业设施的应用，使农业抗御自然灾害的能力显著提高。因此，只有不断运用先进的现代物质条件装备农业，现代农业建设才能不断前进。

2. 用科学技术提升农业 随着现代工业的发展和现代农业技术体系的形成和推广，农业生产和经营的科学化程度空前提高，特别是现代育种技术和栽培技术、精准农业技术以及计算机技术、激光技术在农业生产过程中的广泛应用，显著提高了农业的抗风险能力，科技的创新推动了农业的发展。

3. 用产业体系支持现代农业 发达的支持产业是现代农业产业体系的一个重要标志。现代农业的发展，需要全方位、高水平的服务体系，正是因为有了关联部门的产业发展与支持，现代农业建设才能够在一定程度上克服传统农业的不足。农业产业体系是由各种农产品的生产经营、科研、教育、服务等多个环节组成的有机整体，它包含了多条通过不同组织形式连接起来的产业链条，形成了一个有机的产业网络体系，拥有较强的抗风险能力。一般而言，现代农业产业体系包括生产要素、市场需求、相关支持产业、产业组织等四个方面主要因素。

4. 用现代经营方式推进现代农业 用现代经营方式发展农业，就是促使农业生产由自给、半自给的小规模生产向社会化的大规模商品生产转变。当今农业现代化的经营方式主要表现为产业经营一体化，其主要效应：一是有利于合理配置生产布局；二是有利于优化生产要素组合；三是有利于推进农业市场化；四是有利于提高农民的组织化程度，发展各种社会化服务，保障农民的权益。现代经营方式实现了农村和城市生产要素的有机组合，促进了农村工业化和城镇化的发展，打破了城乡分割的二元结构，使农业与工业的利润率接近，农村与城市协调发展。

5. 用现代的发展理念指导现代农业 随着时代的发展，科技力量的提升，以及适应社会发展的需要，现代农业的发展模式也应该不断地发展变化。现代农业追求综合效益最大化，农业不仅要提供物质产品，而且要提供精神产品。现代农业已经从传统的种植业、养殖业等农业部门，延伸到了制造业、农产品加工等第二产业和交通运输、相关技术服务等第三产业的内容。现代农业围绕着农业生产，形成一个稳定的相互依赖、相互促进的利益共同体，由单一经济转向了综合经济。现代农业要实现经济效益、生态效益和社会效益的有机统一。

6. 以培养新型农民来发展现代农业 发展现代农业需要有知识、懂技术、会经营、善管理的现代新型农民。因此，发展农村教育、提高农民素质、培育新型农民是发展现代农业、提升农业科技支撑的重要环节。应大力发展农村基础教育事业以及通过开展各种形式的、不同层次的科技培训，普及生态环境意识，提高农民科学文化素质，还需推进农科教结合，继续支持重大农业技术推广，加快实施科技入户工程，着力培育科技大户。

（二）现代农业的主要特征

1. 具备较高的综合生产率　现代农业具备较高的综合生产率，包括较高的土地产出率和劳动生产率。农业成为一个有较高经济效益和市场竞争力的产业，是衡量现代农业发展水平的最重要标志。

2. 成为可持续发展产业　农业自身发展具有可持续性，而且能够创造良好的区域生态环境。广泛采用生态农业、有机农业、绿色农业等生产技术和生产模式，实现淡水、土地等农业资源的可持续利用，达到区域生态的良性循环，使农业本身成为一个良好的可循环的生态系统。

3. 成为高度商业化的产业　现代农业主要为市场而生产，具有很高的商品率，通过市场机制来配置资源。商业化是以市场体系为基础的，现代农业要求建立非常完善的市场体系，包括农产品现代流通体系。离开了发达的市场体系，就不可能有真正的现代农业。农业现代化水平较高的国家，农产品商品率一般都在90%以上，有的产业商品率可达到100%。

4. 实现农业生产物质条件的现代化　以比较完善的生产条件，基础设施和现代化的物质装备为基础，集约化、高效率地使用各种现代生产投入要素，包括水、电力、农膜、肥料、农药、良种、农业机械等物质投入和农业劳动力投入，从而达到提高农业生产率的目的。

5. 实现农业科学技术的现代化　广泛采用先进适用的农业科学技术、生物技术和生产模式，改善农产品的品质、降低生产成本，以适应市场对农产品需求优质化、多样化、标准化的发展趋势。现代农业的发展过程，实质上是先进科学技术在农业领域广泛应用的过程，是用现代科技改造传统农业的过程。

6. 实现管理方式的现代化　广泛采用先进的经营方式、管理技术和管理手段，在农业生产的产前、产中、产后形成比较完整的紧密联系、有机衔接的产业链条，具有很高的组织化程度。有相对稳定、高效的农产品销售和加工转化渠道，有高效率地把分散的农民组织起来的组织体系，有高效率的现代农业管理体系。

7. 实现农民素质的现代化　具有较高素质的农业经营管理人才和劳动力，是建设现代农业的前提条件，也是现代农业的突出特征。

8. 实现生产的规模化、专业化、区域化　通过实现农业生产经营的规模化、专业化、区域化，降低公共成本和外部成本，提高农业的效益和竞争力。

9. 建立与现代农业相适应的政府宏观调控机制　政府根据现代农业发展需要，建立与现代农业相适应的政府宏观调控机制，建立完善的农业支持保护体系，包括法律体系和政策体系。

（三）现代农业的主要类型

随着社会的发展，农业越来越呈现出科学化、专业化、多样化、现代化、全球化的发展态势。由于多样化的农业具有各自的特点和职能，因此，其发展的方向和经营模式也各不相同，下面就现代化农业的各种类型与特征予以解析：

1. 可持续农业　将环境、资源、技术等诸多因素协调起来，使农业和农村协调可持续发展。可持续农业在保证农民收入的同时，保护环境不受破坏，同时保证农产品的安全性。现代农业在保证最大经济效益的同时，尽可能保证农村的各种景观，使农业生态系统保持稳定,这是一种在经济上、生态上都能持续的农业,既满足当代人的需求,又不对后代人构成危害。单纯追求产量目标的传统农业生产方式,如对土地的粗放经营、化肥的大量使用等会造成自然资源的浪费和对生态环境的污染与破坏,而现代农业强调节省资源,保持环境和生态平衡,追求低耗费、高产出和高效益,以保持农业的可持续发展。我国可持续农业的主要表现形式有生态农业、有机农业、绿色农业。

2. 特色农业　　特色农业就是利用区域内独特的农业资源(地理、气候、资源、产业基础等)开发区域内特有的名优产品,转化为特色商品的现代农业。一般来说,特色农产品的数量规模比主导农产品的小,经济规模也不一定很大,但其产品能够得到消费者的青睐和倾慕,产品的商品率高、市场面较广。我国地区区域差异大,自然资源丰富多样,特色农产品种类繁多,大量的地方特色产品生产已形成了各具特色的农产品优势产区。

3. 精准农业　　精准农业是根据土壤性质以及作物生长的要求,运用精确定位系统、优化配方、科学管理等方法提升土壤生产力、提高农产品质量、节约资源及保护生态环境,高效利用各类农业资源的农业。精准农业的核心是运用全球卫星定位系统、地理信息系统、遥感技术和计算机自动控制技术来建立一个完善的农田地理信息系统,运用这个系统,精细、准确地调整农田管理措施,优化农业投入,在节约自然资源的同时,获取高产量和高效益。

精准农业技术还包括精准播种技术、配方施肥技术、精准灌溉技术、精准收获技术、精准监控技术等多个方面。精准农业将现代科学技术运用到农业中,减少资源浪费,提高效益。

4. 质量农业　　质量农业的核心是农产品高品质,目标是追求更高的经济回报。质量农业是用技术提高和管理创新来推动农业进步,要生产出安全、高品质的食品,必须改进生产设施、加工技术和储运技术,在卫生、检疫等方面执行严格的质量标准,确保农产品从田间到餐桌实行全程质量管理。无公害食品、绿色食品、有机食品都是质量农业的产品。

5. 工厂化农业　　工厂化农业是指在塑料大棚或玻璃温室内,借用阳光或人工设施进行不间断的农业生产。相比较自然农业的靠天吃饭,工厂化农业是综合运用现代生物技术、信息技术、新材料技术、自动化控制技术等高新技术、设备和管理方法发展起来的一种全面机械化、自动化生产的农业,可以对作物的播种、生长、灌溉等全过程都实现自动化控制。由于城市有发达的基础设施,有庞大的消费需求,未来的工厂化农业必将云集城市周边,成为都市农业的主要支柱。

6. 观光农业　　观光农业又称旅游农业或绿色旅游业,是农民利用农村的设备与环境、农田、农产品、农村文化等农村资源,经过规划设计,发挥农业与农村的休闲旅游功能,创造高效益的农业。游客不仅可以住宿、度假、休闲,而且可以采摘、观赏、垂钓、参加农业劳作,体验农业生产和乡村生活的乐趣。

7. 都市农业　　都市农业是以依托都市、服务都市并为都市提供优质农副产品和优美生态环境为主要目的区域性农业。它是城乡一体化过程中形成的现代农业的代表性形态,是现代都市建设的重要内容。其内容可以表现为:农业高新科技园、庄园农业等。都市农业主要有经济功能、社会功能、生态功能、示范带动功能等四大功能。

二、农业科技人才

全面推进乡村振兴是新时代新征程"三农"工作的主题,要坚持农业农村优先发展,加快建设农业强国,扎实推动乡村产业、人才、文化、生态、组织振兴,关键要靠科技、靠人才。科技创新,从本质上讲,就是人才驱动。以科技人才驱动现代农业发展,要进一步提升人才培养发展质量,完善人才评价激励机制,强化人才发展保障和基础,营造人才工作的良好氛围。

农业、农村、农民问题是关系国计民生的根本性问题。农业强不强、农村美不美、农民富不富,决定着亿万农民的获得感和幸福感,决定着中国全面小康社会的成色和社会主义现代化的质量。人才资源是第一资源,农业科技人才是强农富农的根本因素之一。随着农业产业化和农村城镇化、农民现代化步伐的加快,农村经济结构的调整,农业生产经营方式的转变以及农村社会事业的发展,对现代农业视角下农业科技人才队伍建设提出更新、更高的要求。

(一)农业科技人才的内涵

全面实施乡村振兴战略,离不开农业科技服务人才。如何造就一支懂农业、爱农村、爱农民的农业科技人才工作队伍,已经成为当前一道重要课题。农业发展依靠科技,科技进步依靠人才,造就一支高素质的农业科技人才队伍是实施乡村振兴战略、推进科技兴农的重要前提。

人才资源是第一资源,农业农村人才是强农的根本,是我国人才队伍的重要组成部分。只有重视农业科技人才,才能加快农业科技进步;只有切实转变农业发展方式,确保现代农业发展有坚实基础,才能强化农村公共服务能力,促进农村社会全面进步。只有加强农业农村人才队伍建设,才能有效带动农村人力资源整体开发,促进农民全面发展,确保广大农民持续平等参与现代化进程,共享更多改革发展成果。

"十三五"期间农业科技人才队伍建设的主要目标包括两个方面,一是扩大人才规模,二是改善人才结构。农业科技人才及农村实用人才是农业农村人才中的骨干力量。加强农业科技人才及农村实用人才队伍建设,是农业农村人才工作的重点领域,是实施人才强农战略的关键环节。

(二)农业科技人才队伍建设基本原则

1. 坚持政府主导 必须把人才队伍建设作为基础性公益事业,承担起相应的责任和义务,做到人才资源优先开发、人才结构优先调整、人才投资优先保证、人才制度优先创新,加强领导、规范管理、强化服务;充分利用市场手段激励人才,利用市场机制配置人才,鼓励和引导社会力量参与人才开发。

2. 着眼服务发展 坚持面向农业生产一线、面向农业科技前沿,注重在实践中发现人才、培养人才、锻炼人才。着眼农业农村经济发展中长期目标,健全人才开发体系;着眼引领农业科技发展,培养高层次创新型科技人才;着眼农村经济结构调整,优化产业人才结构;着眼解决农业发展中的现实问题,提升产业人才素质。

3. 做到统筹兼顾 要统筹城乡人才发展,培养农村用得上、留得住的人才,吸引城市人才到农村创业兴业;统筹区域人才队伍建设,加快欠发达地区人才培养,加强对贫困劳动力的培训;统筹人才梯队建设,提高现有人才的能力和水平,激活人才存量,扩大人才总量;统筹人才队伍建设各环节,实现人才培养、评价、使用、激励等工作相衔接。

(三)农业科技人才队伍培养

1. 突出培养农业科研人才 适应现代农业发展对科技创新的迫切要求,以培养农业领域科研领军人才为重点,以打造科研创新团队为依托,全面带动农业科技人才队伍全面发展。支持高等农业院校根据产业发展需求,调整优化学科、专业结构,为现代农业发展提供针对性强的专业人才。引导农业企业加大科研投入,集聚和培养研发人才,逐步成为农业科技创新主体。

2. 大力培养农业技术推广人才 为满足现代农业对科技成果转化应用的迫切要求,要加快推进农业技术推广服务体系建设,加强农业技术推广人才队伍建设,提升农业科技人员培训强度。探索建立科研院所、高校和职业院校与农业企业、农民专业合作社、农村专业技术协会合作机制,共同培养农业科技人才,加速科技成果转化为现实生产力。

3. 着力培养农村实用人才带头人 正视农村实用人才队伍整体素质偏低、示范带动能力不强的现状,加大农村实用人才带头人培养力度,进一步扩大规模、提升质量,探索农村实用人才带头人培养新办法、新途径。同时,着力加强农村实用人才带头人带头致富和带领农民群众建设社会主义新农村的能力,努力造就一大批勇于创业、精于管理、能够带领群众致富的复合型人才。

4. 加快培养高素质农民队伍 高素质农民队伍是实现农业农村现代化的关键因素,使农民具有高度社会责任感和良好职业道德、较高科学文化素养和自我发展能力,掌握现代农业生产、经营、管理、服务等先进知识、先进技术,能从事专业化、标准化、规模化农业生产经营管理,是新时代的新要求。建设大批爱农村、懂技术、善经营的高素质农民队伍,使之成为具备市场开拓意识、能推动农业农村发展、带领农民增收致富的高素质农民,是实现"三农"新发展的重要基础。形成一支留得住、用得上、干得好、带得动的"永久牌"带头人队伍是实现乡村振兴的重要举措。

三、农业推广

农业推广对现代农业发展、新农村建设和高素质农民培育具有重要作用。了解农业推广的基本内涵和性质以及农业推广的研究对象、理论与实践发展,对掌握农业推广理论与技能、从事农业推广业务工作具有先导性。

(一)农业推广的内涵、性质与作用

1. 农业推广的内涵

(1)农业推广的起源。农业推广是人类进入农业社会就开始出现的一种社会活动。我国古代把农业推广称为"教稼""劝农""课桑"。将"推广"一词用于农业活动,在《宋史·食货志》中就有记载:宋真宗时期,实行养民政策,"推广淳化之制,而常平、惠民仓遍天下矣"。宋高宗绍兴二年(1132年),德安府夏州,汉阳镇抚使陈规向朝廷上奏折建议推广:"廷臣因规奏推广,谓一夫授田百亩*,古制也。今荒田甚多,当听百姓请佃。"朝廷采纳这一建议,"下诸镇推广之"。

国外使用"推广"一词,最早见于1866年英国剑桥大学和牛津大学的"大学推广"一

---

* 亩为非法定计量单位,$1hm^2=15$亩,1亩$\approx 667m^2$。

词。这是把大学教育延伸到校外的社会教育活动。

"农业推广"一词，则被认为是美国 20 世纪初的赠地学院开始应用的。1914 年美国国会通过《农业合作推广法》，使农业推广法制化，同时也给"农业推广"赋予了新的意义，并成为现代农业推广的专用词。

我国"农业推广"一词的应用，始于 20 世纪 30 年代，新中国成立后改用"农业技术推广"。由于我国农业经济体制的变革，"农业技术推广"的含义，已不适应现代农业及农村经济的发展，自 1985 年以来逐渐为广义的"农业推广"一词所代替。

（2）农业推广的内涵。农业推广的内涵是随着时间、空间的变化而演变的，是随着各国的历史特征、国情、组织方式的不同，所要实现的目标各异而演变的。因此，很难对"农业推广"这个术语下一个确切的定义。这就带来这一术语不同的含义和解释。

狭义的农业推广，主要特征是技术指导，是指对农事生产的指导，即把大学和科研机构的科学研究成果，通过适当的方式介绍给农民，使农民获得新的知识和技能，并且在生产中应用，从而提高产量、增加收入。这是以指导性农业推广为主线，以"创新扩散"理论为基础，以种植业的产中服务为主要内容的推广。

狭义的农业推广的工作业务范围大都以种植业为主，针对各地农业生产中存在的技术问题，着重推广农业改良的技术和技术的扩散。长期以来，我国沿用农业技术推广的概念（含义），也属此范畴。

广义的农业推广，主要特征是教育，是指除单纯推广农业技术外，还包括教育农民、组织农民、培养农民及改善农民实际生活质量等方面。因此，广义的农业推广是以农村社会为范围，以农民为对象，以家庭农场或农家为中心，以农民实际需要为内容，以改善农民生活质量为最终目标的农村社会教育。这是以教育性推广为主线，以行为科学为主要理论基础的推广。

广义的农业推广工作内容、范围很广，包括有效的农业生产指导，农产品运销、加工、贮藏指导，市场信息和价格指导，资源利用和自然资源保护指导，农家经营和管理计划指导，农家家庭生活指导，乡村领导人才培养和使用指导，乡村青年人才培养和使用指导，对农村青年进行有组织的"手、脑、身、心"的"四健"教育，乡村团体工作改善指导，公共关系指导等。1973 年联合国粮农组织出版的《农业推广：参考手册》对农业推广做如下解释：农业推广是在改进耕作方法和技术，增加产品效益和收入，改善农民生活水平和提高农村社会教育水平方面，主要是通过教育来帮助农民的一种服务或体系。总的说来，广义的农业推广强调教育过程。

现代的农业推广，主要特征是咨询与沟通。20 世纪 80 年代以来，信息技术的发展，赋予了农业推广更为丰富的含义，农业推广更侧重在信息传播方面所形成的，不断地为农业、农民、农村提供信息的动态过程。1984 年，联合国粮农组织出版的《农业推广：参考手册》中，对农业推广做了如下解释：农业推广是将有用的信息传递给人们（传播过程），而且帮助这些人获得必要的知识、技能和正确观点以便有效地利用这些信息和技术（教育过程）的一种过程。

发达国家的农业推广多侧重于农村教育和信息咨询。但是，即使在发达国家，现代农业推广的含义也存在着许多理论与实践上的差异。

（3）农业推广的概念。根据《中华人民共和国农业技术推广法》（以下简称《农业技术推广法》），农业技术推广被界定为：通过试验、示范、培训、指导以及咨询服务等，把农业技术普及应用于农业产前、产中、产后全过程的活动。

农业推广是一种活动，是把新科学、新技术、新技能、新信息通过试验、示范、干预、沟通等手段，根据农民的需要而传播、传授、传递给生产者、经营者，促使其行为的自愿变革，以改变其生产条件，改善其生活环境，提高产品产量、收入，提高智力以及自我决策的能力，达到提高物质文明与精神文明最终目的的一种活动。

2. 农业推广的基本性质 农业推广的内涵受时间、地点的制约，随社会、经济、科技的历史发展而演进。作为一种社会现象，农业推广的基本性质始终没有改变，这就是其教育性。

（1）狭义农业推广的教育性。我国古代劝农政策的基本传统是"教"与"督"，强调对农民"教其所不知，督其失时堕地"。狭义农业推广一般都强调改进技术、将适用的农业科技成果和增产经验，通过各种方式、方法向农民传播，指导农民懂得和应用这些科技知识和生产经验，从而提高农业生产水平。在这种农业推广过程中，农民接受了新的知识技术，提高了农业科学技术水平，增加了农业生产或改善了农产品质量。因此，尽管狭义农业推广的业务内容是农业技术性的，但其本质是面向农民的一种社会性的农业职业技术教育。这种教育同任何一种别的教育一样，直接的社会功能是提高受教育者的素质。

（2）广义农业推广的教育性。美国和世界上许多国家，都认为农业推广是一种广泛的农村社会教育。广义的农业推广不只是对农民施加技术教育，而且涉及一切与农业经营和农民生活有关的事项。1949年，布鲁奈（E. Brunner）和杨寻宝合著的《美国乡村与推广服务》一书中认为"农业不仅是一种职业，而且是一种文明"，应该把农业推广视为文化指导工作。1949年，被称为农业推广之父的凯尔塞和赫尔（Kelsey & Hearne）在《合作农业推广工作》一书中，也认为"农业推广的基本目的是启发人民，供给符合人民需要的服务和教育"。在经济发达的国家里，农业推广是作为发展农村经济、文化的社会性教育，有组织、有计划地进行的。一般包括成年农民的农事教育、农村妇女的家政教育和青少年的"四健"教育。这些教育的着重点是培养个人和社会团体的发展能力，因而是以社区开发为目标的农村社会教育。

（3）现代农业推广的教育性。发达国家的农业推广，是利用现代化的技术手段、传播手段，将信息传播和教育相结合的动态过程。通过发行农业出版物，建立农业咨询信息系统，广泛利用视听传播手段、电脑推荐、自动查询电话等向农民提供信息咨询服务和传授技术。现代农业推广是通过情报和信息的传播以对农民施加影响，促使农民产生新的动机，改变态度，更新知识，科学决策，接受和消化技术，最后改变行为。虽然西方目前把现代农业推广学视为"行为科学的一种"，但这是一种"更着重于对农民心理素质和行为改变的社会教育"。

3. 农业推广的任务与作用

（1）农业推广的总体任务。执行国家的《农业技术推广法》，通过试验、示范、培训、干预、交流等手段，加速新技术、新成果的推广应用，使科技成果尽快转化为生产力，促进农村经济全面发展。

农业推广的具体任务包括10项内容：①收集科技成果信息，建立科技成果库；②建立试验、示范网点；③开展推广教育，提高农民素质；④农业推广体系的建设与管理；⑤培养农民技术员和科技示范户；⑥开展咨询、指导和信息服务；⑦开展配套经营服务；⑧开展农村调查，总结推广农民经验；⑨为农业决策当好参谋；⑩监督执行有关法规。

（2）农业推广的作用。

①促进农业发展。首先，农业发展意味着传统农业生产方式向以科学为基础的新的生产

方式转变。这一转变的每一步都需要教育和传播（或沟通）方面的投入。因此，不管农业推广以何种形式投入，其作用必须看作是农业发展中的一个必不可少的成分。其次，农业推广及其他因素促进现代农业发展，农业推广并不是农业发展的唯一要素，还有市场、价格、物资的投入，信贷、运销、产前、产中、产后的综合服务以及政策、法律等其他要素，这些构成了农业发展的支持系统。农业推广作为农业发展的促进系统必须和其他手段相结合才能提高其影响力，才能更有效地引导农民自愿行为的改变，加速农业科技成果转化，进而促进农业发展。有效的农业推广虽然在现代农业发展中不能起到全部的作用，但却是一个重要组成部分。最后，农业推广是农业与农村可持续发展的有力工具。如农业推广的内容、目标与农业可持续发展的内容、目标、含义是一致的，而且内容更宽。可以说，农业推广是促进农业与农村可持续发展的不可缺少的推动力和工具。

②农业推广的"中介"或"桥梁"作用。农业推广是农业发展机构（农业研究机构、院校）和目标团体（农民、农业生产经营者、群体）之间活动的中介。农业科技工作包括科研和推广两个重要组成部分。科学研究是农业科技进步的开拓者，无疑是很重要的，但科学研究对农业发展的作用，不是表现在新的科研成果创新之日，而是表现在科研成果应用于生产带来巨大的经济效益和社会效益之时。这就是说，科研成果在农业生产中的实际应用，必须通过农业推广这个中介，如果没有这个中介或纽带，再好的科研成果只能停留在展品、礼品的阶段，不能转化为现实的农业生产力。同时，农业推广是检验科研成果好坏标准的尺子（工具），科研成果的最终应用要通过目标团体（农民、群体）的实践与检验，表现在能否解决特定的农业问题并反馈到农业研究机构和院校。

③农业推广是科研成果的继续和再创新。新技术的供给者不能把技术成果立即广泛投入生产，因为这些成果大多数是在实验条件下取得的。它们投入生产，有大幅度增产增收的可能性，但也可能因自然条件和生产条件不利而出现风险。这种不确定性基于：一是农业科研成果是在特定的生产条件和技术条件下产生的，只适用于一定的范围，有很大的局限性；二是农业生产条件的复杂性和不同地区经济状况、文化、技术水平的差异性都对推广农业科技成果具有强烈的选择性，这就要求在实现科技成果的转化过程中，必须包括试验、示范、培训、推广各个环节，并进行组装配套，以适应当地生产条件和农民的接受能力。而这一过程，是农业推广工作者对原有成果研究者进行艰苦的脑力劳动和体力劳动的继续。它不是农业推广工作者对原有成果的复制，而是在原有成果的基础上再创新。

④农业推广是完善推广组织、提高管理效率的工具。任何成功的农业推广活动，都必须通过一定形式的组织或团体，不论是政府的农业推广组织，还是非政府的农业推广组织，对于培养新型农民、发挥农村力量和互助合作力量、保护农民利益以及发展一个农村社区，都能起到促进和发挥其功能的作用，这种组织或团体是实现农业推广目标最有力的工具。

⑤农业推广有助于提高农民对自我价值的认识。农业推广的性质具有教育性。通过推广使农民在职业技能、思想观念、心理特征、认识程度等方面发生改变，最终使其态度、行为发生改变。这类改变只有在其知识水平的提高和基本素质及能力提高的前提下，才能实施自我决策，实现自我需要。因此，农业推广在提高农民素质及其对自我价值的充分认识上具有重要作用。

（二）农业推广的应用

1. 技术转移模式与进步农民策略　早期农业推广是推广工作者与农民的简单技术传输

关系。推广工作被看成是简单的干预手段，重点在"推广方法"上，即怎样通过有效的示范、培训、宣传，以及大众媒介等手段达到推广的目的。早期农业推广的"技术传输"，注重技术在传输中的地位和作用，如植保技术、土肥技术、种植技术等。就这些农业生产中发生的问题，寻找他们能够解决问题的能力和方法。但是，早期农业推广的"技术传输"忽视农业推广的本质，忽视农民在"技术传输"中的地位和作用。农民的地位和作用绝不应该只是技术的被动接受者，只作为"技术传输"中的劳动力和工具，而应该作为技术决策和应用的主体和技术扩散者。

早期农业推广的"技术传输"存在着：目标个人、目标团体（农民或农民群体）与推广信息的适应性，推广信息或方法与农民或农民群体的适应性两大问题。

如果推广信息是正确的，当把信息传输给农民，农民要么反对变革，要么缺乏变革的资源条件。问题的焦点在于采用的推广方法或知识投入是否适合选定的目标客户或群体的需求，为此，农业推广实践提出：推广过程应该是双向沟通过程。

进入20世纪70年代，推广理论由"技术传输"发展到自上而下和自下而上相结合的双向沟通阶段。双向沟通被看作是推广过程中的基本要素，并成为推广模式的核心，而且还应用于发展农业推广内容和技术传输方法的研究中。

20世纪80年代开始，美国斯坦福大学教授罗杰斯在研究和总结瑞安和格鲁斯"采用过程"研究的基础上，创造性地提出了"创新扩散"理论以及在农村进行新技术普及工作的模式即进步农民策略。"创新扩散"理论已成为农业推广理论的核心部分。这个理论认为：将信息或新技术首先传输给采用群体中的"进步农民"或称"先驱者"，在他们的影响和带动下产生"早期采用者""早期多数""晚期多数"和"落后者"。

2. "用户导向式"推广模式与目标群体策略 以采用者群体同质性为基础的进步农民策略为农业推广学理论的发展做出了贡献。然而，在创新扩散理论的研究中只谈到采用者群体，而在推广过程的实践中却存在着不同群体的目标。为此，推广过程中，很容易忽视那些需要帮助而又难于得到帮助的农民。这就对农业推广提出这样一个问题：推广过程如何对待不同采用者群体的目标？因为，农民作为一个类群，在心理特征、年龄组合、小组行为规范、获得资源的能力以及获得信息的能力等方面都存在着差别。因此，他们并不是一群同质的人口，他们并不属于对新技术适合的人群。这种将农民人群视为异质人口，然后在异质人口中确定同质类群作为推广目标对象的方法，是沟通学中接受者研究的范例。农业推广学理论的发展由双向沟通的理论进入到同质类群向异质类群的转变，可概括为"用户导向"式的推广模式，即"农业推广框架理论模型"。

3. 农业知识与信息系统及其他相关理论 "用户导向式"推广模式是指推广目标的确定要面向那些在资源、生产目的和机会方面相同的农民的模式。这样在推广过程中引进了目标团体（农民）所包含的目标和内容的含义，不仅推广方法要适应目标团体，而且推广信息的内容也要适应目标团体。这就意味着，推广过程要以有关目标团体的相关信息为基础，有计划、有目的地认真设计他们的农业科技成果来适应所指定的目标团体。为此，研究、推广和目标团体应被视为一个系统内的连锁因素，形成了研究亚系统、推广亚系统和用户亚系统这样一个相互作用、相互联系的农业知识和信息系统。此三者的联系机制是信息沟通。农业推广学理论发展到这个阶段，已经将推广看作信息与知识系统的一个部分。

随着人口、技术、经济、生态和社会文化发生巨大变革，人类进入了一个科学技术发展和多变的社会，农业推广结构也随之发生变化。与农业推广学理论发展有关的另一个重要理论是农业发展要素的"混合体"理论，即农业推广并不是促进农业发展的唯一因素，除去农业推广之外，还包括农业投入的供应、价格、市场、信贷、营销及其他可用资源的占有和其他支持服务系统的组成。

从上述农业推广实践和理论的发展可以看出，农业推广有其自身的理论和体系，如技术传输理论、双向沟通理论、创新扩散理论、目标团体理论、农业知识与信息系统理论、混合体理论及农业推广框架理论。

（三）农业推广的发展

由于各国农业发展的历史不同，其推广的发展过程和模式也不同。了解世界各国农业推广的发展现状和发展趋势，有助于促进中国农业推广体系的建设和发展。

1. 国外农业推广的发展 就世界范围看，农业推广可分为以政府农业部为基础的农业推广体系、大学为基础的农业推广体系、商品专业化农业推广体系、非政府性质的农业推广体系、私人农业推广体系、其他形式的农业推广体系。

（1）美国三位一体的合作农业推广。美国的农业科技推广体制，是在1914年通过的《史密斯-利弗尔法》的基础上建立起来的。美国的农业推广体系的核心是构建以农业院校为中心的农业教育、科研和推广三位一体的农业推广体系。该法案规定，美国农业科技推广工作由联邦、州和地方政府共同合作办理，州立大学负责执行、评价各项工作计划，向农民传播农业信息，指导农业生产和经营活动。这种合作推广体系，上下沟通，形成网络，体系健全，具有群众性、广泛性和综合性。

1862年7月2日，美国总统林肯签署了《莫里哀法》也称赠地学院法。该法案促进了农业教育的普及。1877年，美国国会通过《哈奇法》。该法规定：为了获取和传播农业信息，促进农业科学研究，由联邦政府和州政府拨款，建立州农业试验站。试验站为农业科研机构，属联邦农业部、州政府和州立大学农学院共同领导，以农学院为主。农学院的教师在同农民的接触中，了解到农民对技术和信息的渴求，促使1890年美国大学成立了推广教育协会。1892年，芝加哥大学、威斯康星大学开始组织大学推广项目。到1907年，39个州的42所学院都参加了农业推广活动。

1914年5月8日，威尔逊总统签署了《史密斯-利弗尔法》即合作推广法。该法案规定，由联邦政府拨经费，同时州、县拨款，资助各州、县建立合作推广服务体系。推广服务工作由农业部和农学院合作领导，以农学院为主。这一法案的执行，奠定了延续至今的美国赠地学院教学、科研、推广三位一体合作推广体系。实行教学、科研、推广三结合，统一由学院领导的体制，是美国高等农业学校的特点，也是美国创建的一种农业推广体系。

（2）日本政府与农协并行的农业推广。日本的农业推广为"协同农业普及事业"，实行政府和农协双轨推广制，形成国家为主、农协为辅的推广体系，呈现科研、教学、推广相互协作，紧密配合的态势。

日本自明治维新年代起，就开始学习欧美农业改良运动，通过政府开展农业改良试验和普及应用的工作。

1947年创建日本农业协同组织，形成基层农协、县经济联合会和中央联合会的三级农协，组成了完备的流通服务网络。日本农协为农民主要提供营农指导、农业生产资料供应、农副产品贩卖信用服务、农业保险和信用服务等。日本农协与政府间长期是一种相互依赖相互利用的关系，在法律上有《农业协同组合法》支持农协，在经济保险上给予农协大量援助。多年来，政府对农协一直实行低税制。据统计，日本农民生产的农副产品的80％以上是由农协为之贩卖的，90％以上的农业生产资料是由农协提供的。

现在，日本农业推广的指导重点已从物转为人，从单方面的指导和督促农民生产粮食转为培养农民的自觉性，提高农民自身的能力，向农民提供信息和咨询。

（3）英国发展咨询式的农业推广。为了更有效地指导全国农业推广工作，英国政府于1946年在英格兰和威尔士建立了全国农业咨询局，直属农渔食品部领导，主要任务是向农民和农场主提供有关农业生产、科学技术和农业教育方面的免费咨询，并在全国主要农业地区建立了13个畜牧实验站和9个园艺实验场。除了在中央一级设有农业咨询局外，英国政府还根据1947年英格兰和威尔士的农业法，以及1948年英格兰农业法，在地区和郡设立了农业咨询推广机构，并派驻高级农业咨询官，配备土壤化学、昆虫学、植物病理学、畜牧学、农业机械和农场管理等方面的专家。这些机构的主要职责是：①作为政府部门的代表，协助郡农业委员会发展农业生产；②制定农业法规和部门计划，使农业技术标准不断完善。英国的农业咨询局在1965年时已拥有2 075名经过专门训练的专业咨询推广人员，农业发展咨询工作对英国农业的发展起了巨大的推动作用。

（4）法国农业发展式的农业推广。法国的农业推广活动被称为农业发展工作。1879年6月16日法国议会通过修改后的教育法，决定在全国范围内进行农业教育。1884年农业公会得到政府承认，1900年农业互助会、1901年农业协会也相继得到合法地位。1912年成立农业服务局，主要任务是：①负责教育；②充当农业顾问；③作为公共部门参与政府的农业决策。农业服务局领导下的教育机构与农业行业公会、农业互助合作和信贷机构共同组成了法国第一个面向农民和农业的推广组织。1946年农业推广第一次正式列入了国家预算，1957年成立了全国农业推广进步委员会。在省一级设立农业局。在法国，传播推广农业科技知识和农业技术信息的任务由农学家，农艺师，农村工程、水利和森林工程师负责。20世纪80年代初建立了全国试验和示范网，促使基础科研、应用技术和教育部门的力量协调起来。法国的立法活动大大推进了法国农业发展组织的建立，促进了法国农业的迅猛发展，为奠定法国的农业大国地位打下了基础。

（5）丹麦咨询服务式的农业推广。丹麦的农业推广活动被称为农业咨询服务。农业咨询服务工作从19世纪70年代开始，采取国家给予一部分财政资助的办法，主要由农场主联合会和家庭农场主协会两个组织雇用咨询专家。咨询专家根据官方制定的规章制度，开展农业咨询服务工作。咨询专家以专业咨询项目的形式开展农业推广活动，随着农业经济的发展、时间的推移，咨询项目逐步拓宽，咨询专家的数量稳步上升，促进了农业的快速发展。1971年农场主联合会和家庭农场协会，共同建立了丹麦农业咨询中心，作为丹麦全国农业咨询工作的总部及其主要业务部门。

（6）以色列的政府主导农业推广。以色列的农业推广一直以政府为主体，1949年创建了农技推广服务中心，政府通过农业推广服务体系为农民免费提供技术服务。以色列的农业推广体系分为国家和地方两级，国家一级主要是宏观管理、规划指导和政策调控；地方一级主要是由各类专家为农民提供具体的田间指导与服务。农业推广体系的人员隶属农业部，由政府支付工资。推广体系的直接服务对象是农民，不仅考虑农民现实的需要，而且考虑到未来的发展，主动制订服务计划，直接或间接地为农民提供服务。根据农民的需要，对推广体系的专业人员和推广咨询方法不断进行调整。推广体系不仅仅满足于向农民传授技术成果，而是要积极寻求和开发新技术，并在大田向农民示范。推广体系的另一项工作是通过他们的实践经验来影响农业科研的方向。推广体系的专家、地区级农业咨询服务人员，都具有较高的教育和专业能力。农业推广人员的工作是为农民提供指导和咨询以及有关宣传教育，而不能采取强制的方法进行推广服务。农业推广体系受到以色列农民和企业的欢迎，也得到政府和科研部门的支持，它使以色列的农业科研和开发与农业生产联结成一个有机的整体。

2. 中国农业推广的发展

（1）古代农业推广。我国原始农业阶段的教稼，相传开创于神农时代，兴起于尧舜时代的后稷"教民稼穑，树艺五谷"（《孟子·滕文公上》）。

直到 4 000 年前的尧舜时代，原始农业阶段的教稼，才由自发传播转向自觉推广，并开始逐步形成行政推广体制。据古籍论述，尧帝的异母兄弟姬弃，从小喜爱钻研农业技艺，善于种植五谷，姬氏族的人都乐意仿效，于是尧帝"拜弃为农师"，指导人民务农。尔后，舜帝继位，随命弃主管农业，封官号为"后稷"，从此就有了专门负责教稼的农师和主管农业的官员。由于教稼有方，后稷成为兴起教稼的第一位"农师"。

周王朝继承并发展了后稷的重农治国思想和行政教稼制度，并初步形成从中央到地方较为完整的教稼体制，使以教育、督导与行政管理、诏令相结合的教稼方式渐趋定型。

西汉时期我国传统农业技术水平赶上古罗马；而东汉时期，我国传统农业技艺已领先于世界。到了元明时期（公元 1279—1644 年），我国传统农业已有突破性进展：①广泛引进、传播、推广了许多新兴作物，例如棉花、玉米、烟草、甘薯、向日葵等一批作物先后引进推广；②对待天时、地利、人力的关系方面，其理论发展到新的高度，南宋《陈敷农书》中提出人定胜天、人力回天论，并一扫历来奉行的风土限制说，开始确立风土熟化说。

自汉初开始采取劝农政策，并从中央到地方确立劝农官制以后，历代沿袭，有些朝代还辅之以民间"农师"，合力劝农，取得了辉煌的业绩。如西汉著名劝农官赵过推广的"新田器"和"代田法"中，首创培训与试验、示范、推广相结合的跳跃式传播范例。又如唐代，武则天执政时期，召集各地劝农官和农学家赴京编撰农书，作为劝农教材，由朝廷颁行，利用大众传播方式进行农业推广。又如宋太宗时期首创"农师制"，充分发挥民间力量配合做好劝农工作。再如，清圣祖康熙令李煦度种双季稻，创造出试验、示范、繁殖、推广的整套科学程序。

（2）近代的农业推广（1887—1927 年）。1840 年鸦片战争后，中国逐步沦为半封建半殖民地社会。在这种背景下，清末的洋务和维新派，从 19 世纪 60 年代开始向欧美、日本学习，兴办学堂，引进科学技术，创办实业，改良农业。

19 世纪末，洋务派张之洞、维新派康有为、民主革命先驱孙中山都力办农业教育。到 1909 年为止，全国共兴办农业大学 1 所、高等农业学堂 5 所、中等农业学堂 31 所、初等农业学堂 59 所。

20 世纪 20 年代开始，私立金陵大学、国立东南大学、国立广东大学等高等院校都先后设立了农业推广部。到 30 年代各农业院校已普遍设立农业推广部、处，并广开农业推广课程。1935 年，金大章之汶、李醒愚合著《农业推广》大学丛书问世。自此以后，我国农业教育由清末模仿日本转向借鉴美国赠地学院模式。与此同时，中、初等农业学堂陆续改成农业职业学校。

1909年在上海创建育蚕试验场,这是全国第一所专业性农业科研机构;1902年在保定建立综合性的直隶农事试验场;1906年在北京创立中央农事试验场,这是第一个国家级农业科研机构。辛亥革命前,全国各地共建成20余所农业科研机构。

(3) 国民党政府时期的农业推广(1927—1949年)。国民政府成立以后,为了促进农业发展、增产粮食,十分重视农业推广工作。1929年国民党第三次全国代表大会通过《中华民国之教育宗旨及实施方针》,指出:"凡农业生产方法之改进,农业技术之提高,农村组织与农民生活之改善,农业科学知识之普及,以及农民生活消费合作之促进,须以全力推行。"这个文件可以说给农业推广奠定了基础。同年,由农矿、内政、教育三部共同公布的《农业推广规程》,可以说是我国最早的农业推广基本法规。同年,成立的农业推广委员会,有委员12个,当时有16个行政省开始设置农业推广机构。

1930年,国民党中央政治会议通过《实施全国农业推广计划》。

1937—1946年,国民党政府认为当时主要问题是农业、是加速增加粮食生产产量,因此成立"农产促进委员会",并先后制定《全国农业推广实施计划纲要》及《全国农业推广实施办法大纲》,辅导各省建立省县级推广机构,展开农业粮食增产工作。

1945年,国民党政府修订公布《县农业推广所组织规程》。国民党中央农业推广委员会依各省的行政区域及自然条件,设农业推广辅导区,每区包括10余个县,并设立首都农业推广示范区。

(4) 新中国的农业推广。新中国的农业推广,依据农业推广体系的演变发展划分,大体上可分为五个阶段:①1949—1957年,起初以县示范农场为中心,互助组为基础,劳模、技术员为骨干组成推广网络;后来又大力兴办农业技术推广站,作为推广的依托,是为农业推广的基层网络创建阶段。②1958—1965年,农业推广机构经历了粗简、整顿、恢复、发展的曲折进程,开始建立地、县级农业技术推广站,并完成专业分工,是为中层推广组织的完善阶段。③1966—1976年,十年动乱中,原有推广机构一度瘫痪,四级农业科学实验网兴起,农民技术员队伍逐步壮大,是为重建专群结合的推广网络阶段。④1977—1991年,经过拨乱反正,从上到下重建农技推广、服务体系,并大力发展县农业技术推广中心,是为全国农业推广新体系再创阶段。⑤自1992年以来,随着经济体制改革的逐步深入,随着农业由计划经济向社会主义市场经济转轨,探索具有中国特色的现代农业推广新体系开始提上日程,是为农业推广体系深化改革阶段。

3. 改革开放以来中国农业推广的主要成就

(1) 建立了"五级一员一户"的新型农业推广体系。为适应农村改革后农业以家庭小规模分散经营为主体的新形势,我国农业推广体系建设和体制改革是沿着两个基本方向进行的,即实现推广工作的专业化和综合化。在原来"四级农科网"的基础上,建立了"五级一员一户"的新型农技推广网络体系:从中央到乡镇五级,层层按行政建立事业性质推广机构,形成了一个上下贯通的推广体系,基本实现了推广工作的专业化。与此同时,以建立县中心和乡镇综合办站为主导的推广体系综合化也取得了实质性进展。此外,推广体系的基础设施建设取得突出成效,改善了推广手段和工作、生活条件,为推广事业的发展奠定了良好的基础。

(2) 基本形成了适应我国农业经营体制的推广方法。其核心是"技术示范+行政干预",即在技术示范、培训等基础上,依靠各级行政的组织、发动和支持,引导、推动广大农户采纳农业新技术，新的推广方法的核心是政、技、物结合，即"技术＋物资＋权力"；其主要特点：①以无偿服务为主，有偿服务与无偿服务相结合；②多种推广方法相结合，在实际推广工作中，很少单纯使用一两种推广方法。

（3）初步形成了新型农业推广运行机制。①在推广体系的建设上，实行国家扶持和自我发展相结合，也就是"事业单位国家办，兴办实体自己干"，把国家扶持和部门自力更生结合起来；②在推广工作的组织上，实行"政、技、物结合"。这在世界农业推广范围内都可以说是一种创新。

（4）出台了一系列支持农技推广的政策法规。

①推广体系的职能、性质和基本框架。1979年《中共中央关于加快农业发展若干问题的决定》明确提出了县以下各级推广机构的主要任务；1982年中共中央1号文件提出了办县中心问题；农业部1983年颁发了《农业技术推广工作条例（试行）》，明确提出了各级国家推广机构的性质、职能、机构设置、编制、工作条件等方面的政策措施，并在农业部内先后建立了种植业、畜牧业、农机等行业的技术推广机构；1992年农业部、人事部联合颁发文件，明确了乡镇站的定编标准；1996年中共中央2号文件要求落实乡镇农技推广机构的"三定"，进一步明确了乡镇推广机构的性质、编制、管理体制等一系列重要原则问题，还相应制定了乡镇推广机构的管理办法；国办1999年79号文件和中央2000年3号文件再一次明确农技推广机构尤其是乡镇农技推广体系要保持稳定和完善。

②推广人员的专业技术职务聘任制度。1986年农业部颁发了《农业技术人员技术职务试行条例》，将技术职务定为高级、中级、初级等三个等级，规范了职称评定办法，并在全国范围内部署了技术职称评定工作。1994年起评定农业推广研究员，弥补了推广队伍没有正高级职称的空白。

③推广工作的运行机制。自1981年以来，中共中央国务院以及财政部、农业部（现农业农村部，下同）、国家科委（现科学技术部）等中央有关部委多次发布文件，指出推广工作要采用"技术推广联产合同等各种形式的技术责任制""农技推广可以实行有偿服务，兴办经济实体；对农民的技术服务应以无偿或低偿为主；通过发展多种有偿技术服务和兴办技农（工）贸一体化的技术经济实体，增强技术服务和自我发展能力""农技推广和有偿服务所需农资可以有偿转让""农业技术推广机构和研究机构的事业费，仍由国家拨给，实行包干制"等办法。

④重点农业技术推广实行项目管理制。1984年，农业部颁发了《农业技术重点推广项目管理试行办法》，对推广项目的选择、实施、评估等环节进行了初步规范。原国家科委也制定了相应的政策。

⑤农技推广的激励机制。重点推广项目结束后，在总结、鉴定的基础上，可以向成果管理部门申报科技进步奖。1987年，随着丰收计划的实施，设立了丰收奖，这可以说是专门的推广奖，从而初步建立了农业推广的激励机制。评定技术职称本身也是一种激励机制。

⑥农业推广立法。1993年7月，《农业技术推广法》正式颁布实施。同期颁行的《中华人民共和国农业法》作为基本法，也对农技推广重大问题做了原则规定。《农业技术推广法》标志着我国农技推广开始走上法制的轨道，是我国农技推广发展史上的一个重要里程碑。当然，《农业技术推广法》是第一步改革时期的经验总结，鉴于当时客观条件的限制，法律的

规定比较原则，可操作性不强，有些地方比较含糊。到 1996 年，全国先后有 20 多个省（自治区、直辖市）颁布了《农业技术推广法》"实施办法"，完善了《农业技术推广法》，并促进了法律的贯彻落实。

⑦2006 年 8 月，国务院《关于深化改革加强基层农业技术推广体系建设的意见》明确指出："逐步构建起以国家农业技术推广机构为主导，农村合作经济组织为基础，农业科研、教育等单位和涉农企业广泛参与，分工协作、服务到位、充满活力的多元化基层农业技术推广体系"。保证和促进了农业推广在新时期的健康快速发展。

⑧2012 年 8 月 31 日，《全国人民代表大会常务委员会关于修改〈中华人民共和国农业技术推广法〉的决定》已由中华人民共和国第十一届全国人民代表大会常务委员会第 28 次会议通过，并于 2013 年 1 月 1 日起施行。

技能训练

信息采集与应用技能

一、技能训练的目标

通过信息采集项目训练，提高收集、选择、识别、传递、管理、利用信息的能力。

二、技能训练的方式

（1）以收集当地某一主栽作物新技术信息为农民提供信息服务为目的，通过各种渠道收集整理相关信息，并提交一份整理后的信息资料，要求注明信息采集的来源、采集的方法。

（2）参观当地的农业科技园区，就国内科技园区的生产经营及存在的问题，自己命题，搜集科技信息，包括意向产品、销售渠道、市场行情、竞争对手、领先技术等方面的信息（可以是其中的某几个方面），进行整理分析。提交一份研究报告，并附收集到的信息资料目录和来源清单。

复习思考

1. 简述现代农业的内涵、类型与特征。
2. 试述农业科技人才的内涵及农业科技人才队伍建设的基本原则。
3. 试述农业推广与现代农业的关系。
4. 狭义、广义和现代农业推广的含义有什么区别和联系？
5. 为什么农业推广具有教育性？
6. 简述农业推广的作用。
7. 简述发达国家农业推广的基本特点。
8. 简述新中国农业推广的基本特点。

项目二　农业推广行为理论

> **学习提示**
>
> 本项目从人的行为发生与改变，农民在采纳农业创新过程中的心理变化、心理特征及其行为特征出发，分析农民行为变化的模式及诱导农民行为改变的激励理论与方法。重点是对马斯洛的需要层次论、农民个体行为改变的模式和对策以及行为改变的激励理论的理解。难点是对农民行为的产生过程和行为改变的心理过程分析、农民行为改变的心理场模型和行为改变模式以及行为激励的期望理论和综合激励模式的理解和应用。

一、行为的发生与改变

人都是在一定的自然和社会环境下生活和工作的社会人，其所作所为受生理和心理作用的影响。人在一定环境影响下所引起的生理、心理变化的外在反应称为行为。人的行为一般具有明确的目的性和倾向性，是人们思想、感情、动机、需求等因素的综合反映，这是人类所特有的社会活动方式。需要是生物自我生存和发展产生的需求，动机是心理指引行为要达到的目标，行为是人对外界刺激产生的积极反应。需要是动机产生的前提，动机是行为的导向，动机把需要行为化。

（一）行为发生理论

1. 行为产生的机制　人的行为产生的原因或称结构系统的构成共有三种，即人的内在条件、外部条件和无意识。它们之间既独立，又互相联系，并相互影响，与环境相互作用而构成人的行为机制。所谓内在条件，这里指人的内在生理需要和心理需要。外部条件即外来的刺激因素如群体压力、传统习俗、传统文化和价值观等。无意识，包括下意识和潜意识。下意识，是一种不知不觉、没有意识到的心理活动，它不能用言语表达；潜意识，指人体的本能欲望或本能冲动。

行为科学认为，任何行为都是为了实现人所计划的特定目标。为了实现特定目标的行为是由动机支配的，而动机则是由需要引起的。当目标实现之后，新的目标又会诱发新的需要。

其中，行为者的需要是推动人的行为发生的原始心理动力。行为动机是推动行为产生的直接力量。目标是行为者在行为前和行为过程中所要达到的预期结果，它对行为者具有吸引拉动作用。需要、动机、行为和目标之间存在着密切的联系，行为理论中的行为发生过程如图 2-1 所示。

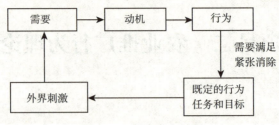

图 2-1　行为发生过程

2. 需要层次论　所谓需要，是指人们对某种目标的渴求或欲望。人们生活在特定的自然及社会文化环境中，往往有各种各样的需要。一个人的行为，总是直接或间接、自觉或不自觉地为了满足某种需要。

需要是个体行为和心理活动的根本动力，它在个体的行为、活动、心理过程和个性倾向性方面起重要作用；需要是人的行为产生的心理原因，人的一切行为、活动，归根到底是由需要引发的，当个体某种需要没有得到满足时，就会促使人去从事满足需要的行动，从而产生相应的动机；需要是个体行为积极性的源泉，人的需要越强烈，由此引起的活动也就越有力，个体活动的积极性就会越高；需要是个体心理过程的内部动力，人们为了满足需要，必须对有关事物进行观察和思考，调节和控制个体认识过程的倾向性。

人们生活在一个特定的自然和社会文化环境中，往往有各种各样的需要，不同的人有着不同的需要，同一个人在不同的阶段也有不同的需要。总体看，人的需要是多方面、多层次的。美国心理学家马斯洛（A. B. Maslow）的需要层次论被认为是需要与行为分析中的经典理论。这一理论把人类需要划分为五个层次。该理论认为，人类的需要是以层次的形式出现的，按其重要性及发生的先后顺序，由低级向高级呈阶梯状排列，即生理需要→安全需要→社会需要→尊重需要→自我实现需要。这种需要的层次性如图 2-2 所示。

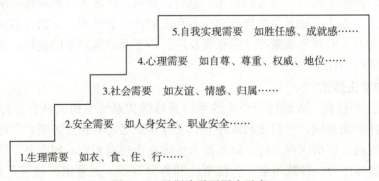

图 2-2　马斯洛需要层次示意

（1）生理需要是人类最基本的需要。这类需要是关于人的衣、食、住、行等方面的需要，生理需要是人类最原始、最基本、最优先的需要，是人类赖以生存的基本前提条件，是推动人类参加各项活动的原动力。一些实验表明，当人们处于饥饿状态时，所见到的一切模糊影像都被视为和食物有关的东西。

（2）安全需要是指人的生理需要得到基本满足之后，整个有机体就成为一个追求安全的机制，所有感受器、效应器和其他能量，都为寻求安全而工作。例如：儿童受到惊吓后所表现的对父母的依恋；成人希望解除对生病、失业、职业危害、意外事故等所表现出的对心理安全、劳动安全、环境安全及经济安全的保障要求。

（3）社会需要也称社交需要或归属需要。这是一个人在基本满足前两种需要后所产生的需要层次的追求。它包括社交的欲望，友谊的向往，情感的寄托，同事、朋友之间的信任与互爱，以及对于团体或群体的归属感，等等。实际上，像前两种需要一样，社交的需要是人所固有的本能体现。

（4）尊重需要也称心理需要或自尊需要，指人的自尊和受人尊重的要求。这类需要一般可分为三类，即：自尊，受人尊重，地位和权力欲。自尊，指自尊心、自信心、自我成长、自我表现欲以及对知识、能力的追求等，属于一种自慰感。受人尊重指威望、荣誉。人总是希望所作所为能得到社会的认同，被人看得起，受到别人的重视，受到社会的尊敬和赞颂，这属于一种荣誉感。地位和权力欲属于一种优越感。

（5）自我实现是最高层次的需要。这是人具有促使自己潜在能力得以充分发挥、实现个人理想和抱负的趋势。它包括胜任感和成就感。做事情希望追求其意义和价值。喜欢承担挑战性的工作，具有废寝忘食、出色完成任务的欲望。希望自己的努力能够取得成功，实现自己的理想。

以上五个层次的需要被认为是循序渐进的。在低层次需要获得相对满足之后，才能发展到下一个较高层次的需要。如果一个人的较低层次上的需要未得到满足，就有可能牺牲较高层次的需要。事实上，人们在某一时刻可能同时存在几种需要，只不过各种需要的强度不同而已。高层次的需要发展后，低层次的需要虽仍然连续存在，但其影响力已不再占主导地位。

马斯洛的需要层次论对农业推广工作具有如下启示：①农民的需要是多种多样的，不同的农民具有不同的需要。了解这种需要的差异是开展农业推广的前提。②满足农民当前最迫切的需要，是推广工作有效性的保障。③农业推广中要注意协调农民个体需要、近期需要与国家长远发展需要之间的矛盾。

3. 动机理论　　动机是由需要引发的，是指为满足某种需要而进行活动的念头或想法。它是激励人们去行动，以达到一定目的内在原因。动机是行为的动因，它规定着行为的方向。动机是一种主观状态，具有内隐性的特点。动机不容易从外部被察觉，但人们可以根据行为追溯真正的动机。当然，事情并非如此简单。有时良好的动机并不一定会达到预期的行为结果。

动机的形成要经过意向形成、意向转化为愿望、愿望形成动机的不同阶段。当人的需要还处于萌芽状态时，往往以模糊的形式反映在人们的意识之中，这使人产生不安之感，开始形成意向。随着需要的不断增加，人比较明确地知道是什么事情使自己感到不安，并意识到可以通过什么手段来满足需要。这时意向开始转化为愿望。人的心理进入愿望阶段后，在一定外界条件下，就可能产生行为的动机。可见，动机是内在条件与外在条件相互影响、相互作用的结果。也就是说，人的行为不仅与个体自身的身心状况有关，还会因时、因地、因其所处的情景而出现不同的反应。

动机在人类行为中起着十分重要的作用，主要体现在激发作用、指向作用、维持作用和调节作用。激发作用指动机能激发个体产生某种行为，是引起行为的原动力；指向作用指动机能使个体的行为指向某一目标，是引导行为的指示器；维持作用指动机能使个体的行为维持一定的时间，是保持行为的续动力；调节作用指动机能调节个体行为的强度、时间和方向，是调节行为的控制器。

动机根据不同的划分标准可以被分为各种类别。例如：根据动机的内容，可分为生理性动机（物质方面的动机）和心理性动机（精神方面的动机）；根据动机在活动中所起作用的大小，可分为主导动机（优势动机）和辅助动机。有的动机比较强烈而稳定，而另一些动机比较微弱而不稳定。那种最强烈而又稳定的动机称为主导动机，其他动机称为辅助动机。人的某种行为的产生往往并非由一种动机所引起，而是几种动机在交错地起作用，一个人的行为是受主导动机支配的，辅助动机对行为产生影响但不起支配作用。

主导动机具有两个特点。特点之一是它的可变异性。一个人的动机结构，并不是一成不变的。一个人的各种动机的强度随时间和条件的变化而变化。特点之二是它的相对稳定性。它在一定时期支配着一个人的行为。这种动机结构的变异性和主导动机的稳定性，说明了外部环境条件对动机影响的重要性和复杂性。

在分析一个人的行为时，要考虑个人因素与环境因素相互作用的综合效应。在分析个人因素时，要同时分析外在表现与内在动机。动机和行为往往并非表现为一种线性关系。有时候，同一动机可以引起种种不同的行为；反之，同一行为可以出自不同的动机。合理的动机也可能引起不合理甚至错误的行为。错误的动机有时可以被外表积极的行为所掩盖。在分析一个行为的动机结构时，要善于区分其中的积极因素和消极因素。

4. 目标理论　　目标是行为的最直接的动机，设置合适的目标会使人产生希望达到该目标的成就需要，因而对人有强烈的激励作用。目标的设置使人产生积极的心态和动力，有助于区分轻重缓急、把握重点、提高效率。

目标设置理论认为，任何目标都可以从三个维度来进行分析。第一是目标的具体性，也就是指目标能够精确观察和测量的程度；第二是目标的难度，也就是指目标实现的难易难度；第三是目标的可接受性，是指人们接受和承诺目标和任务指标的程度。从激励的效果出发，有目标比没有目标好，具体的目标比空泛的目标好，能被执行者接受而又有较高难度的目标比唾手可得的目标更好。

研究表明，人的行为可分为目标导向行为、目标行为和间接行为三类。目标导向行为，指为寻求达到某种目标而表现出来的行为；目标行为，即达到目标、满足需要的行为；间接行为，指为满足将来的需要而出现的行为。

由动机产生的行为有一个从确立目标到实现目标的过程。这个过程分为目标导向行为和目标行为两个阶段。目标导向行为是一个选择、寻找和实现目标的过程。一般而言，它能提高人的动机水平。但是，如果导向过程时间过长或者目标不具挑战性，也会降低激励的力量。因此，倡导者要不断地提出富于挑战性的目标。

研究表明，目标导向行为与目标行为，各自对需要强度或动机强度有着不同的影响力。对目标导向行为来说，需要强度会随着这种行为的进行而增加，越接近目标，动机强度越强，直到达到目标或者遭受挫折停止。目标行为则不一样，需要强度会随着这种行为的开始而减低。

目标导向理论认为，要达到任何一个目标必须经过目标行为。而要进入目标行为又必须先经过目标导向行为。两种行为对动机强度的影响是截然相反的。为了解决这一矛盾，使动机强度经常保持在一个较高的水平上，就必须交替运用目标导向行为和目标行为。也就是说，当一个目标实现后，应适时地提出新的更高的目标，以便进入一个新的目标导向过程，从而使动机强度维持在较高的水平上，使人保持一种积极的状态。行为科学把一个人从动机到行为到实现目标的过程，称为激励过程。

（二）农业科技创新与行为

农民是农业推广行为的主体，是农业科学技术的最终接受者和采用者，没有农民对科学技术的接受与采用，科学技术就难以转化为现实生产力。纵观各国农业的发展，科技进步起着巨大的推动作用。在20世纪60年代中期至80年代中期，印度农业发生了一场以推广应用新技术为主要标志的综合农业技术革命，即绿色革命。据日本专家估计，第二次世界大战后日本农业生产的科技贡献率为75%，到2000年达到85%左右。"十一五"以来，我国农业科技工作成效显著，科技进步对农业增长的贡献率由"十五"末的48%提高到53%，到"十二五"末，农业科技进步贡献率将达到55%以上。农民对农业科技创新的需要是其行为改变的主要动因。研究农民对创新特征的认识和心理发展过程直至行为改变，则是农业推广的重要问题。

1. 农民对创新特征的看法　农民在采纳创新时，不仅要求创新应具备相对的优越性、较强的适应性等方面，而且对创新技术的复杂程度、技术的分解性大小等均需认真分析后才予以采纳。一般说立即见效的、一看就懂的、机械单纯的、安全的、单项的、个别改进的以及看似适用的技术就较之长远的、需要学习的、操作复杂的、危险性强的、综合性强的、合作群体作战的以及看似高新的技术易于被农民采纳和改变行为。

2. 农民采用创新的一般心理过程　农民采用创新的心理过程是通过大脑的不断认识而产生和发展的。当然此过程受诸多因素的影响（图2-3）。

图2-3　农民采用新技术一般心理过程

（1）客体是指人脑映象中的客观事物，即新技术源。农民的认识不同，对新技术的反应不同，采用的技术层次也不同。如贫困地区农民为解决温饱问题多偏重于种植业方面的新技术。

（2）理解即认识过程。农民采纳新技术时，首先，对技术本身获得良好的直观印象，可促使其形成行为改变的愿望和动机。其次，能否真正懂得技术的内涵并变为操作思路，则直接影响农民的行为及其方式。

（3）体验即情感的过程。情感是人们对客观事物是否满足自己的需要而产生的态度和体验。在农民理解一项创新后，并不会马上采用，往往要进行比较分析、倾听他人意见和看法等，然后结合自身进行评价，其评价行为受制于很多因素，有时甚至盲目否决创新。

（4）行为即意志过程。意志是自觉地根据目的支配行为，克服困难，从而实现预期目的心理过程，即"有所为"过程。农民一旦了解了某种创新，就会千方百计付诸行为。此乃主观变客观的过程，也是意志的集中表现。

3. 农民采用创新的心理特征　农民心理的形成受政治、经济、文化等诸多因素的影响。我国农民采纳创新表现出更为复杂的心理特征。不同地区其生态环境、价值观、历史传统及农民的需要是不同的，下面按照我国三大类型区进行叙述：

（1）东南沿海开放区。本地区包括京、津、鲁、苏、沪、浙、闽、粤等地区及内地的城市郊区。本区域农村经济发达，文化发达，交通发达。农民心理可以概括为具有重副轻农的厌农心理、竞争开拓的高效心理以及乐于经营的开放心理等三大特征。

(2) 西部欠发达地区。包括甘、青、新、云、贵、藏、川、渝等地区，本地区自然条件差，灾害频繁，交通不便，通信落后。农业生产以粮为主，商品率低。农民心理具有信息闭塞的安贫心理，文化素质低下的保守心理，等、靠、要的依赖心理以及羞于言商的封闭心理等四大心理特征。

(3) 中部地区。本地区主要包括晋、豫、皖、湘、鄂、赣、陕等。该地区多数农民正由温饱向小康过渡，文化素质有一定基础。一般说农民的心理呈现求稳怕乱的农本心理、小而全的自给心理、直观务实的从众心理、小打小闹的实惠心理以及盲目求快的过急心理等心理特征。

农民的心理是对农村社会环境的反映，受制于社会环境。因此，要了解农民不同时期的心理状况以及他们的行为，必须认识形成农民价值观、心态、行为所构成的生产方式和生活方式。促成农民生产方式和生活方式的改变的关键是提高农业、农村和农民的发展能力。

(三) 农业推广与农民行为

1. 农业推广促进农民行为改变　根据农业推广的含义我们知道，农业推广是一种由机构部署的职业性的沟通干预，以诱导公共或集体效用行为的自愿变革，是通过试验、示范、干预、沟通等手段，将创新传播给农民，以使其行为自愿改变。

诚然，农民的行为改变受制于许多因素的影响，农业推广也并非起决定作用。但农业推广可以使农民意识到创新采纳的重要性，增强决心和信心，在一定程度上促进农民行为的改变。事实上，农民自愿行为的改变更多地需要知识的累积。但在我国目前以技术推广为主的现实背景下，尤其是当政府的目标与农民目标达成相对一致的情况下，作为沟通干预的农业推广，是改变农民自愿行为的最有效手段。

2. 农业推广中的行为类型与决策　在考虑农业推广与农民行为关系时，我们不得不考虑与之相关的政府、推广机构、推广人员和农民群体等的行为。在农业推广中政府行为决定推广机构的行为，推广机构的行为决定农业推广人员的行为，农业推广人员又影响农民群体及农民的采纳行为。不论哪种行为，均具有诸多不确定性，尤其是政府行为。目前世界上大多数国家的农业推广仍是以政府推广为主，在农业推广中运用政策、经济、法律等手段，以行政命令干预农业推广工作。推广是政府的工具，有使农民在自愿条件下达到行为改变的目的。但政府的目标和农民的目标是有区别的，政府基于社会目的和集体效用的考虑，将目标确定为国民口粮保障、为城市居民提供廉价食品和国家资源的有效利用等优于个体农民利益的目标。

农业推广中决策行为是多方面的，取决于各种行为中能满足行为者需要的预期效果或预期报酬。无论何种决策行为，其决策均应包括确定目标、拟订方案和选定方案三个方面的决策。创新的采用决策可分为三种类型：

(1) 个人选择型创新决策。个人选择型创新决策是由个体自己做出采用或者拒绝采用某项创新的选择，不受系统中其他成员决策的支配。即使如此，农业推广人员或农民的决策还会受到所在系统的规范及个体的人际网络的影响。

(2) 集体决定型创新决策。集体决定型创新决策是由社会系统成员一致同意做出采用或者拒绝采用某项创新的选择。如政府或推广组织、农村社区所做出的决策，一旦做出，个体则必须遵守。

(3) 权威决定型创新决策。权威决定型创新决策是由社会系统中有一定的权力、地位或者专门技术知识的少数个体如领导、意见领袖、革新先驱者等做出采用或拒绝等项创新的选择。

二、农民行为特点及变化规律

在对农民行为的影响和改变过程中，只有了解农民行为变化的一般过程，行为变化的内容、方式、类型和基本模式，才能在影响农民行为的策略上有的放矢，达到改变农民行为的有效性。

(一) 农民行为变化的一般过程

基于前述关于人行为发生的一般过程及农民采纳创新的心理过程和心理特征的分析，我们知道农民的行为变化不外乎基于现实目的和迫切需要出发，通过选择适合恰当的项目，然后实施项目以及对项目实施结果的分析、评价，而后进一步筛选和应用等，即包括以下几个行为变化过程：现状分析与考证过程→相关物质、技术、资金等的准备过程→创新的采纳过程→采纳后结果评价的行为过程。

(二) 农民行为变化

1. 农民行为变化的主要内容 人类（农民）行为可以分为四个层面：知识层面，指知识、智能等；态度层面，指人们对人、事物的反应和感觉、人生观以及价值标准等；技能层面，指人们的操作技术和思维技能，即处理问题的方法；期望层面，指人们永远在追求各种愿望。可进一步划分为三个方面，首先是学习行为的改变，包括知识、态度和技能；其次是行为的改变，包括个体行为和团体行为；最后是发展性改变，最易改变的行为是知识行为，最难改变的行为是农民团体行为。

2. 农民个体行为变化的模式 人类的行为过程是由人类与特定环境的交互作用形成的，它是一个动态的过程。这种行为是多种影响因素综合作用的结果。多种影响因素的总和构成了环境。人和环境的动态交互作用才产生了行为。换句话说，行为是人与环境相互作用的函数。

社会心理学家莱温（Lewin）提出过一个关于人类行为的著名公式

$$B = f(P \cdot E)$$

式中：B 表示行为；f 表示函数；P 表示人；E 表示环境。

莱温的公式说明，人的行为是个人因素与环境因素的综合效应。式中的环境因素，不仅指物理现象，也包括政治、经济等社会环境。

因此，人与环境的相互作用应该是人与人所能感知的客观事物或环境因素的相互作用才能影响个体的行为。

(1) 农民个人行为改变的动力与阻力。按照心理学中的力场理论，个体能感知到的环境因素的交互作用可以描述成为一个力场、一个紧张系统，或者简单地说是一个心理场（图 2-4）。

心理场模型说明：一个人在其所处的环境里生活和工作，会感到有些值得努力追求的东西。一旦确立了某一目标，这个人就会调动个人主观能动性去为实现这一目标而努力。

一旦发生了不利或不如意的事情，人们同样会调动个人力量来避免不利事态的发展。当

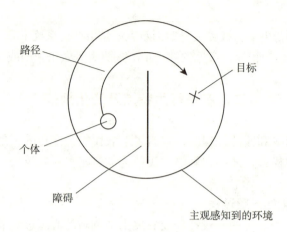

图 2-4　心理场模型

人们遇到某些障碍或阻力（例如缺乏知识、后果的不确定性、手段不完备、社会约束力等）的时候，人们会设法找到克服这些困难、避开这些阻力的途径和方法，从而保证目标的实现。有助于目标实现的力量称为驱动力，而助长不利情景出现的力量称为阻碍力。因此，可以认为行为产生于心理场。

（2）动力与阻力互作的变化模式。在心理场内，驱动力和阻碍力以一种平衡或非平衡的状态存在，它们之间的紧张程度是经常发生变化的。因此，行为改变包括三个阶段：①原有平衡的破坏；②转移到一个新的平衡水平上；③稳定在改变的行为上（图2-5）。这是人们行为改变的一般模式。如果推广的目的在于促进和加快行为改变过程，那么推广工作在上述三个阶段的每阶段都可以发挥重要作用。所谓行为改变，实际上就是指驱动力和阻碍力的相持结果对旧有平衡的破坏。如果阻碍力很大时，只增加驱动力，那么内在的紧张局势就要加剧，而且这种处于新的平衡状态中的紧张状态又会导致过去行为的重复。要想减轻内在紧张局势与重复的危险，除了要引入新的有益的变化力量之外，还要去掉现有的不利的阻碍力。

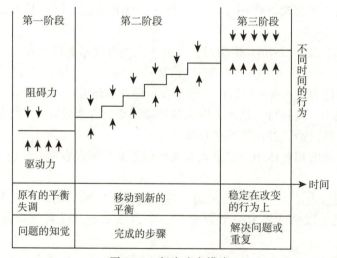

图 2-5　行为改变模式

如果驱动力大于阻碍力，那么人的行为就有利于目标的实现；反之，则会造成旧有的行为的重复。因此，为促使行为向目标方向转变，就要在场环境中引入有利于变化的新的力量

（这种力量往往更多地表现为新知识和新技能）。

心理场理论及行为改变模式对我们的启示在于，推广工作者实际上在从事对推广对象（农民）重建与重整心理场的心理过程的启动。在此过程中，促使推广对象（农民）心理场内非平衡状态的发生，从而进行有目的行动。推广工作者的作用是帮助推广对象在分析客观环境的基础上确立目标，然后认清自己在实现目标和满足需要过程中的地位和作用，以及在达到新的平衡点上的稳定，即增强对决策的信心，直至使其能够感受到行为改变后的好处。

（三）农民行为的多元化

从总体而言，农业发展和农村发展都与农民的行为密切相关。农民的行为可以包括很多种。不同国家由于社会的历史、文化生产手段和生产力水平的差异，农民行为所表现的形式则有所不同。

自以家庭联产承包责任制为标志的农村经济体制改革以来，中国的政治、经济、文化、社会各项事业高速发展，社会的各个方面都发生了历史性的变化，在这种情况下对农民行为进行分类是比较复杂的。根据国内的一些研究成果，可将农民的行为分为社会行为、经济行为以及理性和非理性行为。现就社会行为与经济行为做一简单阐述。

1. 社会行为　农民的社会行为包括交往行为、采纳行为、社会参与行为以及生育行为等。

（1）交往行为。交往行为指农民的人际关系的表现形式。农村中的生产关系、阶级关系、政治关系和家庭关系都是通过人际关系这一中介因素来制约和影响每个人的思想和行为的。农村人际关系的特点有三个方面：①血缘性。以广泛的血缘关系为基础是中国农村传统人际关系的最基本的特点。亲属家庭及其相互组合在农村经济、政治、伦理和心理生活中均占有重要地位，重要的经济合作常常发生在亲属家庭之间。在生产、消费、婚姻、公益等问题上常常被要求必须从家庭利益出发，为家庭利益而牺牲个人利益甚至牺牲社会整体利益。②情感性，即情感色彩突出、人情味浓厚。人与人之间的亲疏远近多以在家庭利益基础上形成的情感好恶为标准，理智和认识反而退居第二位。③内向性，即封闭性。人际交往主要局限于熟人之中，尤其是亲戚、村邻之间。

农村中的人际关系的特点表现在具体的农民交往行为中又呈现出以下几个特点：①感染与模仿。所谓感染是指个体在交往中对某些心理状态和行为模式无意识及不自觉地感受与接受。在感染过程中，个体并不清楚地认识到应该接受还是拒绝一种情绪或行为模式，而是在无意识之中，交往双方的情绪互相传递，循环反应，产生共同的行为模式。感染实质上就是群众模仿。在人群中，一种情绪或一种行为从一个人传到另一个人身上，产生连锁反应，以至形成大规模的共同行为反应。②从众。从众行为是指个人在群体或大众场合中，受到群体的压力，放弃自己的立场而采取与大多数人一致的知觉、判断、信仰或行为。③竞争与协作。人与人之间的相互作用或相互交往行为可以分为两种基本类型，即竞争与协作。农民往往表现出协作有余、竞争不足的行为表象。

（2）采纳行为。采纳行为指农民为了满足某种需要，改变传统技术和旧习惯，采用新技术、新技能和方法的实践。采纳行为也被称为技术采纳行为。实际上，采纳行为不仅指农业生产上的技术采纳，也包括农民在社会生活、管理决策上的新观点、新技术、技能和方法上的态度改变和应用过程。

农民采纳行为的特征受农民务实心理的影响，表现为采纳初期多数人的观望和小心谨慎。农民采纳新技术时表现为既过于谨慎、怕担风险，又盲目从众的二重性特点。这说明，农民的采纳行为更多表现为"百闻不如一见"之后的模仿。

（3）社会参与行为。社会参与指农民对社会管理、经济决策等参与机会和角色的活动表现。研究表明，农业推广和农村发展中的许多失误主要来自于对农民参与的忽视。

国际农村发展的经验表明，农民的社会参与行为是农业和农村发展的重要保证。实践表明，农民具有强烈的参与意识，只是由于没有为他们创造适合的条件，使得在行为变革过程中，农民往往被认为是"听话"的一群人，即只要听话就行，还讲什么农民参与。

（4）生育行为。生育既是人类种族繁衍的必须，也是人类个体生活中的一个重要内容。在人类历史上，物质生产与人口生产一直是社会生活中最基本的两种生产。

由于传统观念的影响，目前农村中多数农民的生育动机是"多生动机"和"多子多福"的观念引发、维持和导向多生育行为。农民的多生育动机表现为多样性、功利性、狭隘性和保守性。有研究资料表明，农村经济越发达，农民的科学文化素质就越高，则家庭小孩生育数量越少；相反，在贫困地区则陷入"越穷越生，越生越穷"的恶性循环之中。

2. 经济行为 农民的经济行为包括农民投资行为、劳动组织行为、收入分配行为、消费行为、市场行为、借贷行为以及积累行为。

（1）农民投资行为。农民投资行为是以一定的心理为基础并有既定任务目标的行为。农户、集体、国家的物质需要是农民投资的原始动力，家庭生活动机、经济扩张动机、社会服务动机、服从动机构成了农民投资行为的多元的基本动机。由于不同时期社会经济条件不同所导致的需要具体内容不同，农民投资行为的主导动机也有变化。20世纪50年代是维持基本生活，60—70年代为生活调剂，现阶段为改善生活和经济扩张，同时辅之以社会服务和服从动机。

据调查，目前大多数农民具有一定的投资意识，但存在着为了避免风险的"心理极限"，阻碍着进一步投资。

农民除去对农业的投资行为之外，还有对非农业的投资行为。非农业投资的原始心理动机是农户的货币收入需要，基本动机是生活改善和经济扩张，主要目标是收入最大化。农民非农业投资有两大主要特征，即同构化和两极分化。同构化指农户与农户间，在选择非农业投资项目上的方向趋同现象。所谓两极分化，指一部分农户非农业投资数额宏大，而大多数农户则属"小本经营"。

（2）农民劳动组织行为。农民的劳动组织行为是以农户为单位，在农户这个由若干个劳动成员组成的有独立支配自己劳动成员权力的有机组织中，所进行的就业安置和劳动分工、协作的活动。

农户安置就业的主要心理基础是家庭成员对劳动自身的需要和农户生活（生存）需要。农户劳动组织活动的任务目标是：获得较稳定的劳动就业机会，获得尽可能高的劳动报酬。对于农户安置劳动力就业的历史回顾表明：1950—1957年为主动农业就业阶段，农户将绝大部分劳动力安置在农业上。1958—1978年为被动单一农业就业阶段。人民公社化剥夺了农民在生产经营决策上的自主权，农民就业仅仅被动地安置在种植业部门。1979年以来为主动的大规模转移安置阶段。转移安置的明显标志是土地以外的就业场所和人数的增加。1984年出现了强壮男性劳动力务工经商，妇女、老、幼从事农业生产的行为现象。

(3) 农民收入分配行为。农民收入分配是农户再生产过程的一个重要环节，分配状况对再生产过程具有重大反作用。农民收入分配包括家庭经营费用的扣除。上缴税金和上交集体提留部分基本是稳定的，而农户生产积累基金分配水平无论从绝对数量看，还是积累占纯收入的比率看，都是不稳定的。另外，农户对消费基金的分配增长太快，在一定程度上争夺了生产、积累基金，给生产发展带来不利影响。农户的开支主要是对外的交往性开支，属于农户的特种消费。农户收入分配在大多数年份都是"赤字"和"亏空"，属"赤字财政"。

(4) 农民消费行为。消费水平是研究农户消费行为的一个基本范畴，农户消费的总量特征为消费-收入增长的同步性。具体体现为温饱消费仍居首位；改善生活条件，提高生活质量，成为当前农民消费的热点；部分富裕农民开始追求精神享受，文娱休闲消费快速增长；生产消费随收入的增加而增加，但短期行为普遍。

改革开放以来，我国农户消费结构有极大变化，主要表现在商品性消费支出增加，比重上升，消费的序列结构变化中突出的是住房消费支出的超前现象。主副食消费结构变化的特征是副食品消费支出的速度快于主食消费的增长。同时，农户消费结构在不同地理位置也具有不同的特征，如城郊与乡村及不同农业区之间都有明显差异。

(5) 农民市场行为。农民是市场的主体，其行为分为销售行为和购买行为。农民销售行为，是指农民为实现其产品的价值和完成既定的计划、合同任务，作为经营主体在市场上把产品销售出去的活动，即以农民为主体的售卖活动。按照售卖的对象和性质不同，农民的销售行为可分为两部分：①农民自由销售行为，是指农民根据自身家庭再生产和消费过程的需要，按照价值和市场供求变化的要求，将自己的产品在自由市场上销售。②农民的计划销售行为，是指农民根据定购合同规定的要求，将一定种类、数量和质量的农产品交销给国家指定的商业机构。

农民的销售行为具有两重性特征：一方面要追求较高的经济效益，实现生产资金、产品资金到货币资金的转化，即受经济利益驱动完成销售行为过程。由于二元价格结构的影响，农民倾向于自由市场贸易。另一方面要满足国家、社会的公共需要，受任务驱动完成销售过程，产品由国家指定的商业机构收购。

市场行为的另一方面是购买行为。农民的购买行为指农民为满足其生产和生活的需要，从市场上买进生产资料及生活资料的过程。

农民购买行为有如下几个特征：①区间、户间差异性，具体表现在不同经济区的农户购买水平及内容、结构不同。②季节差异性。③"生产大件"和"消费大件"购买率的逆向运动。"生产性大件"（生产性固定资产）购买率下降，"生活性大件"（住房和耐用消费品）购置及比率上升。

三、农民行为改变

行为改变，指行为变革者利用不同的外加手段，达到引导、优化人的行为的目的。行为改变也称行为改造，其基本内容是对行为的强化、弱化和方向引导。行为改变理论强调对行为的激励。所谓行为激励，指激发人的行为动机，使人产生内在的行为冲动，向所期望的目标前进的心理活动过程。对希望发生或希望更多发生的行为实行强化激励，对不希望发生或希望较少发生的行为则不实施激励，以致使这种行为冲动弱化，以此来引导行为转向，达到引导行为方向的目的。

(一) 行为改变的激励理论

行为改变理论包括内容型激励、行为改造型激励、过程型激励和综合激励四种。

1. 内容型激励　内容型激励主要从行为产生的原因出发，寻求行为激励的方法措施。它主要包括马斯洛（A. Maslow）的需要激励理论、麦克利兰（P. C. McClelland）的成就激励理论。

需要激励理论指出，要使人受到激励和发生行为改变必须满足不同人的不同需要，尤其是近期需要。业已满足的需要，失去激励力。

根据麦克利兰的成就激励论，在人的基本需要得到满足后，还应满足其成就需要。具有成就需要的人其事业心强，社会责任心强，比较实际，敢冒一定风险。他们把个人成就和对社会的贡献看得更重要。对于这种人来说，从成就中得到的鼓励远远超过物质鼓励的作用。同时，还可通过教育和培训，造就出具有高成就需要的人。因此，教育和培训本身就是一种激励手段。

2. 行为改造型激励　行为改造型激励主要研究如何改造和转化人的行为、变消极为积极。代表理论为斯金纳（B. F. Skinner）的操作条件反射理论、海德（Heider）的归因论以及由许多人共同研究过的行为挫折理论。

操作条件反射论认为，人的行为是对外部环境刺激做出的反应，通过改变外部环境刺激（即创造一定的操作条件），就可达到改变行为的目的。这一理论的核心是强化论，即通过不断改变环境的刺激因素来达到增强、减弱或消除某种行为的目的。

归因论认为，人内在的思想认识指导和推动人员的行为，因此，通过改变人的思想认识就可以达到改变人的行为的目的。不同的归因会直接影响人们的工作态度和积极性，进而影响随之而来的行为和工作绩效；对过去成功或失败的归因，会影响将来的期望和坚持努力的程度。归因论的意义在于通过改变人的自我感觉和自我思想认识，来最终达到改变行为的目的。

挫折理论着重于研究阻碍人们积极性发挥的各种因素。该理论认为人的行为是外部环境刺激和内部的思想认识相互作用的结果，因此只有把改变外部环境刺激与改变内部思想认识结合起来，才能达到改变人的行为的目的。所谓挫折，系指人们从事有目的活动时，在环境中遇到障碍或干扰，使其需要不能满足、目标不能实现的情绪状态。但经过主观努力，挫折阻力可以被转化为动力，把消极对抗性行为转化为积极建设性行为。

3. 过程型激励　过程型激励主要研究激励水平的高低，人们如何才能受到激励、如何通过激励将行为保持下去等，主要代表理论有期望理论和公平理论等。

(1) 期望理论。期望理论是美国心理学家弗罗姆（V. H. Vroom）于 1964 年在《工作与激励》一书中首先提出来的。该理论认为，人的积极性的调动要靠需要满足来激励。当人们有需要，又有满足这些需要、实现预期心理目标的可能时，其积极性才高。因此，得出激励水平（力量）的公式：

$$激励水平(力量)(M) = 效价(V) \times 期望值(E)$$

式中：效价是指某个人对所从事工作或所要达到的目标的效用价值的评价，即人们在主观上对某一目标报酬价值大小的估计。同一个目标，在不同人的心目中目标价值不一定相同。期望值是指获得某种效价的可能性，其值为［0，1］，即可能实现的概率。

期望理论认为，在同时达到以下三条时，对人激励力量就大，或者说激励水平就高：①当人们认为自己的努力将可能产生高度绩效时；②当人们认为高绩效可能产生某项特定结果时；③当人们认为该项结果对本人具有大的吸引力时。因此，要提高激励水平，就要恰当地确定目标，使人产生心理动力，激发热情，引导行为。期望理论可以解释农民为什么不采纳某项创新或对之兴趣极低：或是效用价值不理想，或是不可能实现。

（2）公平理论。公平理论由美国行为学家亚当斯（J. S. Adams）提出。它是探讨个人所做贡献与所得报酬之间如何平衡的一种理论。每个人会把自己付出的劳动和所得的报酬与他人付出的劳动和所得的报酬进行比较，也会把自己现在付出的劳动和所得的报酬与自己过去所付出的劳动和所得的报酬进行历史的比较。当一个人察觉到他的行为努力（投入）和由此而得到的报酬的比值与他人的投入对报酬的比值相等时，就是公平；否则，就是不公平。由此说明，行为激励与报酬有关，人们能否受到激励，不仅决定于他们能否得到报酬和报酬多少，更重要的决定于他们看到别人或以为别人所得到的报酬与自己比较是否公平。因此，应尽量创造公平，消除不公平是行为激励过程中需要注意的因素。

4. 综合激励模式 期望理论后来有了新的发展：①将效价（报酬）区分为外来效价（报酬）和内在效价（报酬）；②将激励区分为内激励和外激励；③将期望值区分为内期望值和外期望值。外来效价是因为个人的行为绩效而从他人那里得到的报酬，即工资、奖金、提职、晋升等；内在效价是来自活动、工作本身，如成就、个人发展、行为快乐等。内激励来源于活动本身，是由内在报酬形成的；外激励来自因个人行为绩效而从他人那里得到的奖赏，是由外来报酬而形成的。所谓内期望值是关于个人付出努力和个人取得成绩之间的关系；外期望值，是关于个人取得成绩和组织实施奖励之间的关联性。

综合激励模式是加拿大学者罗伯特·豪斯（Robert House）综合内外激励因素及弗罗姆的期望理论而提出的。它是对内容型和过程型激励理论的概括和发展。即激励强度（内激励＋外激励）＝效价或报酬（内在效价＋外来效价）×期望值（内期望值＋外期望值）。

上述理论告诉人们，提高激励水平，进一步提高行为积极性，可以从三方面入手：

（1）提高外激励。①提高外期望值，可以采取三种方法：为行为者成功创造条件，及时反馈行为效果，及时进行行为修正。②增强外期望值。提高此值，主要办法是赏罚分明。③提高外来效价。提高此值的办法是按每个人的不同要求安排不同的奖酬。

（2）提高内激励。内激励来源于由活动本身及完成任务所带来的满足感。内激励包括内期望值、内在效价和完成任务后的内在奖酬。①提高内期望值。②提高内在效价。提高此值的办法，一是使该项活动多样化，避免单调；二是减少活动任务的不确定性，使行为者清楚了解所从事活动的性质与内容；三是增加活动的吸引力、趣味性。③提高完成任务的内在效价。提高此值的办法是提高对所完成任务的重要性认识，对其活动任务成果的全面性和统一性的认识、对行为后果的责任感和给予行为者对自己活动的自主权。

（3）正确处理内、外激励的关系，使内外激励互促互补。

（二）诱导农民自愿行为改变的对策

鉴于对影响农民行为的驱动力与阻力的分析（即个体行为改变模式），在农业推广中欲实现农民行为的自愿改变，就必须改变个体特征和所处环境，由此可得出改变农民行为的三种策略：

1. 以"人"为中心的策略 即以提高农民或团体（包括推广人员）本身的素质为主的策略。要通过推广工作改变行为主体农民及团体的知识、态度、技能，在推广过程中推广人员应尽量多地通过各种推广方法，引导农民进入国内国际两个市场，应对经济全球化的挑战，使农民的生产、生活、消费等尽快与国际接轨，不仅要绿色生产、绿色生活，还要绿色消费。例如示范教育、个别指导、信息传播、文化与技术培训等，帮助农民及其群体改变观念与态度及其相关的知识和技能，还可从意识形态方向引导，以说服、呼吁等达到目的。

2. 以"环境"为中心的策略 此处所指"环境"是一个广泛意义上的"环境"，包括政治、经济、文化、自然等方面，尤其是农业环境的改善。我国近年来在农业生产环境的改善上做了大量的工作，如在全国范围内开展的治土改水工程、生态工程、坡改梯工程、沃土工程、灌溉工程、丰收计划、种子工程、植物保护工程以及相应的农业法规、规章制度和社会化服务体系的完善等，均为农民行为的改变奠定了良好的环境基础。要在建立、健全各种农村社会服务体系中，为农民提供与采用创新技术相配套的产前、产中、产后系列服务，如生产资料供应、投资信贷、产品储藏保鲜、加工市场销售、各种优惠政策等。

3. 人与环境同时改变的策略 即提高农民素质与改变其工作环境同时进行。农民最相信自己的眼睛，容易接受亲眼所见的事实，采用典型引路的办法是最行之有效的。树立和培养的典型要有代表性、先进性和说服力，特别要注意典型的真实性和群众认可度。

协调好政府目标与农民目标的关系。政府目标和农民目标有时一致，有时部分一致，有时则完全不一致。当出现政府目标与农民目标完全不一致时，推广者不要简单地说服农民被迫服从政府指令，而应该分析和了解农民提出的实际问题，找出问题关键所在，使政府的目标和农民的愿望趋于一致。

技能训练

沟通与交流技能

一、技能训练目标

通过现场产品推销，训练针对不同群体、对象的沟通技巧。

二、技能训练的方式

1. 日用品推销沟通能力训练

（1）推销的物品：日用品、节日专用物品、青年时尚消费品。

（2）训练方法：

①在班级课堂上，互扮推销者和消费者角色训练沟通能力。

②校园内日用品推销沟通训练。可以规定每位同学在一定时间内推销一定数量的日用品，强化沟通能力的训练，并总结评比。

2. 农资推销沟通能力训练 分派到农资门市，训练针对农民的沟通能力。为强化训练效果，规定在一定时间内向农民推销一定数量的农资产品，并作为沟通能力考核依据。

3. 作业 撰写一份产品销售沟通技巧的心得体会。

复习思考

1. 简述人行为发生的一般过程。
2. 简述马斯洛的需要层次论及其对农业推广的启示。
3. 农民采用创新的一般心理过程是什么？
4. 结合不同地区情况，分析农民采用创新的心理特征。
5. 简述农民个体行为变化的一般模式。
6. 简述期望理论的含义及其对农业推广工作的启示。
7. 结合不同地区情况，分析农民主要社会行为和经济行为的表现特点。
8. 怎样利用综合激励模式和理论来促使农民行为改变。
9. 试述改变农民行为的策略和方法。

项目三　农业创新的采用与扩散

> **学习提示**
>
> 　　本项目主要介绍农业创新的特征和创新的采用过程，农业创新扩散的理论与方法，农业创新采用与扩散的影响因素；重点是创新扩散的要素、创新扩散的过程和创新扩散的周期性规律的理解及农业创新采用与扩散的影响因素。

一、农业创新的采用

　　创新是一种被某个特定的采用个体或群体主观上视为新的东西，它可以是新的技术、产品或设备，也可以是新的方法或思想。这里所说的创新并不一定或并不总是指客观上新的东西，而是一种在原有基础上发生的改变，这种变化在当时当地被某个社会系统里特定的成员主观上认为是解决问题的一种较新的方法。通俗地讲，只要是有助于解决问题的与推广对象生产和生活有关的各种实用技术、知识与信息都可以理解为创新。

　　农业创新是应用于农业领域内各方面的新成果、新技术、新知识及新信息的统称。

　　农业创新的采用是指采用者个人从获得新的创新信息到最终在生产实践中采用的一种心理、行为变化过程，如农民经过观察、评价，最后决定采用这项创新。这个过程所用的时间为采用时间，有的从获得创新信息后就决定采用，有的则经过几年的时间才肯采用。

（一）创新的采用过程

　　农业创新的采用过程为采用者一种决策行为或决策过程，由心理学和行为学的观点分析得知，农民在采用一项创新的过程中，大体上需要经过几个阶段。有的人主张分为：认识、试行、采用三个阶段；还有的人主张分为：认识、确信、试行、采用，或认识、兴趣、评价、采用四个阶段；更多的人主张分为：认识、兴趣、评价、试行、采用五个阶段。本书把创新采用过程分为五个阶段，表示一种顺序，但不一定每一项创新的采用都必须按顺序一步步来才行，根据情况的不同可以超越阶段。

　　1. 认识阶段　这是农民采用农业创新的第一阶段。农民通过各种接触，知道了有比他过去所用的技术更好的新技术的信息。这些信息包括物质形态的技术，如新品种、新农具、新农药；非物质形态的技术，如栽培技术、饲养管理技术。于是农民开始意识到了某项创新的存在，得到一种新的概念，但农民对这项创新不一定关心和产生兴趣。

　　2. 兴趣阶段　农民知道这项创新以后，想进一步了解创新的方法和结果，对这项创新表示关心和感兴趣,并开始出现学习上的行动。这些人之所以表示关心和有兴趣,是由于认为新技术对他是有用的,而且也是可行的。可是,另外一些人知道这项创新的信息后,或者由于不相信,或者由于没有钱、没有能力以及其他条件而不能采用,他就不会对其产生兴趣。

3. 评价阶段 一旦农民对创新产生兴趣,就会结合自己的情况进行评价,对采用创新的得失加以分析、判断。评价的进行,就是更多地了解这项创新的详细情况,例如一个作物新品种,它的生育期有多长,会不会影响下茬作物,需肥量、需水量多少,劳动力是否安排得开,需要增加多少投资,效益上对他有多少价值。农民在这一阶段的心理状况是没有把握的,他或者想试验一下,或者想观察一下其他农民试用创新的情况,因而表现得犹豫不决。

4. 试行阶段 农民经过评价,确认了创新的有效性,但为了稳妥行事,先在小块土地上试验。农民在这个阶段里,需要筹集必要的资金,学习有关的技术,投入所需的土地、劳动力和其他生产资料,并观察试验结果对自己的生产是否有效和有利。他期望试验成功,当试验中出现问题时需要有人帮助他去解决。农民经过自己的试验,取得了成功的经验和掌握了技术,就会确信这项创新是自己可以采用的。

5. 采用(或放弃)阶段 农民经过自己的试验得出结论后,便进入决定是否采用创新的最后阶段。农民常常不是经过一次,而是两次、三次甚至四次试验,最后才决定是否采用创新的。每次试验的过程,也是他增加或减少兴趣的过程。在这些重复的试验中,如果得到了更大的兴趣和进一步的验证,就可能逐步扩大试用创新的面积,这样的重复试验就意味着创新已被采用。

常常会出现另一种情况,农民对某项创新经过一两次试验就予以放弃而拒绝采用。在有的情况下这种决策可能是正确的,因为这项创新并不真正对某一特定的地区或农户适用。例如,南美洲在一次山区推广马铃薯技术时,在一个村很快被多数农民采用了,而另一个村试过11次就没人种了,原因是两个村的位置是在山的两侧,日照和温度情况不同。因此,一项成功的技术在不同条件下可能被采用,也可能被拒绝。在有的情况下,农民决定不采用创新可能是不正确的,其原因可能是由于他并未掌握这项技术,也可能是由于社会观念的障碍。

(二)创新采用者的分类

不同的农民对同一创新,开始采用的时间有先有后,有的从获得创新信息起就决定采用,有的则要经过若干年以后才肯采用,这是普遍存在的现象。

根据农民自愿采用某项创新的时间先后,或以创新度为依据,将采用者分为五个采用者群体。这里的创新度(又称创新采纳度),是指某一个体(或其他采用单位)在采用创新时比社会系统中其他成员相对早的程度(或数量关系)。

1. 创新者 又称先驱者,指首先采用某项创新的少数农民,他们冒着可能遭受损失的风险,走在发展生产的前列。

2. 早期采用者 是指那些紧跟创新者之后采用新技术的农民。

3. 早期多数 指那些注视着创新者和早期采用者的相当多数的农民,他们没有经过太多的时间,也采用了这项创新。

4. 晚期多数 指那些遇事过于谨慎小心,看到邻近农民的多数已经采用创新,他们也一起加入创新采用的行列。

5. 落后者 指直到最后才采用创新的少数农民。

各类采用者的结构比例,根据美国学者罗杰斯(E. M. Rogers)对农民采用玉米杂交种的一项研究:创新者占 2.5%,早期采用者占 13.5%,早期多数占 34%,晚期多数占 34%,

落后者占 16%。采用时间与各类采用者的关系,一般表现为统计学上的常态曲线(图 3-1)。

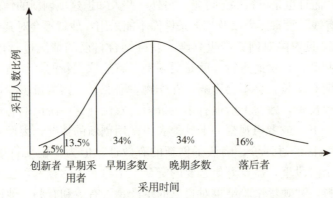

图 3-1 某项创新采用者分类数统计常态曲线

图 3-1 只是说明创新采用者人数结构的一般规律,为一种典型的理论数字,并非每项创新都严格按照上述比例对采用者分类。由于创新内容不同,农民对其要求的迫切性及经营条件、技术条件、社会条件、经济条件等不同,对采用者的心理状态会有不同的影响,因此,应用这一分类统计方法,必须结合具体的实际,不能作为固定模式硬套。

(三) 各类采用者采用过程各阶段的时间差异规律

创新采用过程是有阶段性的,但农民对某项创新的采用过程,并不一定全部包含前述的五个阶段,各类采用者对同一项创新采用的过程和时间也不完全相同。先举两例说明。

日本对某地农民采用番茄杂交种的分类调查,结果如图 3-2 所示。

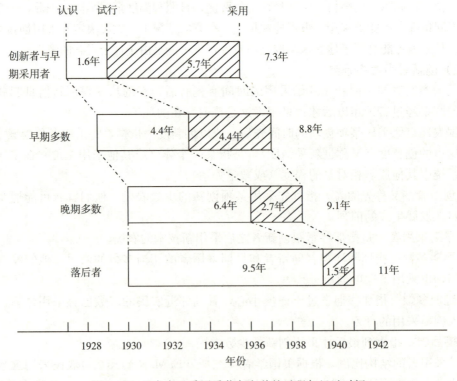

图 3-2 日本农民采用番茄杂交种的过程与经过时间

从图 3-2 可以看出：

(1) 创新者与早期采用者从认识到试行只经过 1.6 年，但从试行到采用却经过 5.7 年，整个采用过程共经过 7.3 年。

(2) 早期多数从认识到试行，从试行到采用都是经过 4.4 年，整个采用过程共计 8.8 年。

(3) 晚期多数从认识到试行经过 6.4 年，但从试行到采用仅用 2.7 年，采用过程共计 9.1 年。

(4) 落后者从认识到试行经过 9.5 年，这个阶段比创新者长约 5 倍，由于当地多数人已经采用有效，因此，仅经过 1.5 年的试行期便采用了，整个采用过程共计 11 年，比创新者与早期采用者采用过程晚 3 年多的时间。

由此看到：不同采用者在采用番茄杂交种过程中各阶段所用时间及整个采用过程所用时间存在明显差异，并呈现有规律的变化。这些规律变化是：①由认识阶段到试行阶段所用时间：创新者和早期采用者＜早期多数＜晚期多数＜落后者；②由试行阶段到采用阶段所用时间：创新者和早期采用者＞早期多数＞晚期多数＞落后者；③由认识阶段到采用阶段所需时间：创新者和早期采用者＜早期多数＜晚期多数＜落后者。

美国对某乡村农民采用玉米杂交种的开始年份和播种面积增加情况进行了调查，结果见表 3-1。

表 3-1 美国某地农民采用玉米杂交种开始年份和播种面积

开始年份	农民采用数（个）	播种面积比例（%）							
		1934年	1935年	1936年	1937年	1938年	1939年	1940年	1941年
1934	16	20	29	42	67	95	100	100	100
1935	21		18	44	75	100	100	100	100
1936	36			20	41	62.5	100	100	100
1937	61				19	55	100	100	100
1938	46					25	79	100	100
1939	36						30	91.5	100
1940	14							69.5	100
1941	3								54

从表 3-1 可以看出：

(1) 1934 年只有 16 个农民创新者在自己 20% 的土地上种植杂交玉米，直到 1939 年创新者才全部采用杂交种，共用了 5 年时间。

(2) 1935 年有 21 个农民在自己 18% 的土地上试种杂交玉米，到 1938 年这些农民在全部土地上种了杂交玉米，从试种到全部采用只花了 3 年时间。

(3) 1936 年有 36 个农民在自己 20% 的土地上试种杂交玉米，也是用了 3 年时间全部采用。

(4) 1937 年有 61 个农民在自己 19% 的土地上试种杂交玉米，仅用 2 年时间就全部采用。

(5) 1938年和1939年分别有46个和36个农民在自己的25％和30％的土地上试行杂交玉米，只用2年时间就全部采用。

(6) 1940年有14个农民在自己的69.5％的土地上试种杂交玉米，只用1年时间就全部采用。

上述数字说明一些规律，创新者和早期多数从试种到全部采用，一般要花3年以上的时间，而晚期多数虽然试种时间比较晚，但从试种到采用仅用2年左右的时间。其原因是多方面的：①杂交种出现是个新事物，一开始多数人不太了解，即使知道还想看看收成和效益如何。但随时间的推移，参加试种的农民都取得好结果，这种成果给后来人一种吸引力和推动力，大家很快就放心大胆地普及应用开了。②杂交种在引进开始碰到不少困难，每年要制种，每年都需要购买新种子，这与农民的传统习惯不同。③农民主观上愿意种杂交种，但有很多客观条件不具备，如水肥、农药及资金等服务供应跟不上，大面积应用有困难，后来由于支农服务机构不断完善，为大面积推广创造了条件，所以很快得到普及。

由此可以看到：开始试用时间越早，则试用时间越长，并且开始试用面积甚小，仅18％～20％，以后逐年增加；开始试用时间越晚，则试用期越短，而且开始试用面积比例也较大，为54％～69.5％，经1～2年就全部采用杂交种。这一规律与日本某地农民采用番茄杂交种基本相同。

（四）推广方法在采用过程中的作用

农业创新采用过程具有阶段性，不同农民在采用过程中以不同的速度，由一个阶段进入另一阶段，对农业推广人员来说必须围绕采用过程的阶段性和采用者的差异性这两个基本特点，有针对性地开展活动，选用推广方法。

1. 针对采用过程不同阶段应用推广方法　对于处在采用过程不同阶段中的农民，应根据他们认识上或实际上存在的问题，采用最有效的推广方法，具体指导和帮助农民解决这些问题。

(1) 认识阶段。推广人员尽可能较快地让农民知道创新的技术和事物，最常用的方法是通过广播、电视、报纸等大众传播媒介，以及成果示范、报告会、现场参加等活动，使农民有越来越多的了解和认识。

(2) 兴趣阶段。推广人员除了通过大众传播媒介的宣传和成果示范，还要通过家庭访问、小组讨论和报告会等方式，帮助农民解除思想顾虑，增加他们的兴趣和信心。

(3) 评价阶段。农民对是否采用新技术，特别需要得到分析、决策上的帮助。推广人员应通过方法示范、经验介绍、小组讨论等有效的方式，帮助农民了解怎样去做，让他们在技术上有把握，并针对农民的具体条件进行指导，帮助他们做出决策。

(4) 试行阶段。农民很需要对试用新技术的个别指导，推广人员应尽可能为农民提供已有的试验技术，准备好试验田，组织农民参观，并加强巡回指导，鼓励和帮助农民避免试验失误，取得试验成果。

(5) 采用阶段。推广人员主要责任是指导农民总结经验，提高技术水平，还要帮助农民获得生产物资及资金等经营条件，扩大采用创新的面积。

2. 针对不同项目开展情况应用推广方法　推广项目有两类：①在某地没有推广过的技术项目；②已经推广过的技术项目。推广人员应针对这两类项目的关键障碍，有重点地应用推广方法。

（1）对没有推广过的技术项目。重点是通过大众传播手段向农民提供这方面的信息，同时要开展巡回访问，同农民个别交谈，组织参观成果示范，使农民发生兴趣，并注意在农民中发现创新者，帮助他们评价，鼓励他们带头试验和采用。

（2）对已经推广过的项目。若项目推广停留在某个程度无法再扩散，而且无法进一步扩散的原因不是农民没有兴趣，推广人员就要了解推广不开的原因是经营条件、技术问题，还是支农服务问题；并针对问题的性质，采取个别访问、小组讨论、方法示范或其他服务部门配合的方式，使这一项技术进一步推广应用。

3. 针对采用过程的实际情况应用推广方法　采用过程的不同阶段及已经推广过或未推广过的项目应用推广方法，这是理论上说的一般性原则，在实际应用中不能生搬硬套，而应该视当时当地的具体情况灵活应用。这是因为各地区的经济文化发展不同。例如大众传播手段在那些交通不便、广播电视尚无的地方就不能应用，可改用下乡巡回讲演，达到农民对某项创新产生认识、了解的目的。

不同的农民对同一个创新在采用过程中各个阶段进展速度不同，不可能处于同一个阶段，推广人员要根据他们各自接受的速度采取分阶段的指导，要迎合当时处于采用过程中各个不同阶段的农民的需要。

（五）影响创新采用率的因素

采用率是指一项创新被某一社会系统众多成员所采用的相对速度。它通常可以用某一特定时期内采用某项创新的个体数量来度量，是借以研究创新传播速度与传播范围的基本概念。

研究表明，影响采用率的最主要因素是潜在采用者对创新特性的认识，除此之外还有创新决策的类型、沟通渠道的选择、社会系统的性质以及行为变革者的努力程度等（Rogers，1983），如图 3-3 所示。

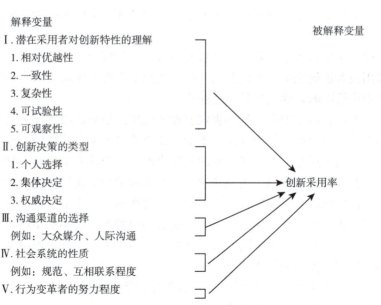

图 3-3　影响创新采用率的五类因素

1. 创新的特性影响　我们在分析影响创新采用率的主要因素——创新的特性时，所强调的是潜在采用者对创新特性的认识，或者说是潜在采用者所感知到的创新特性，而非技术专家或行为变革者所理解的创新特性。研究表明，创新的以下五个特性是影响采用率的主要因素：

（1）相对优越性，是指人们认为某项创新比被其所取代的原有创新优越的程度。相对优越程度常可用经济获得性表示，但也可用社会方面或其他方面的指标来说明。至于某项创新哪个方面的相对优势最重要，不仅取决于潜在采用者特征，而且还取决于创新本身的性质。

（2）一致性，是指人们认为某项创新同现行的价值观念、以往的经验以及潜在采用者的需要相适应的程度。某项创新的适应程度越高，意味着它对潜在采用者的不确定性越小。

（3）复杂性，是指人们认为某项创新理解和使用起来相对困难的程度。有些创新的实施需要复杂的知识和技术，有些则不然，根据复杂程度可以对创新进行归类。

（4）可试验性，是指某项创新可以小规模地被试验的程度。采用者倾向于接受已经进行了小规模试验的创新，因为直接大规模采用创新有很大的不确定性，因而有很大的风险。可试验性与可行性是密切相关的。

（5）可观察性，是指某项创新的成果对其他人而言显而易见的程度。在扩散研究中大多数创新都是技术创新。技术通常包括硬件和软件两个方面。一般而言，技术创新的软件成果不那么容易被观察，所以某项创新的软件成分越大，其可观察性就越差，采用率就越慢。

2. 创新决策的类型影响　　创新的采用与扩散要受到社会系统创新决策特征的影响。一般而言，创新的采用决策可以分为三种类型：

（1）个人选择型创新决策，是由个体自己做出采用或者拒绝采用某项创新的选择，不受系统中其他成员决策的支配。即使如此，个体的决策还会受到个体所在社会系统的规范以及个体的人际网络的影响。早期的扩散研究主要是强调对个人选择型创新决策的调查与分析。

（2）集体决定型创新决策，是由社会系统成员一致同意做出采用或者拒绝采用某项创新的选择。一旦做出决定，系统里所有成员或单位必须遵守。个体选择的自由度取决于集体创新决策的性质。

（3）权威决定型创新决策，是由社会系统中有一定的权力、地位或者专门技术知识的少数个体做出采用或者拒绝采用某项创新的选择。系统中多数个体成员对决策的制定不产生影响或者只产生很小的影响，他们只是实施决策。

一般而言，在正式的组织中，集体决定型和权威决定型创新决策比个人选择型创新决策更为常见，而在农民及消费者行为方面，不少创新决策是由个人选择的。权威决定型创新决策常常可带来较快的采用率，当然其快慢的程度也取决于权威人士自身的创新精神。在决策速度方面，一般是权威决定型创新决策较快，个人选择型创新决策次之，集体决定型决策最慢。虽然权威决定型创新决策速度较快，但在决策的实施过程中常常会遇到不少问题。在实践中，除了应用上述三类创新决策之外，还可能有第四种类型，那就是将两种或三种创新决策按一定的顺序进行组合，形成不同形式的伴随型创新决策，这种创新决策是在前一种创新决策之后做出采用或者拒绝采用的选择。

3. 沟通渠道的选择影响　　沟通渠道是人们相互传播信息的途径或方式，经常使用的沟通渠道有大众媒体渠道和人际沟通渠道。

（1）大众媒体渠道，是指利用大众媒体传递信息的各种途径与方式。大众媒体通常有广播、电视、报纸等，它可以使某种信息传递到众多的接受者手中，因而在创新采用的初期更为有效，使潜在的采用者能迅速而有效地了解到创新的存在。

（2）人际沟通渠道，是指在两个或多个个体之间面对面的信息交流方式。这种沟通方式在说服人们改变态度，形成某种新的观念从而做出采用决策时更加有效。

研究表明，大多数潜在采用者并非根据专家对某项创新结果的科学研究结论来评价创新，而是根据已经采用创新的邻居或与自己条件类似的人的意见进行主观的评价。这种现象说明，在创新传播过程中要解决的一个重要问题就是在潜在采用者和已经采用创新的邻居之间加强人际沟通，从而促使潜在采用者产生模仿行为。

一般而言，在同质个体之间进行的沟通比在异质个体之间进行的沟通更加有效。然而创新传播中经常会面临趋异性问题，即参与沟通的各方在信仰、教育水平、社会地位等方面表现出异质性。传播本身的性质要求在沟通参与者之间至少存在一定程度的趋异性。理想的状态是，沟通参与者在与某项创新有关的知识与经验方面是异质的，而在其他方面如教育水平、社会地位等则是同质的。然而，传播实践表明，沟通参与者通常在各个方面都表现出较大程度的趋异性，因为个体拥有与某项创新有关的知识与经验常常同其社会地位和教育水平密切相关。这种现象说明，为了使创新的传播更加有效，需要在人际沟通网络中寻求最佳的趋异度或趋同度。趋异度是指沟通参与者在信仰、教育水平、社会地位等方面特征不同的程度，而趋同度则是参与者在这些方面的特征相似的程度。

4. 社会系统的性质影响　社会系统是指在一起从事问题解决以实现某种共同目标的一组相互关联的成员或单位。这种成员或单位可以是个人、非正式团体、组织以及某种子系统。社会系统的性质对创新的传播有着重要的影响。前面我们已经单独分析了创新决策的类型，除此之外，还可从以下几个主要方面认识社会系统的性质：

（1）社会结构。某一社会系统里各个成员或单位行为方式不同时，就会形成一种结构。这种结构使得某一社会系统的行为具有一定的规则和稳定性。社会结构反映了系统里各个成员之间形成的某种固定的社会关系，这种关系可以促进或阻碍创新在此系统中的扩散。

（2）系统规范。规范是在某一社会系统成员中所建立起来的行为准则。这种规范可以存在于人们生活的许多方面，例如文化规范、宗教规范等。系统规范常常是变革的重要障碍之一。

（3）意见领袖关系。社会系统的结构和规范常常可以通过意见领袖们的行为表现出来。意见领袖是社会系统中对其他成员言行产生影响的成员。意见领袖关系是某一个体能够以一定的方式对他人的态度和行为产生非正规影响的程度，这种关系在沟通网络中起着重要的作用。

（4）沟通网络。沟通网络由互相联系的个体组成，这些个体是通过特定的信息流而被联系起来的。社会系统中各组成单位或成员通过人际网络互相联系的程度简称为互相联系程度。

（5）创新的结果。创新的结果是指由于采用或拒绝采用某项创新后个体或者社会系统可能产生的变化。这里有理想结果与不理想结果、直接结果与间接结果、预计结果与非预计结果之分。

5. 行为变革者的努力程度影响　行为变革者是朝着被变革机构认定为理想的方向来影响客户创新决策的人。

（1）行为变革者的作用。行为变革者的作用主要有 7 个：①调查和发现目标对象的变革需要；②建立信息交流网络关系；③分析目标对象的问题；④启发目标对象的变革意向；⑤实施变革意向；⑥巩固变革行为，避免中止；⑦与目标对象之间达成一种互动关系。

（2）行为变革者获得成功的关键。在促进目标对象采用创新的过程中，行为变革者能否以及能够在多大程度上获得成功，主要取决于以下几个方面：①行为变革者寻求接触目标对象时努力的程度；②是否做到坚持目标对象导向而不是变革机构导向；③扩散的项目同目标对象的需要之间一致性的程度；④行为变革者与目标对象的感情移入程度；⑤与目标对象的趋同性；⑥在目标对象心目中的可信度；⑦工作中发挥意见领袖作用的程度；⑧目标对象评价创新能力增加的程度。

需要指出的是，在许多有计划的创新传播工作中，经常需要利用协助行为变革者开展工作的助理人员。这些助理人员不是专职的行为变革者，而是在基层从事日常沟通工作的社会系统成员，他们与目标对象有许多社会趋同性。

根据对上述创新采用率的一些因素的分析，农业推广人员应采取的对策是必须了解农民在采用创新过程中的心理活动及行为变化规律，使推广创新的技术难度适合农民的知识水平和接受能力，推广的方法、方式符合农民的认识规律和心理要求，这样才能提高农民的创新采用率。

二、农业创新的扩散

创新的扩散是指某项创新在一定的时间内，通过一定的渠道，在某一社会系统的成员之间被传播的过程（Rogers，1983）。这种传播可以是由少数人向多数人传播，也可以是一个单位向另一个单位或社区的传播。

农业创新的扩散规律主要包括：①创新的扩散方式；②创新的扩散过程；③创新扩散的周期性；④影响创新扩散的因素。

研究农业创新的扩散规律，对提高农业推广工作的效率具有重要的意义。

（一）农业创新扩散方式

在农业发展不同历史阶段，由于生产力水平、社会经济条件的不同，特别是农业传播手段的不同，农业创新的扩散表现为多种方式，一般可归纳为以下四种（图3-4）：

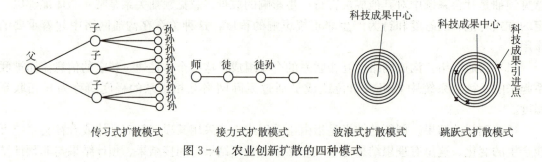

图3-4 农业创新扩散的四种模式

1. 传习式（世袭式） 主要采取口授身教、家传户习的方式，由父传子、子传孙，子子孙孙代代连续不断地传下去，逐步发展到一个家族、几个山寨、一群村落。这种方式在生产力水平低下，科学文化极其落后的原始农业生产阶段最为普遍。传播中技术上几乎没有多大变化或只有微小的变化。

2. 接力式（单线式）　一些技术秘方，以师父带徒弟的方式往下传，如同接力赛一样。这种方式在技术保密或封锁条件下，其转移与扩散有严格的选择性，一般在传统农业阶段常用。传播中只能引起技术上的弱变。

3. 波浪式（辐射式）　由科技成果中心将创新成果呈波浪式向四周辐射、扩散，犹如石投池塘激起的波浪一层层向周围扩散，这是当代农业推广普遍采用的方式，如平时常说的"以点带面"就是这种扩散方式。扩散中，距离成果中心越远，扩散力越弱，于是出现边区技术落后的现象。这种扩散方式促进技术的变化和发展，称为"渐变"。

4. 跳跃式（飞跃式）　科技成果中心有了新的科技成果，不一定总是按常规顺序向周围一层层地扩散，还可以打破时间上的顺序和地域上的界限，直接在任何时间内引进到任何一个地方。如高寒山区可以直接从日本引进地膜覆盖栽培技术，边远地区的杂交水稻或良种畜禽可以和科技成果中心附近的地区同步推广。这种扩散方式随着农业现代化的进展越来越广泛地被采用。扩散中可引起技术上的突破，促进技术上的飞跃变化。

（二）农业创新的扩散过程

农业创新的扩散过程是指在一个农业社会系统内或社区内（如一个村、一个乡）人与人之间采用行为的传播，即由个别少数人采用，发展到多数人的广泛采用，这一过程称为农业创新的扩散过程。农业创新的扩散过程也是农民群体对某项创新的心理、态度、行为变化的过程。因此，可以根据农民群体对创新的态度和采用人数的发展过程将其划分为四个阶段：

1. 突破阶段　某项创新在农民中开始扩散时，仅是个别少数农民采用，这一部分农民是创新的先驱者（创新者），例如专业户、科技示范户、回乡知识青年。由于他们一般文化科技素质较高，生产经营条件较好，信息灵通，富于创新，敢于冒风险，勇于改革，又有强烈发展生产、改善生活、增加经济收入的要求，因此，当他们获得某项创新后，便很快进行试验，在试验多次成功后就决定采用，并以令人信服的成果证明农业创新有效时，突破阶段就告以完成。农业创新先驱者的"突破作用"，为农业创新的进一步扩散迈出了必不可少的重要一步。

2. 紧要阶段　持各种态度的农民都在等待农业创新采用的成果。当看到首先采用农业创新的农民取得成功时，少部分模仿者就紧跟着采用，这些人是创新的早期采用者。经过他们的试验证实，采用创新确实能产生良好的效益，就会带动大批人，扩散就会以较快的速度进行。因此，紧要阶段是农业创新能否得以扩散的关键阶段。有关资料表明：一旦有10%～20%的潜在采用者采用了创新，那么即使没有推广服务或发展措施的进一步支持，扩散过程也会持续进行。

3. 跟随阶段（自己主动推动过程）　当创新成果明显时，除了创新先驱者和早期采用者继续采用外，农村中多数农民即被称为"早期多数者"认为创新有利也会主动采用，并形成创新采用的浪潮。如果有人此时还没有打算采用创新，就会承受一种行为改变的压力。此时，创新扩散过程已获得了自我持续发展的动力，这样农业创新就在较大范围内扩散开了。

4. 随大流阶段　当创新的扩散已形成一股势不可挡的潮流时，个人几乎不需要什么驱动力就会被生活所在的群体推动，被动地"随波逐流"，使得创新在整个社会系统中广泛普及采用。农村中那些被称为"晚期多数者"及"落后者"的就是所谓的随大流者。当最后这些随大流的人被卷入农业创新的大浪中时，某项农业创新的扩散过程也就在某一社会系统里结束了。

以上的阶段是根据学者们的研究结果人为划分的，但实际上每项具体的创新扩散过程除基本遵循上述扩散规律外，还有自己本身的扩散的特点；另外，不同扩散阶段与不同采用者之间的关系也不是固定不变的，应具体问题具体分析。农业推广人员应研究掌握创新扩散过程的规律，在不同阶段采用不同扩散手段和对不同类型的采用者运用不同的沟通方法，最大限度地提高农业创新的扩散速度和扩散范围，提高推广工作成效。

（三）农业创新扩散的周期性

农业科学技术总体的发展在时间序列上是无限的，而每项具体的农业创新成果在农业生产中推广应用的时间是有限的，这种总体上的无限和个体上的有限的统一，使农业创新的扩散呈现明显的周期性。而某项具体创新成果的扩散过程就是一个周期。

1. 创新扩散过程寿命周期的形成　每项农业创新的扩散过程一般是有规律性的。随着农业创新的出现和扩散，采用创新的农民由少到多，逐渐普及，当采用某项创新人数达到高峰后，又逐渐衰减，为更新的某项创新所代替而出现一种创新扩散的寿命周期。农业创新扩散曲线的形成：

（1）扩散曲线。一项具体的农业创新从采用到衰老的整个生命周期中其传播趋势可用"扩散曲线"来表示。它是一条以时间为横坐标轴，以创新的采用数量的累计数（或累计百分数）为纵坐标轴，用不同时期创新采用累计数的具体数据绘制而成的曲线，其形状呈明显的S形（图3-5）。扩散曲线没有一个标准坡度，也没有一个标准的采用限度，有些创新扩散较快，有些较慢；有的最终扩散到周围几乎所有农民，有的仅1/2或2/3或3/4。

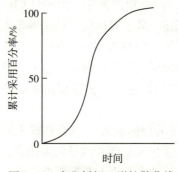

图3-5　农业创新S形扩散曲线

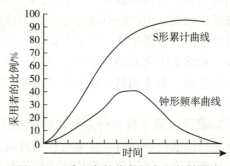

图3-6　采用者的分布频率和积累曲线

（2）S形曲线形成。由于一项农业创新引进开始推广时，因多数人对它不熟悉，很少有人愿意承担使用的风险，所以一开始扩散总是比较慢；但当通过试验示范，看到试用效果，感到比较满意后，采用的人数就自然逐渐增加，使扩散速度加快，传播曲线的斜率增大；当采用者达到一定数量以后，由于新的创新成果的出现，旧的创新成果被新的创新成果逐渐取代，扩散曲线的斜率逐渐变小，曲线也就变得平缓，直到维持在一定水平不再增加。这样就形成了S形曲线。S形扩散曲线表示在时间的任意点上，已采用农业创新的成员占全体成员的百分比。

如果我们把创新扩散模式看成是采用者的非累计数量或百分率，而不是一个累计数量，那么，通常可以画出一条钟形的或波浪形的反映采用者分布频率的扩散曲线（图3-6）。钟形扩散曲线表示一定时间内，采用农业创新的成员的百分比。可见，扩散曲线描述了某项创新扩散的基本趋势和规律。借助扩散曲线可以分析某项创新的扩散速度与扩散范围。前者是指一项创新逐步扩散给采用者的时间快慢,后者是指一定时期采用者的数量比率。

S形扩散曲线所表示的实质内容是指单位时间内创新的扩散速率(指创新逐步扩散给采用者的时间快慢),反映出创新扩散速度前期慢、中期快、后期又慢的特点。

农业创新S形扩散曲线可用数学模型来表示。杨建昌曾对江苏省三个不同经济地区(苏南发达地区、苏中较发达地区、苏北欠发达地区)6个县(市)的893个农户进行抽样调查,了解了杂交水稻、浅免耕技术及模式化栽培三种农业创新在当地自开始引进至技术被95%以上农户利用的情况。其研究表明:不同创新项目的起始扩散(传播)势($R°$)以浅免耕技术为最大,杂交水稻次之,模式化栽培技术最小。在该研究中,浅免耕技术复杂程度较小,而且能节省工本,农民容易掌握,接受利用较快,因此它进入扩散发展期的时间和达到最大扩散速率的时间均较早,分别为1.7年和2.7年,仅6年时间就已经被99%的农户利用;而模式化栽培技术是一项综合性很强的技术,它涉及品种特性、作物生长发育动态及肥水运筹等多种知识。因此,农民不易很快掌握,起始扩散势较小,进入扩散发展期和达到最大扩散速率的时间比较长,分别为5.5年和6.4年,用了将近10年时间才被99%的农户所采用;杂交水稻则介于上述两者之间(图3-7、图3-8)。

(3)S形扩散理论(推广模式)。在农业推广学中,S形扩散曲线所揭示的创新扩散周期内的阶段性、创新时效性及新旧创新的交替性等规律称为S形扩散理论或称为推广模式。

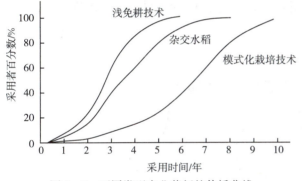

图3-7 不同类型农业革新的传播曲线

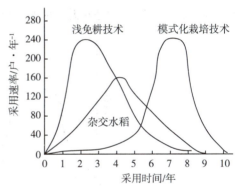

图3-8 不同类型农业革新的传播速率

①阶段性规律。根据扩散曲线中不同时间创新扩散的速度和数量不同,可分为4个不同阶段,即:投入阶段;早期采用阶段;成熟阶段;衰退阶段。与上述4个阶段相对应,我国农业推广工作者提出了推广工作的4个时期,即:试验示范期(从创新的引进到试验示范);发展期(从试验示范结束到推广面积或采用数量逐渐增加到最大时);成熟期(创新稳定在普及应用到出现衰退迹象时,此时期是技术成熟、推广效益最高阶段);衰退期(随着新的创新成果的出现以及旧创新的老化,旧创新被新的创新逐渐代替,最终在生产中丧失作用)。

阶段性规律启示我们:一项创新在农业推广工作中,基础在试验示范期,速度在发展期,效益在成熟期。

②时效性规律。S形扩散理论表明一项创新的使用寿命是有限的,因为创新进入衰退阶段是必然的,只不过早晚而已,人们无法阻止它的最终衰退,但可以延缓其衰退的速度。

时效性规律启示我们:一项创新的应用时间不是无限的,具有过期失效和过期作废的特点。因此,农业创新出台后,必须尽早组织试验,果断决策进行示范,加快扩散速度使其尽快从试验示范期进入成熟期,同时要尽可能延长成熟期,延缓衰退,特别要防止过早衰退。

一项创新衰退的原因是多方面的,主要有以下几个方面:①无形磨损。创新不及时推广使用就会被新的创新项目取代从而"过期失效"。例如农药被另一种新农药取代。②有形磨损。某项创新虽然未被新的创新取代,但某项创新本身的优良特性因使用年限的增加逐渐丧失,从而失去使用价值。例如优良品种混杂退化、种性退化或某种优良特性如抗病性的丧失等均属有形磨损。③推广环境造成创新的早衰。主要表现在:政策磨损,指国家农业政策、法规法令及农业经济计划的调整,如国家对西瓜种植收取农产品特产税,使西瓜品种、西瓜栽培技术早衰;价格磨损,指农业生产资料价格上涨和农产品的价格下降造成农业创新早衰;人为磨损(又称为推广磨损),指由于推广方法不当造成科技成果早衰,例如推广方法不当,造成示范推广失败,引起农民逆反心理,导致成果早衰。

防止创新早衰措施主要针对引起早衰的原因,采取相应的办法。为防止创新的无形磨损,推广人员一旦引进创新必须立即组织试验,并进入示范,然后加快发展期速度,尽快进入成熟期。防止有形磨损主要对物化技术成果(如种子、畜禽良种、农药、化肥等)要十分注意保护产品品质,保持产品优良特性,对新品种要健全繁育体系,提纯复壮。防止推广环境磨损的主要办法是注意政策和价格磨损以及推广人员人为磨损。

③交替性规律。一项具体农业创新寿命是有限的,不可能长盛不衰,而新的研究成果又在不断涌现,这就形成了新旧创新的不断交替现象(图3-9)。例如紧凑型玉米品种代替平展型玉米品种。新旧交替是永无止境的,只有这样,科学技术才能不断发展,不断进步。

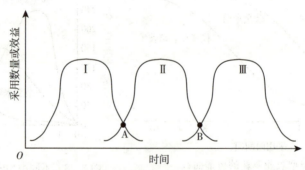

图3-9 农业创新更新交替模式

注:A、B表示新旧创新交替点。

交替性规律启示我们:①不断地推陈出新,即在一项创新尚未出现衰退的迹象时,就应不失时机地积极引进、开发和储备新的项目,保证创新扩散的连续和发展,不要出现"旧已破,新不出"的被动局面。②选择好适当的"交替点",就是说既要使前一项创新能够充分发挥其效益(不早衰),又要使新的创新及时进入大面积应用阶段。交替点过早过晚对总体效益都会产生影响。因此过早过晚发生交替都不好。

2. 常见的几种扩散曲线 前述S形扩散曲线为一个普遍的规律,对任何一项创新的扩散都是基本适用的。但由于各种因素的影响,各项具体的创新的扩散速度和范围呈现很大变化,即扩散的形状表现各异,我国农业推广实践工作中,常见以下四种类型:

(1) 短效型(图3-10a)。创新扩散前期发展较正常,上升较快,但达到顶峰后很快就急剧下降,即成熟期维持很短时间就衰落下来。形成原因可能是无形磨损所致,即创新本身不过硬,被新的创新过早取代。

(2) 低效型(图3-10b)。创新扩散速度始终很慢,没有达到一定高峰,维持时间虽较长，但始终没有在大面积推广应用，所以效益很低。形成原因可能是由于该创新技术难度较大或需要过高投资等。

（3）早衰型（图3-10c）。创新扩散在早期、中期都较正常，衰退期过早出现，这种情况不同于第一种类型。形成原因主要是有形磨损所致，例如，一个很好的作物品种，由于不注意提纯复壮工作，致使其使用期限相对缩短。

（4）稳定型（图3-10d）。稳定型是一种比较理想的类型，说明试验示范及时，发展迅速，大面积应用时间长，交替点的选择也较适当，为一种效益最好的类型，故又称理想型或标准型。

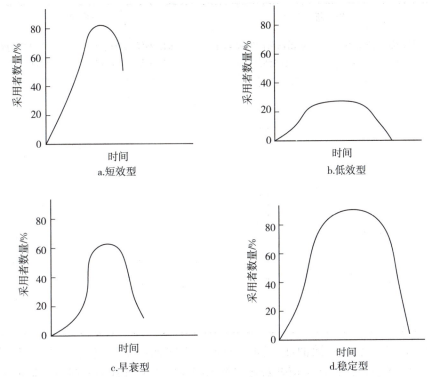

图3-10　常见几种扩散曲线

3. 不同扩散曲线的分析

（1）不同创新有不同扩散曲线。不同项目有不同的扩散曲线，原因是每个项目的推广都受项目本身的经营因素和技术因素影响，所以出现不同的扩散速度和范围（图3-11、表3-2）。

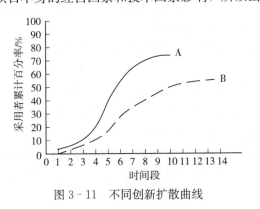

图3-11　不同创新扩散曲线

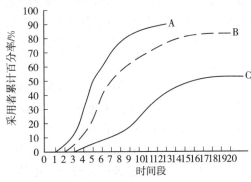

图3-12　某种创新的三种扩散曲线

从图 3-11 中可以看到：A、B 两条曲线，表示两个不同的扩散比率，均呈 S 形，但扩散曲线 A 比扩散曲线 B 的扩散比率大一点。

从表 3-2 中可以看到：①A 项目在第 1 至第 2 时间段扩散较慢，之后很快从第 2 时间段的 3% 上升到第 6 时间段的 19%，第 7 时间段开始下降，到第 9 时间段时降到 1%。②B 项目在第 1 至第 2 时间段扩散很慢（2%），到第 4 时间段很快提高到 10%，在第 5 至第 6 时间段一直保持很高的采用率，第 7 时间段开始下降，到第 12 时间段下降到 1%。

表 3-2 不同创新扩散曲线的分析资料

时间段	创新 A		创新 B	
	采用创新的农民百分率（%）	采用创新的农民累计百分率（%）	采用创新的农民百分率（%）	采用创新的农民累计百分率（%）
1	3	3	2	2
2	3	6	2	4
3	6	12	3	7
4	8	20	10	17
5	16	36	9	26
6	19	55	9	35
7	9	64	5	40
8	3	67	4	44
9	1	68	5	49
10	1	69	3	52
11			2	54
12			1	55

（2）同一创新有不同扩散曲线。同一创新在不同地区推广过程中可出现不同扩散曲线。如图 3-12 所示，这是某一项创新在三个不同地区扩散过程中出现的三条扩散曲线。图 3-12 中三条曲线有两方面的不同：①曲线的倾斜度不同，A 曲线倾斜度较大，B 曲线次之，C 曲线较小。②每条曲线停止上升的时刻不同。A 曲线上升很快，表示创新扩散速度很快，到第 12 时期末有 90% 的农民采用了，随后停止上升。B 曲线上升较慢，表示创新扩散速度较慢，到第 17 时期末有 80% 的农民采用了，随后停止上升。C 曲线上升更慢，表示创新扩散速度更慢，到第 20 时期末有 55% 的农民采用，随后停止上升。

同一创新在三个不同地区推广中由于采用比率和最终的扩散范围上的差异出现三种不同的扩散曲线，其原因是：

①同一创新在不同地区受当地自然条件的影响。不同地区土壤条件、水利条件、温度、光照、降水量等这些都是农业创新扩散的制约因素，如一个丰产品种，若没有相应水肥条件是推广不开的。同一创新在山区、平原、旱地都有不同的扩散曲线。

②同一创新在不同地区受当地经营条件的影响。在经营条件很好的地区，由于交通方便、土地平坦、支农服务机构健全，很快推广开了，而在山区交通不便地区，产品销售运输费用大，投资有困难，就较难推广。

③创新受所需购入的各项投资是否有效的影响。农民要求创新的各项投资（如种子、肥料、农药、设备等）有效表现在以下四方面：投资在技术上有效，如适合当地生产条件和农民的作物类型，不会遭受病虫危害，等等；投资在质量上可靠，如引进的种子、肥料、农药和畜禽良种的质量靠得住，同事先告诉农民的一样；投资在经济效益上合算，如对投资大、费时费工的引进项目，一定要考虑产品销售的可能性和价格是否合算，不具备这些条件、只增产不增收是无法推广的；投资在生产急需时能准时供应，如种子、肥料、农药的供应不能误农时，否则投资失去作用。

④创新受当地农民文化因素（包括社会价值观）的影响。如养猪生产，虽然能获利，但对于某些民族来说却不适宜。

⑤同一创新扩散速度受到其他因素的影响。创新能有多大的盈利，经营规模很小的农民，对创新不发生兴趣，即使创新技术很好，但由于自己经营规模太小，采用创新也不可能增加多少收入，他就不想采用创新。创新的效果显著程度，如一种除草剂应用后效果显著，则除草剂应用很快推广；相反，在推广使用化肥时，舍不得花钱，只施应该施用量的20%，结果不像农民在成果示范中看到的那样明显的效果，农民就不会使用它。贷款是否有效的利用，影响创新的扩散速度。如农民不能及时得到贷款购买所需的生产资料，误了农时，就会使创新不能继续采用。新技术与过去习惯的技术是否协调，影响创新扩散速度。如一个老稻区要引进杂交玉米则不容易推广开，因为玉米种子要年年花钱买，农民不习惯这种做法，水稻无需年年制种，种子也易在亲戚朋友中搞到。

（四）农业创新扩散的影响因素

影响农业创新扩散的因素很多，主要有经营因素、技术因素、农民素质、政府政策以及农村家庭、社会组织机构等社会因素的影响。这些因素既影响创新扩散的速度，又影响农民采用的累计百分率。

1. 经营条件因素 农业企业及农民的经营条件对农业创新的采用与扩散影响很大。经营条件比较好的农民，他们具有一定规模的土地面积，有比较齐全的机器，资金较雄厚，劳动力较充裕，经营农业有多年经验，科学文化素质较高，同社会各方面联系较广泛。他们对创新持积极态度，经常注意创新的信息，容易接受新的创新措施。美国曾对16个州的17个地区的10 733家农户进行了调查，发现经营规模对创新的采用影响很大。经营规模主要包括土地、劳动力及其他经济技术条件，经营规模越大则采用新技术越多（表3-3）。

表3-3 美国农民经营规模与采用新技术的关系

经营规模	每百户采用农业推广新技术数（项）	每百户采用改善生活新技术数（项）
小规模经营	185	51
中等规模经营	238	73
大农场经营	293	96

从表3-3可看出，中等规模经营的农户采用农业新技术比小规模经营农户增加28.6%，采用改善生活新技术数增加43.1%；大农场经营比小规模经营的两种新技术采用分别增加58.3%和88.2%。

日本的一项调查也反映了同样的趋势（表3-4）。

从表 3-4 可以看出，在 10 年中每户农民采用创新技术的项目数，经营规模超过 1.5hm² 的农户比小于 1.0hm² 的农户要多 55.7%。

表 3-4 日本农民经营规模与采用新技术的关系

经营规模	调查农户数（家）	1948—1958 年 10 年中平均每户采用创新技术数（项）
小于 1.0hm²	9	14.9
1.0~1.5hm²	13	15.0
1.5hm²	11	23.2

2. 技术特点因素 一般来说，农业创新自身的技术特点对其扩散的影响主要取决于 3 个因素：①技术的复杂程度。技术简便易行就容易推广；技术越复杂，则推广的难度就越大。②技术的可行性大小。可行性大的如作物新品种、化肥、农药等就较易推广开，而可行性小的技术装备，如农业机械的推广，就要难一些。③技术的适用性。如果新技术容易和现行的农业生产条件相适应，而经济效益又明显时就容易推广；反之，则难。具体地讲，有以下几种情形：

（1）立即见效的技术和长远见效的技术。立即见效是指技术实施后能很快见到其效果，在短期内能得到效益。例如，化肥、农药等是比较容易见效的，推广人员只要对施肥技术和安全使用农药进行必要的指导，就不难推广。但有些技术在短期内难以明显看出它的效果和效益，如增施有机肥、种植绿肥等，其效果是通过改良土壤、增加土壤有机质和团粒结构、维持土壤肥力来达到长久稳产高产的，但不像化肥的效果那样来得快，所以，这类技术推广的速度就要相对慢一些。

（2）一看就懂的技术和需要学习理解的技术。有些技术只要听一次讲课或进行一次现场参观就能掌握实施，这样的技术很容易推广；有些则不然，需要有一个学习、消化、理解的过程，并要结合具体情况灵活应用。例如，病虫化学防治技术首先要了解药剂的性能及效果，选择最有效的药剂品种和剂型，了解使用方法和安全措施；其次，还要了解施药效果最好的时间、次数、浓度及用药部位等；最后，对病虫害的生态生活习性、流行规律等也应有所了解，才能达到较好的防治效果。

（3）机械单纯技术和需要训练的技术。例如蔬菜温室栽培技术、西瓜地膜覆盖技术、拖拉机驾驶技术等，都需要比较多的知识、经验和实践技能，需要经过专门的培训才能掌握。而像机械喷药技术，只要懂得如何配方、喷药数量及部位，注意安全措施，其余就是单纯的机械劳动，不需要很多训练就可掌握。

（4）安全技术和带危险性的技术。一般来说，农业技术都比较安全，但有些技术带有一定危险性。例如，有机磷剧毒农药虽然杀虫效果极佳，但使用不当难免发生人畜中毒事故，所以一开始推行时比较困难，因为农民对此带有恐惧心理。

（5）单项技术和综合技术。例如，合理密植或增施磷肥等单项技术，由于实施不复杂，影响面较窄，农民接受快。而像作物模式化综合栽培技术这样的综合性技术，要考虑多种因素，如播种期，密度，有机肥、氮肥、磷肥、钾肥的配合，水肥措施等，从种到收各个环节都要注意，比单项技术的实施要复杂得多，所以，推广的速度就快不了。

（6）个别改进技术和合作改进技术。有些技术涉及范围较小，个人可以学习掌握，一家一户就能单独应用，例如果树嫁接、家畜饲养等。有些技术则需要大家合作进行才能搞好，例如病虫防治，只靠一家一户防治不行，需要集体合作行动，因为病菌孢子可以随风扩散，昆虫可以爬行迁徙，只有大家同时防治才会奏效。此外还有土壤改良规划、水利建设和农田灌溉及产品加工技术都需要集体合作才易推广。

(7) 适用技术与先进技术。适应农民生产经营条件和农民技术基础，能获得较好经济效益的技术，容易在农民中传播和被农民采用。先进技术应用往往需要较多的资金和设备，对农民的科技文化素质要求也较高，不具备这些条件就难以推广开。

3. 农民素质因素 农民素质包括文化知识、技能、思想、性格、年龄和经历等都影响创新的扩散。据日本新潟县的调查，不同经济文化状况地区的农民，采用创新的独立决策能力有很大差别，经济文化比较发达的平原地区的农民与山区农民相比较，独立决策能力相差一倍以上（表3-5）。

表3-5 日本新潟县不同文化地区农民独立决策能力的比较

类　别	调查数（人）	能自己决策（%）	不能自己决策（%）
山区农民	22	36.4	63.6
半山区农民	15	40.0	60.0
平原地区农民	17	70.6	29.4
合　计	54	48.1	51.9

农民的年龄在相当程度上可以反映他们的文化程度、求知欲望、对新事物的态度、经历及在家庭中的决策地位。日本在1967年对100个不同年龄农民采用新技术的情况进行了调查，结果列于表3-6。

表3-6 日本农民年龄与采用新技术的关系

年　龄	采用新技术数（项）	年　龄	采用新技术数（项）
30岁以下	295	46～50岁	301
31～35岁	387	51～55岁	284
36～40岁	321	56～60岁	283
41～45岁	320	60岁以上	223

从表3-6中可见，采用新技术最多的是31～35岁年龄组，其次是36～40岁、41～45岁、46～50岁。这些年龄组的农民对新技术的态度、经历和在家庭中的决策地位都处于优势；而50岁以上的人采用新技术的数量随着年龄的增加越来越少，说明他们对新技术持保守态度，同时也与他们的科学文化素质及在家庭中的决策地位逐渐下降有关。

4. 政府的政策措施因素 政府对创新的扩散，可以采取多方面的鼓励性政策措施，给予支持和促进。主要有土地经营使用政策，农业开发政策，农村建设政策，对农产品实行补贴及价格政策，供应生产资料的优惠政策，农产品加工销售的鼓励政策，农业金融信贷政策，发展农业研究、推广、教育的政策等。以上这些政策激励均会对创新的扩散带来一定的影响。

5. 家庭、社会机构及其他社会因素 农村的家庭结构关系，常常会对采用新技术的决策产生影响，一般中、青年人当家，能较快接受新技术，老年人当家则较慢。家庭经济计划对采用新技术也有影响，有的准备资金主要用于扩大再生产，有的把钱用来盖房办婚事。

社会机构中农村供销、信贷、交通运输等有关部门对技术推广的支持、配合，农民之间相互合作，推广人员同各业务部门的关系以及与农民群众的关系，也都影响着创新的扩散。

此外，农村社会的价值观、宗族及宗教等社会因素对新技术的采用也有影响。例如在采用新技术的认识、感兴趣及评价阶段，有些信息是来自亲属，决策时亲属商量研究，这些亲属或宗族关系的观点、态度，有时就会影响农民对创新的采用。农村中极少数农民由于相信命运和神的主宰，满足于无病无灾有饭吃就行，宿命论影响他们采用科学技术。

（五）创新扩散的有效性

推广工作的效果，通常是以扩大创新的扩散范围和加快创新的扩散速度，作为衡量的标准。但是，推广工作应避免盲目地追求过高的扩散速度和采用比率，而应当注意结合实际情况，努力争取扩散的最佳速度和范围。从 S 形扩散曲线可以看出，创新的扩散速度一般是开始较慢，然后变快，最后又变慢，通常采用者的比率达不到 100% 曲线就会终止。某项具体创新的扩散速度和范围会受到诸多因素的影响，例如创新对当地自然条件及经营条件的适应性、创新采用所需物质投入的有效性、创新扩散的社会文化环境、创新本身的效果、采用者的状况、推广工作的策略和方法、产品价格波动状况、促进扩散所需的人员与费用及其可供性等，因此，推广人员应深入分析相关的因素，为采用者提供咨询服务确定最佳的扩散速度与扩散范围，提高创新扩散的有效性。

技能训练

专项技术推广现状调查

一、技能训练目标

通过训练初步掌握专项农业技术推广现状调查的方法和技巧，能够独立撰写调查报告。

二、技能训练方式

1. 调查当地主要农作物 如水稻、小麦、玉米等某一新品种推广现状，并撰写调查报告。

2. 调查方式 一个班级可 5~6 人一组，分别调查多个作物品种推广情况。小组先要制定调查方案，根据调查内容采取有效的调查方法，收集一手资料后，通过研究分析，按照格式撰写专项技术推广现状调查报告。

复习思考

1. 什么是创新？
2. 创新的采用可划分为哪几个阶段？
3. 创新采用者分为哪几类？

4. 各类采用者在采用过程的各阶段的时间上有何差异？
5. 创新的扩散过程分为哪几个阶段？
6. 试述农业创新扩散的周期性规律及其对农业推广工作的启示。
7. 论述农业创新扩散的影响因素。

项目四　农业推广工作程序

> **学习提示**
>
> 　　农业推广是一项科学、严谨、有序的工作，为避免在农业推广工作中出现工作失误或走弯路，我们必须了解农业推广的基本原则和工作程序，并按要求开展具体业务工作，做到因地制宜，简洁高效。

一、农业推广的原则

　　根据2013年颁布的《农业技术推广法》，结合我国农业技术推广工作实际，我国农业技术推广应当遵循下列原则：

（一）有利于农业的发展，尊重农业劳动者的意愿

　　党的十六届六中全会提出了构建社会主义和谐社会的重大战略决策。构建社会主义和谐社会的首要任务就是要大力推进社会主义新农村建设，而推进社会主义新农村建设的必由之路就是要加快我国农业发展。发展农业的根本途径就是要加速科技进步，而强化技术推广又是加速农业科技进步的重要途径和首要关键。

　　发达国家科学技术对农业的贡献率最高已达85%，而我国农业科技的贡献率虽然在逐年增高，但至2011年也仅为53.5%。全国农业科技贡献率最高的江苏省2011年只达到了61.2%。究其原因，主要是我国的农业科技成果转化率整体偏低，只有30%，而西方发达国家已达到80%。例如，我国化肥、水和农药的利用率均为30%左右，而西方发达国家均为60%以上。也就是说，我国化肥、水和农药单位面积的使用量比发达国家高一倍，才能达到发达国家的效果；这样不仅投入品使用浪费，成本提高，而且威胁生态和环境安全。因此，切实强化技术推广，大力提高农业技术的入户率、到位率和农业生产资料的利用率，是加速科技进步，促进农业发展的当务之急。

　　农业推广工作，要从当前农业生产实际出发，既要考虑生产所需，又要考虑是否具备推广所需条件，从社会主义新农村建设、农民增产增收角度出发，针对当前农业生产的主要技术障碍或限制因素，有的放矢地选择、推广科技成果，使农民需求与推广工作目标相统一。在目前建设社会主义新农村和发展现代农业的新形势、新任务、新要求下，我国农业技术推广工作正逐步构建起各级政府农业技术推广机构、农业科研、农业教育、农村合作经济组织以及涉农企业广泛参与，立足服务，充满活力的多元化基层农业技术推广体系。

(二) 因地制宜，注重实效

因地制宜是指农业推广项目的选择、引进，推广方法的运用等都必须从当地的实际情况出发，既要使推广项目和推广方法等都能符合当地的实际情况，又能使推广项目达到预期的实际经济效果。农业推广工作能否做到因地制宜，直接影响着推广工作的效率、效益和效果，乃至农业推广工作的成败。

农业推广工作要做到因地制宜，就应该根据不同的生态类型区，不同的作物布局特点，不同区域的经济发展水平，不同的生产条件，以及农民的科技文化素质和对新技术的接受能力等，推广相应的有良好经济价值的农业科技项目。例如，在部分农民温饱问题尚未解决、无霜期短、热量不足的边远、高寒地区推广被誉为"温饱工程"的玉米地膜覆盖栽培技术，不仅显著增产，而且能够增效，备受当地农民欢迎，成效显著。而在经济较发达、生产条件较好、热量较充裕、雇工较昂贵的地区推广玉米地膜覆盖栽培技术，由于增产效果不明显，增收效果不显著，所以，就难以被农民群众所接受。又如，在丰水地区可以推广水稻种植技术，而在干旱缺水地区则应推广节约用水的旱作农业技术；同是麦区，在寒冷地区应推广冬性品种，而在暖冬地区则应推广半冬性乃至春性品种；同是棉区，在低纬度无霜期长的地区可推广夏播棉，而在高纬度无霜期短的地区只能推广春播棉等。所以，只有因地制宜，才能使农业推广工作更具针对性和可行性，解决农民增收增效之需求，加速推广速度，提高推广效益和效果。

(三) "试验、示范、推广" 三步走

农业推广工作又是一项严肃的科学事业，来不得虚假和疏忽。否则，就会给推广工作带来不良影响和后果。一项新的农业科技成果，并非在任何地方或任何情况下都能特别适宜，都能发挥出其应有的效果。如果盲目引进和直接推广，就有可能失败，从而造成难以挽回的损失。所以，必须坚持"试验、示范、推广三步走"的农业推广工作基本原则。

农业科技成果通过试验、示范，再进入生产领域，是新技术在更大范围内接受检验和技术进一步完善配套的需要；也是推广人员熟悉科技成果，获取实践经验的需要；更是树立样板，向群众宣传、示范，扩大影响，使农民心服、口服并乐于采用新技术的需要；还是农民群众应用科研成果时，少走弯路，避免或降低风险的必要步骤。

(四) 公益性服务与经营性服务相结合

我国实施公益性服务与经营性服务相互结合、相互补充的农业推广体系。《国务院关于深化改革加强基层农业技术推广体系建设的意见》中提出基层农业技术推广机构承担的公益性职能主要是：关键技术的引进、试验、示范，农作物和林木病虫害、动物疫病及农业灾害的监测、预报、防治和处置，农产品生产过程中的质量安全检测、监测和强制性检验，农业资源、森林资源、农业生态环境和农业投入品使用监测，水资源管理和防汛抗旱技术服务，农业公共信息和培训教育服务等。国家为农业推广机构公益性服务职能的资金提供保障，要求各级地方财政将公益性推广机构履行职能所需经费纳入财政预算。

国家积极稳妥地将农资供应、动物疾病诊疗、农产品加工及营销等服务，从基层公益性农业技术推广机构中分离出来，实行市场化运作，由农业经营服务组织、各种农业生产资料生产经营企业以及社会其他组织去推广普及。鼓励各种其他经济实体依法进入农业技术服务行业和领域，参与经营性农业技术推广服务实体的基础设施投资、建设和运营。积极探索公益性农业技术服务的多种实现形式，鼓励各类技术服务组织参与公益性农业技术推广服务，

对部分公益性服务项目也可以采取政府订购的方式落实。

公益性服务与经营性服务相结合的原则，一方面体现在公益性与经营性两类不同服务组织的相互补充，有机结合；另一方面也体现在技术与物资的有机结合——"技物结合"。一个新品种、一种新产品、一项新技术的推广，都离不开相关物资的配合。否则，推广就会成为一句空话，也就很难付诸实施。所以，"技物结合"既是公益性服务与经营性服务相结合原则的一种表现形式，又是农业推广的重要原则之一。

（五）多元推广主体，以服务农民为本

农业推广工作社会性强、覆盖面宽、需求多样化，仅靠政府农业推广机构和专业农业推广工作者远远不能满足三农发展的需要。我国积极支持农业科研单位、教育机构、涉农企业、农业产业化经营组织、农民合作经济组织、农民用水合作组织、中介组织等参与农业技术推广服务，逐步形成多元主体的基层农业推广体系。鼓励以上团体通过技术承包、技术转让、技术培训、技物结合、技术咨询等服务途径，采取科技大集，科技示范场，科技示范园，科技园区，技物结合，技术承包，产前、产中、产后一体化服务等多种形式，服务我国农业发展。农业推广内容要全程化，既要搞好产前信息服务、技术培训、农资供应，又要搞好产中技术指导和产后加工、营销服务，通过服务领域的延伸，推进农业区域化布局、专业化生产和产业化经营。要规范推广行为，制定和完善农业技术推广的法律法规，加强公益性农业技术推广的管理，规范各类经营性服务组织的行为，建立农业技术推广服务的信用制度，完善信用自律机制。最终实现农业推广从"技术为本"转变为"以服务农民为本"，根据农民各方面实际需求，开展全方位的推广服务。

（六）经济效益、社会效益和生态效益有机结合

农业推广应遵循经济效益、社会效益和生态效益有机结合的原则，实现整体效益最佳。经济效益不显著的推广，农民永远无法接受认可，也是永远推不开的。而只有经济效益，没有良好社会效益和生态效益，甚至是破坏生态、恶化环境的推广，也是不符合国家利益和社会利益的，必然也得不到政府和社会的支持。所以，单一地强调其中的某一种效益，都是推广工作应予避免的。

经济效益是指生产和再生产过程中相同的劳动占用和劳动消耗量所得到的劳动成果的比较。农业推广的经济效益一般从三个方面来体现：一是看推广后的单位收益。如单位面积收益、单个畜禽的收益以及单位推广投入经费的收益等，单位收益越高，经济效益就越高。二是看推广应用的速度。对于适宜大范围推广的技术，在单位收益相同的情况下，推广应用的速度越快，经济效益就越高。三是看推广应用的范围。在单位收益相同的情况下，推广的面积、数量越大，范围越广，经济效益就越大。

社会效益是指农业推广工作要有利于提高社会生产力，能不断满足国民经济发展、人民物质生活和精神生活的需要，增加社会就业，增加社会收入，不断地改善社会生活环境，提高广大农民的科学文化素质等。

生态效益是指农业推广工作的开展，要有利于保护生态环境，维护生物与环境间的动态平衡。不仅要考虑当年的效益，而且要考虑长远效益，克服短期行为。因此，在农业推广活动中，一方面要利用和改造生物本身，使其能满足人类的需要；另一方面要努力改造、利用和保护环境，使其更好地满足生物的需要，创造一个高产、优质、低耗、无公害的农业生产系统和一个合理，高效，物质与能量的投入、产出相对平衡的农业生态系统。

二、农业推广的内容

农业推广的内容具有广泛性、地区性、先进性和实用性等特点。随着科学技术的进步和农业生产的不断发展，农业推广的内容也不断发生着变化。广义地说，凡是对"三农"，包括农业生产、农民生活、农村环境等方面有促进作用的知识、技术、方法、经验，都是农业推广的内容。这些内容，与当时当地的农业生产水平、农民生活需要、农村生活条件、经济文化发展状况等都有着密切的联系，并随着上述因素的发展变化而产生相应的变化。因此，农业推广工作在不同国家、不同地区、不同时期都有着不同的具体内容。

（一）我国农业推广的内容

我国农业推广内容，由于社会制度、行政体制、科技水平和生产力发展阶段与国外发达国家不同而具有自身特点。

《农业技术推广法》中所称农业技术，是指应用于种植业、林业、畜牧业、渔业的科研成果和实用技术，包括：

(1) 良种繁育、栽培、肥料施用和养殖技术；
(2) 植物病虫害、动物疫病和其他有害生物防治技术；
(3) 农产品收获、加工、包装、贮藏、运输技术；
(4) 农业投入品安全使用、农产品质量安全技术；
(5) 农田水利、农村供排水、土壤改良与水土保持技术；
(6) 农业机械化、农用航空、农业气象和农业信息技术；
(7) 农业防灾减灾、农业资源与农业生态安全和农村能源开发利用技术；
(8) 其他农业技术。

《农业技术推广法》中所称农业技术推广，是指通过试验、示范、培训、指导以及咨询服务等，把农业技术普及应用于农业产前、产中、产后全过程的活动。

（二）国外农业推广的内容

西方发达国家农业推广不单纯是指农业技术推广，还包括教育农民、组织农民以及改善农民实际生活等，属广义的农业推广范畴。主要包括以下内容：

(1) 有效的农业生产指导；
(2) 市场信息和价格指导；
(3) 农产品运销、加工、贮藏指导；
(4) 资源利用和环境保护指导；
(5) 农户经营和管理计划的指导；
(6) 家庭生活指导；
(7) 乡村领导人的培养与使用指导；
(8) 乡村青年的培养与使用指导，进行"手、脑、身、心"的健康教育；
(9) 乡村团体工作改善指导；
(10) 公共关系指导；
(11) 决策指导，通过有意识的信息交流和影响来帮助人们形成正确的观念和行为规范，做出最佳决策。

三、农业推广项目选择

农业推广是先进农业技术由潜在生产力转化为现实生产力的过程，实施项目带动是农业推广的基本方法。项目推广计划是实现农业推广目标的蓝图；项目的科学选择是实现农业推广目标的重要前提。

我国的农业科技发展迅速，科技成果层出不穷，可供推广应用的农作物新品种、新肥料、新农药、新技术等农业科技新成果不断涌现。做好农业推广计划，因地制宜地选择适宜的农业科技推广项目，既是农业推广工作的重要环节，又是搞好农业推广工作的重要基础。按照规定的程序进行科学的论证、评估和确定农业推广项目，又是保证农业推广项目效果的重要前提。农业推广项目的选择一般应通过如下程序：

（一）制订农业推广项目计划

科学地制订农业推广项目计划，是保证农业推广工作有目标、有组织、有步骤进行的前提，是加速农业科技新成果、新技术转化为现实生产力的重要基础。

1. 制订农业推广项目计划的依据

（1）农民的需要。农业推广是为农村社会和农民服务的，农民的需要是制订农业推广项目计划的主要依据之一。农业推广项目必须符合农民的利益，满足农民的生产、生活需求。不同地区的农民所处的经济条件、生活条件和环境条件各异，对推广工作的要求不尽相同，在制订农业推广项目计划时，一定要充分考虑地区间的农民需求差异，尽量满足当地大多数农民的生产和生活要求。

（2）社会的需要。发展生产的最终目的，是为了满足社会的需要。农业推广项目计划也同其他任何计划一样，都只能是国家、社会整体发展计划的一部分。农业推广项目计划要同社会的整体发展计划有机地结合起来，保持推广计划与社会宏观整体发展计划的一致性。社会需要增加粮食和经济作物的产量，为城乡提供食品和工业原料，增加农副产品出口创汇等，都是制订推广计划的重要依据。

不同地区以及不同历史时期其自然条件、农民生活习惯和经济状况都不尽一样，因此社会需要自然也就各不相同。所以，我们在制订推广项目计划时要考虑各地区的差异和不同需求，尽可能做到因地制宜、因时制宜，做到既能合理利用当地自然、经济等各种资源优势，又能满足社会的需要。

（3）市场的需要。我国经济体制改革是要建立社会主义市场经济，随着农业生产水平、技术水平的不断进步，市场经济将日益发展。农业产品已不仅是产品，已越来越多地体现商品属性。农民生产的目的不仅在于自身的消费，更多的是为了交换，是为了面向市场。因而，在商品经济条件下，制订农业推广项目计划必须考虑到国内外市场的需要，既要增加产品数量，又要注重提高产品质量；同时要以市场为导向，根据农产品市场需求，调整农业生产结构与布局，调节市场供应季节，补充淡季供应，实现均衡供应、全年供应，充分发挥市场效益。

（4）地方产业发展的需要。我国当今的农业生产，多数地区已经基本摆脱了农民的原始生活需要，形成了以实现效益为主要目的的农业商品生产。农业产业化的形成、发展和完善程度，在很大程度上决定了地区农业商品化生产及经济发展的水平。因此，在制订推广项目计划时，必须充分考虑农村产业发展的需要，紧紧围绕农村产业发展对新品种、新技术、新材料、新工艺等的需要，制订切实可行的推广项目计划。

（5）企业发展的需要。随着我国社会主义市场经济的进一步发展和完善，农业新品种、新材料、新技术、新工艺等的研制开发，已经摆脱了长期以来政府及国家事业科研单位单一开展的局面，许多企业为了自身的发展，也积极地加入农作物新品种选育，新农药、新肥料和新技术的研制与开发之中。对于所取得的新的技术成果，被以最快的速度列入各级地方政府和企业自身的推广计划之中。因此，在当前我国逐渐完善的社会主义市场经济条件下，企业发展的需要也成了制订农业推广项目计划的重要依据之一。

以上几个方面的依据应有机结合，融为一体，也只有有机地融为一体，才能充分地体现客观需求与农民利益的一致性，实现政府和企业两个积极性的有机结合，才能真正为农民所认可，被社会所需求，实现其真正的价值，得到快速的推广。

2. 制订农业推广项目计划考虑的条件

（1）技术的适应性。农业生产是生命物质的自然再生产和经济再生产相结合的过程，而生物的自然再生产在很大程度上又受制于某地的自然生态条件、生产条件和经济条件。不同地区其自然生态条件、生产条件和经济条件又常常存在很大差别。因此，一项技术在一定地区推广，首先应考虑该技术是否能适应当地的自然生态条件。例如北方旱作农业技术就只能在北方干旱、半干旱地区推广，而不宜在长江流域等湿润地区推广。相反，水稻旱育稀植栽培技术以及稻田种养综合利用技术推广项目，只适于在具有灌溉条件、水源充足的稻区，而不能在干旱缺水地区进行。其次是要考虑该项技术在这些地区的应用程度，如果已经基本普及，则不必再做推广计划；如果是推广不够，还有潜力或尚是一项新技术，那就应当考虑安排。还要看该项技术在这些地区推广可能取得的社会效益和经济效益是否显著，能否较大幅度地实现增产增收等。

（2）推广机构自身的技术力量。农业推广项目的实施要靠训练有素的农业推广人员的积极努力和辛勤工作，没有一定数量的与推广工作相适应的农业推广人员的直接指导和参与，光靠一般号召是无法完成推广任务的。因此，我们在制订农业推广计划时，除考虑推广技术在当地的适应性以外，还必须考虑推广人员的数量、素质和专业配备等。如果技术力量严重不足，或经过努力仍难达到要求时，则不宜轻易做出计划，以免计划难以实施。

（3）农民的接受程度。农业推广项目推广的程度和效果如何，在很大程度上取决于该项科技能否被农民群众所接受和掌握。推广地区农民的文化水平、科技素质和接受新技术的能力都是直接影响推广项目效果的重要因素。还有一些项目可能引起生产结构和劳动力布局的变化，当地农民能否与之适应，也要认真考虑。农业生产是一种复杂的生物自然再生产过程，农作物的生育规律、自然条件和人们的栽培管理，共同构成对农作物产量的制约与影响。从某种意义上讲，栽培管理这一人的劳动行为，在一定程度上取决于农民接受技术的程度，它会影响农业推广项目推广的效果，影响农业生产的产量和效益。农民接受新技术的能力越好，技术推广就越快，取得的效益就越高。

（4）配套物资与资金条件。多数农业推广项目的推广效果，除了受推广技术本身的影响外，很大程度上还会受到配套物资供应和资金保证程度的影响。所以，技物结合就成了农业技术推广工作的重要原则，也是推广效果的重要影响因素之一。所以我们在制订农业推广计划时，既要考虑推广技术在当地的适应性，又要考虑配套物资和资金的保证程度，还要考虑当地政府是否重视以及物资、信贷、工商等各相关部门是否积极配合和协作，能否保证农业生产资料的供应、信贷资金的投入以及产品的销售。只有配套物资和资金都有了保证，对农民的产前、产中和产后服务有了保证，农民对农业推广工作才能更感兴趣，农业推广工作才能得以推广与落实。

3. 农业推广项目计划的制订 农业推广项目计划应紧紧围绕科技、经济、社会发展及农业、农村、农民的需要；明确发展方向和具体任务，突出重点，统筹安排，注意计划的系统性和连续性。

(1) 项目分析。

①现状调查。调查预定推广区域的自然条件、生产条件、经营条件、技术应用条件等。调查之前先要拟订调查提纲，按调查提纲要求有计划地进行调查。定性方面要求准确，定量方面要求精确，从而为合理制订农业推广项目计划奠定基础。

②历史比较分析。制订农业推广项目计划既要根据现状，又要借鉴历史。总结农业科技推广经验，了解经济发展、生产发展、技术发展规律，为制订农业推广项目计划提供科学依据。

③未来预测。制订农业推广项目计划，要立足现实，但项目实施要有一个过程，预测其发展趋势和可能出现的情况，是保证推广项目效益，制订农业推广计划的重要依据。

(2) 确定推广目标。编制农业推广计划，首先要制定出推广目标。制定目标应从实际出发，结合本地生产发展、科技发展状况，提出符合客观条件和促进经济发展的目标。要防止盲目追求高指标和脱离本地实际，要进行科学的预测和论证，包括目标的综合性、阶段性、层次性和客观性等；指标要明确，应在分析以往数据及经验基础上，进行预测、论证与确定，内容要全面。

①确定项目的推广规模与范围。根据推广项目的适应范围，科技推广人员的技术保障能力，确定农业推广的区域和领域，制订分年度的推广计划。

②制定项目的具体指标。农业推广项目指标应包括经济指标、教育指标、社会指标、生态指标等。如经济指标主要包括土地产出率、增产率、劳动生产率、农产品市场竞争力、农产品流通加工率等。

③确定推广进度。根据农业推广规模与范围、推广的难易程度及推广人员的技术保障能力等，确定农业推广的周期和各阶段的时间安排。

(3) 编制推广项目计划。根据农业推广项目计划的目标要求，项目计划按期限分长期计划和短期计划。短期计划一般以3~5年为实施期限，应注意将新技术、新成果和近期内能应用的实用技术结合，在保证近期生产发展的同时，适度考虑技术的超前发展。短期计划以促进当前生产发展和解决当前生产实际问题为主，选择实用和成熟的技术项目。长期计划多指10年左右乃至更长时间的计划。基层推广计划多以短期计划为主。

计划确定时，要有几个不同的草案，然后从不同的草案中进行优选，做出最后的抉择。优选决策过程，是从比较到决断的过程。在这一过程中要有严肃的态度，严谨的逻辑和严格的程序。农业推广计划的编制涉及农村科技、经济、社会的协调发展和千家万户的不同需求，加上农业生产的地区性、季节性、综合性都很强和生产周期长等特点，对计划的内容要做出全面的科学论证和评价，全面权衡计划执行后可能带来的种种结果，最后做出审慎的决策,并经过规定的批准手续,把农业推广计划确定下来。

(二)农业推广项目的选择

农业推广项目是按照农业推广的总体计划,对某一专项任务以项目的形式有计划、有组织、有步骤、有检查地实施与管理的过程。农业推广项目的选择,必须从当地实际出发,结合推广项目的来源、特点以及当地产业发展的需要和社会需求的变化趋势,确定项目选择的原则,并要对成果的技术先进性、适用性、经济合理性等方面进行综合评价后,才能确定为农业科技推广项目。

1. 农业推广项目的来源

(1)科研成果。即通过国家或省级科技部门、农业主管部门及有关部门审定或鉴定的农业科技成果。这些成果一般都是来自科研、教学、企业和生产单位的应用技术科研成果,至少应具有省(自治区、直辖市)内先进水平。

(2)技术改进成果。这是科研单位、农业推广单位在原技术的基础上进行某方面的提高和改进,或由推广单位对多方面、多来源、多专业的成果与技术进行综合组装或对多项常规技术的组装配套而成的新成果。

(3)引进技术。即从国外引进的先进成果和技术。

(4)农民群众的先进经验。这是农民群众在长期的生产实践中改进、完善和创造出来的先进实用技术,有着坚实的实践基础,适用性强,容易推广。

上述四个来源的项目各有特点。科研成果和引进技术多以单项技术为主,先进性和科学性特点突出,至少应是本省(自治区、直辖市)内最先进的水平,但针对性和适应性较差,尤其是引进技术,必须对其适应性等方面进行严格的试验检验,方可入选。群众的先进经验土生土长,针对性、适用性强,易推广。改进或组装的技术综合性强,比常规技术具有更新的特点和更加适合生产的要求,推广中需要多专业的配合。

2. 农业推广项目的特点

(1)目标的针对性。农业推广项目是根据一个地区的农业生产需要,为解决农业生产中的问题,而进行的一种直接的科技投入。这种投入能有效地改善农业生产要素的质量和效能,生产目标具有很强的针对性。

(2)经济上的合理性。每个农业推广项目的推广应用,都应该带动和促进农业生产水平的提高,不仅能够增产或改善品质,而且必须具有明显的经济效益,以及社会效益和生态效益。只有具有经济上的合理性,才能被农民接受和推广。

(3)技术上的综合性。农业生产是一个复杂的系统工程,同一生产过程需要多种生产要素的配合,才能发挥整体效能。农业推广项目多是多学科、多项技术的组合,单一技术难以获得显著的经济效益。这就要求推广组织在推广项目实施中,合理组成完整的技术体系,如良种良法结合、技物结合等,以有利于新技术的推广和推广效果的充分体现。

(4)推广的周期性。任何一项农业科技成果的推广应用,都要经历发生、发展、稳定、衰亡的过程,在时间上表现出明显的周期性。不同时段的不同农业科技成果循环往复的"试验—示范—推广"过程也充分说明了这一特点。要使科技成果转化为现实生产力,需要科学的计划、严密的组织、多部门的协作,使其尽快在农业生产中发挥作用。同时要积极引进和开发新的科技推广项目,不断推进农业科技进步。

3. 农业推广项目的选择　　准确地选择农业推广项目,是决定农业推广工作成效大小的重要前提。因此，选择项目时要遵循以下原则：

（1）项目的先进性。即所选项目技术要新、要先进，尽量选择国内或区域内最新的科研成果和最先进的技术，以满足农民生产和当地产业快速发展的需要。

（2）项目的成熟性。项目的成熟性是指项目的可靠性和相对稳定性，这是保证项目取得成功的基本条件。所选项目在满足其技术要求的条件下，必须是真正有效的，并且稳定可靠，不会在年度间、区域间发生大的变化与波动，以免给生产造成损失或造成人、财、物的浪费。

（3）项目的适应性。每项科技成果都是在特定的地域条件和自然、生产条件下形成的。因此，引进和选择项目时，首先要考虑该项目对当地自然条件和生产条件的适应性。科技项目只有在适宜地区推广，才能发挥应有的效果。

（4）技术的综合性。选择技术项目推广时，应注意项目技术的综合性，尽可能将相关科技成果与技术组装配套，综合推广应用，形成相对完整的技术体系，以充分发挥技术效益。

（5）经济的合理性。一是项目要有最佳的投入产出比，也就是要选择那些投资少、见效快、效益高的项目，不仅要有显著的经济效益，还要有显著的社会效益和生态效益。二是项目产品要符合社会的需求，经济效益要高。市场经济下的商品生产，最终目的都是为了直接或间接地满足社会的需要。因此，推广项目的选择必须兼顾产品的市场需求和效益。只有品质好、产量高，才能卖得快、卖价高、效益好，才更有利于推广。

（6）要符合农民需要。推广农业科技首先是为农民服务的，选择项目必须符合农民利益。这不仅要看项目投资大小、见效快慢、效益高低，而且要看项目要求的条件是否符合农民所处的环境和经济条件。

（7）要符合现行的产业和技术政策。产业和技术政策是一定时期国家关于发展产业和推广技术的各项法律法规和政策。推广的项目必须符合现行国家的农业产业发展和技术推广的政策要求，只有这样才能得到更多的政府支持和农民认可。与国家现行产业和技术政策相抵触的项目不能列为推广项目。

（8）技术要求应与农民的接受能力相一致。农民是农业推广项目的接受者，项目推广的程度和效果如何，在很大程度上取决于农民对该项技术的接受和掌握程度。农民接受技术的能力越强，取得的效益越高，推广就越快。因此，在选择项目时必须考虑农民的接受能力，要选择那些相对较为简便，经过培训，农民能够较快掌握的技术。

（三）农业推广项目的确定

确定农业推广项目是开展农业推广的重要前提，农业推广项目的确定主要包括项目的申请、论证、评估及正式立项等程序。

1. 农业推广项目的申请　农业技术推广部门，应根据国家和各级地方政府的农业产业政策、农业技术推广的项目指南以及当地农业的基础、优势和产业发展方向，及时向上级或同级农业科技推广项目的管理部门申请农业科技推广项目。申请农业推广项目应提供如下材料：

（1）推广项目申报书。提供项目申报书的目的是通过申报书来阐述立项的必要性、可行性，并对项目及技术依托单位给予介绍，以便使主管人员对项目有全面认识和了解。农业推广项目申报书一般应包括以下几部分内容：

①申报项目的基本情况。主要包括：项目名称，承担单位，技术依托单位，主要参加单位，成果来源，研制起止时间，成果鉴定情况（组织鉴定单位、鉴定日期、成果水平），成果应用情况（应用于生产的时间、应用范围），科研投入经费，成果获奖情况（获奖种类、获奖人员、获奖等级及授奖部门）等内容。

②申报推广项目的理由。这部分是考核项目的重要依据，主要包括：推广内容，其中包括推广项目的技术内容、原理及技术路线、和国内外同类技术的比较等；推广的必要性及推广范围预测；已应用推广情况；典型实施范例的经济、社会效益分析等。

③技术依托单位基本情况。包括单位名称、性质、地址和项目实施具有的人力、物力、财力及组织能力。

④推广措施。指项目承担单位在实施项目过程中采用的措施，包括推广的领导组织、技术指导组织、推广方式、布点情况、推广进度安排、主要协作关系等。

(2) 成果鉴定书。成果鉴定书记载了推广项目其成果持有单位完成成果后的最终成果结论。国家各部委有明文规定非鉴定成果一律不予列入推广计划。农业农村部的丰收计划、新品种扩繁计划以及科技部的星火计划立项都必须有鉴定书。

(3) 项目简介。简单介绍推广项目的主要技术内容、成果水平、必要性、重要性及效益情况等。用于对领导、对相关部门和对农民的宣传，以便求得方方面面的支持，有助于项目的确定与实施。项目简介一定要精练简洁、主题突出和通俗易懂。

(4) 可行性研究报告。有些重点项目要提交可行性研究报告，从生态地理条件、农民的文化水平与认识基础、技术成熟程度、技术推广力量、地方领导的重视程度、前期推广基础、资金投入与保障情况、物资保障、组织管理以及经济效益、社会效益和生态效益等各有关方面论述推广项目的必要性、可行性、科学性、先进性和合理性。可行性报告一般包括如下几部分：

①推广项目概况。包括项目的目的、意义、国内外现状、水平、发展趋势及项目的内容简介。

②技术可行性分析。其中包括主要技术路线及需解决的技术关键，最终目标和技术经济指标，实施项目所具备的条件、优势和项目完成的生产条件等。

③市场预测。包括国内外需求情况及市场容量分析、产品价格与竞争力分析等。

④预计项目完成的经济效益、社会效益和生态效益。一般从新增总产值、新增纯收益、投入产出（效益）比、节能节材情况、节约利用资源情况、改善环境的作用、对促进社会发展的作用等方面论述。

⑤推广项目的技术方案及推广范围、规模和项目进度安排。

⑥预计的推广经费及用款计划。

⑦经费偿还计划等。

2. 农业推广项目的评估、论证 推广项目申报书或可行性报告上交后，主管部门责成专人或聘请有关科研、教育、推广以及行政等方面的专家、教授和技术人员组成项目论证小组。论证小组一般由7～15人组成。要求参加人员一般应具备副高级以上的技术职称，组长应由具有高级技术职称的同行专家并有较高学术水平的人员担任。论证组从科学、技术、经济、社会等方面对申报或拟订项目进行系统、全面的科学论证和综合评估，论证项目的选择是否符合原则，项目要推广的技术或成果是否先进，推广的必要性，技术路线的先进性、合理性和可行性，实施的可能性，项目实施后的经济效益、社会效益和生态效益是否显著，项目的经费概算是否合理等。为确定项目提供决策依据，为以后项目的实施和完成奠定基础。

3. 农业推广项目的立项确定　　农业推广项目经评估、论证后，就转入决策确定项目的阶段。

（1）项目决策。项目的决策人或决策机关在项目论证的基础上，进一步核实本地区、外地区、国内外的信息资料，市场和农村调查情况，根据国家政策，同时征询专家意见，吸收群众的合理化建议，从系统的整体观念出发，对项目进行综合分析研究，最后做出决策，确定农业推广项目（图4-1）。

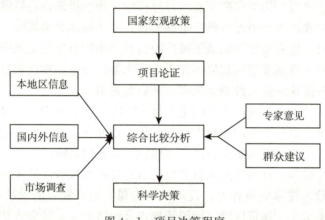

图4-1　项目决策程序

（2）签订项目合同或任务书。农业推广项目确定后，项目双方还应签订项目合同书或项目任务书，至此项目才正式立项。农业推广项目合同或任务书的主要内容一般包括：立项理由（推广项目的意义、国内外水平对比和发展趋势）；项目主要内容及主要技术、经济指标；经济效益和社会效益预期达到的目标；采用的技术推广方法和技术路线；分年度计划进度（包括推广地点、规模）；经费的筹集、去向及偿还计划；配套物资；参加单位及分工、项目组负责人及主要参加人基本情况与任务分配等。

四、农业推广程序

农业推广程序是农业推广内在规律所要求的，按顺序进行的基本工作步骤，它是推广原则的具体运用。农业推广程序虽然没有被规范为几个阶段或步骤，但在我国长期的推广工作实践中，正、反两方面的经验证明，试验、示范、推广是农业推广程序的核心。在农业高新技术日新月异的今天，为使一定量的人、财、物发挥最大的效益，必须按照当地的生产条件和推广工作经验，对计划推广的农业技术进行筛选、推广，并对推广的各种效益进行总结、评价，最后通过验收或鉴定。这样就形成了农业推广的基本程序，即筛选立项、试验、示范、推广、总结评价和验收鉴定六个阶段（图4-2）。

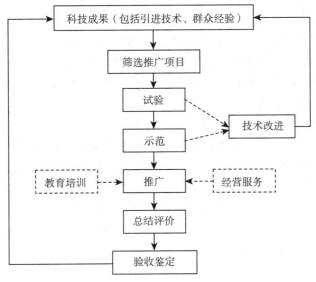

图 4-2 农业推广程序示意

（一）筛选立项

如前所述，要推广农业技术，首先要筛选和确立项目。即要根据国家社会主义新农村建设的需要，地方政府的"三农"发展目标，针对"三农"存在的主要问题，通过广泛收集农业技术及其成果信息，制订农业推广项目计划，因地制宜地选择技术先进、生产可行、经济合算、无公害环保的农业技术项目，并通过申请、评估、论证、审批等程序，列为正式的农业技术推广项目之后，即可实施。

推广项目确立之后，要按照它们在生产中的预期效益，应用的范围和需求程度，推广需要的人、财、物条件等，依次编入新技术试验推广计划。

（二）试验

对于自主研发的配套技术成果或当地农民总结出来的配套生产经验，可以直接进行扩大示范和推广。而对于引进技术或单一技术，在推广之前，必须进行验证性或适应性试验，以验证技术的真实性，探讨技术在推广地区的可行性、适应范围及与现有其他生产技术的和谐性和综合配套效果。这是因为各项技术都是在特定的自然、生产和经济条件下形成的，而农业生产的地域性强，使技术的通用性受到限制。因此，农业技术推广前，必须进行试验验证，并根据生产实际将多项技术进行改进、改型和综合配套。综合配套是对原技术的重大改进，它不是单项技术的机械拼凑，而是以对生产发展影响最大的技术为主体，其他技术作为配合，使其有机结合起来，形成完整的技术体系。

农业技术试验可分为五个步骤实施：

1. 选择试验地 选择试验地要根据某一技术在筛选阶段拟订的推广区域和适宜范围来确定。把推广区按照生态和社会经济条件划分成不同的推广区域，然后在各推广区域内选择能代表本区域条件的地点，实施试验。

2. 设计实施试验 这是试验阶段的关键一步。通过设计对比试验，以现在应用的同类技术做对照，鉴定新技术的优劣、适宜范围和条件以及经济价值等。在对比试验做出肯定的结论后，进一步进行综合试验，将该技术与其他相关技术组装成配套技术和综合技术。以检验该技术与其他相关技术之间的协调性和综合效果，提高经济效益和对农民的吸引力，加快推广速度，尽早实现推广目标，起到事半功倍的效果。

3. 调查收集有关数据资料 在试验前后要采取土壤样品，测定相关的土壤理化指标；在试验中要在田间或生产现场调查和室内分析生物性状指标及产量；试验后要从附近的气象站收集试验期间的气象资料，在市场了解试验对象的产品价格及销售情况，以及参与试验的农民和附近农民的意见与看法。

4. 分析试验结果 用统计方法分析试验对象的生长状况与产量结果，以评价技术效果；测算试验田经济效益以评价经济效果；用农民对其接受程度的反馈意见评价技术可行性。

5. 结果表达 试验阶段一般要进行2~3年，试验结束后要给试验的技术做出结论，肯定或否定。如果是否定的，要分析原因，勿让其他技术人员重蹈覆辙或供其他地区推广作为借鉴。如果是肯定的，要归纳总结出技术的适宜范围，并拿出这一技术的配套技术或综合技术示范方案，在有关杂志上发表试验结果，撰写内部信息，报告有关领导，以取得社会认可和相关领导对今后这项工作的支持。

（三）示范

示范是在科技人员的指导下，利用农民的生产条件，将组装配套的技术，由农民在自己的地里进行应用。田间示范可设对照，以显示新技术的价值，也可不设对照。

技术示范的基本要求是：

（1）只有经过当地试验证明结果可靠、效果稳定、能够增加农民经济收入的技术，才能进行示范。

（2）示范项目要同农民的目标一致，技术相对较为简单，投资较少，见效较快，收益较高，这样农民才会对技术感兴趣，才有推广价值。

（3）示范要有计划，包括要解决的问题，完成的目标和主要的技术措施，要收集的数据和记载、检测的项目与标准。

（4）示范的主要工作任务要明确。示范阶段的主要工作任务是：

①充分发挥示范带动作用。要得到当地行政领导的支持，农民和科技人员协作配合，选择科技示范户，使其自然、经济条件能代表当地的现有水平，其田块地力均匀、交通方便，便于田间指导和观摩示范，充分发挥示范带动作用。

②培训示范的农民和当地的科技人员。通过培训使他们明白技术的具体措施的操作方法和关键技术环节，在生产过程中技术应用的关键时期进行巡回田间指导。

③适时召开现场会。在作物即将收获或技术的优越性表现得最充分的时候，组织召开由行政领导、科技人员和农民参加的田间示范观摩活动，向农民、推广者和行政领导介绍农业新技术的优点和特点，增加领导和农民的感性认识，提高对推广技术的认知度。

④获得大面积示范的效果数据。调查收集产量数据，计算评估单位面积的增产、增收数量和幅度；调查收集农民的反馈意见及对技术的改进建议或不应用的原因；调查市场情况，了解在大面积推广该技术后，产量增加、产品质量和产品价格的变化情况，市场销售是否通畅；最后进一步修订技术措施，做出推广决策。

（四）推广

1. 推广项目实施前的准备 农业推广项目确定之后，做好项目实施前的各项准备工作，是完成项目任务的关键和重要保证。必须落实到推广机构、推广人员身上，并对其实施的全过程进行管理，以保证项目目标得以实现。推广项目实施前的准备工作主要包括建立实施机构、制定实施方案、分解确定工作任务等工作内容。

(1) 建立项目的领导、技术和实施机构。推广项目承担单位在项目下达后要建立项目的实施机构，这是确保推广项目顺利实施并圆满完成的组织保证，包括确定项目及人员组成，明确项目和各推广区域负责人。在参加人员的搭配上，要吸收行政领导、科研人员、物资部门的人员参加。对一些规模大或重点的项目，可成立项目领导小组、专家或技术指导小组、物资保障小组和项目实施小组。

①项目领导小组。项目领导小组主要由主管政府领导牵头，由农业、物资、财政、商业、供销、银行等单位的负责人组成。其主要任务是进行组织协调工作，解决项目实施中出现的人员、资金、技术等各种重大问题。

②专家或技术指导小组。专家或技术指导小组，主要由农业技术推广、农业职业教育及农业科研部门的专家组成。其主要任务是制定农业推广项目的实施方案，进行农业推广项目的技术指导，解决推广过程中的各种技术难题，监督检查项目的落实情况以及搞好项目的总结交流及验收活动等。

③物资保障小组。物资保障小组主要由物资、财政、商业、供销、银行等单位的领导及工作人员组成。其主要任务是组织协调和保障推广项目配套资金和物资的供给，帮助解决资金和物资等方面的实际问题和困难。

④项目实施小组。项目实施小组主要由基层政府领导、技术推广人员和生产单位负责人等组成。其主要任务是按照农业推广项目的实施方案，进行项目试验示范，创办样板，开展技术培训和技术指导，印发技术资料，组织农民实施项目等。

对于一些跨省（自治区、直辖市）、市、县的规模较大的农业推广项目，还应成立全国性或地方性的项目协作组，以共同搞好项目的组织实施。项目协作组的组成人员可以是全国农业技术推广机构，或各省（自治区、直辖市）、市、县的项目承担单位的负责人，并吸收有关农业研究单位、教学单位以及其他相关单位参加。其任务是共同进行项目的安排落实、督导检查、考察参观、交流经验、现场验收等工作。

(2) 制定农业推广项目的实施方案。项目的实施方案是有效执行项目计划、落实项目实施任务、实现项目实施目标的重要基础和保证，是农业推广项目适时、全面、科学实施的重要前提。农业推广项目实施方案的内容主要包括：

①项目实施的意义、需要解决的问题及完成任务的具体指标。

②项目实施的时间、地点、推广单位、推广人员、各项任务及推广区域负责人、协作单位、协作人员等。

③实施项目采取的技术路线。

④项目实施的进度安排、任务分工等，应分年度、分任务做出具体安排。

⑤完成项目工作应采取的保障措施，包括任务的具体分解，试验、示范点的安排，推广方法的确定与技术指导的方式，推广经费的具体使用安排与配套物资供应等。

⑥领导小组、协调机构、技术指导和实施组织的建立及任务划分。

⑦推广过程应注意的问题等。

(3) 任务分解和层层签订任务合同。为了确保农业推广项目适时、全面的实施和按时圆满完成各项任务指标，调动每一个相关人员的工作积极性，项目牵头单位和项目主持人要将整个项目任务指标按照工作内容和推广区域进行任务逐级分解,划分职责范围,明确工作责任,并与各参加单位、协作单位、项目实施单位逐级层层签订项目实施合同。合同应明确和规范各个单位及人员项目实施与完成的时间、地点与进度,要达到的技术经济指标,人、财、物的供给与保证,推广总经费及年度拨款金额,有偿使用经费与经费回收数量,奖惩办法与违约处理等。通过合同的签订,将推广任务以书面的形式固定下来,使每一个参与单位及个人,明确自己的任务与责任,并做到分级管理,责、权、利有机结合,使项目管理层层落实,使推广计划通畅执行,进而保证项目工作的顺利实施及项目目标的圆满完成。

2. 推广项目的实施 推广是技术的传播扩散阶段,也是技术由潜在生产力转为现实生产力,实现其效益的阶段。签订推广任务合同以后,各参与单位与部门应根据推广项目实施方案以及项目合同的任务要求,适时地开展项目推广工作,其主要工作内容包括:

(1) 选用适宜的推广方法。农业推广方法选择是否恰当,直接影响推广效果。因此,对各种方法进行认真的分析,掌握其特点,然后根据推广技术的内容和特点,以及农民的科技素质和对新事物的接受能力,选择恰当的推广方法,才能取得良好的推广效果。农业推广的方法按照传播方式分为大众传播法、集体指导法和个别指导法三大类。在推广过程中应灵活地分别加以运用,使其相互结合,取长补短,发挥最好的作用与效果。应注意利用现代通信手段,开发新的推广方法。近年有的地方结合农业推广服务要求,开通"农技110",应该说是农业推广战线上的一个创造,也在各地农村受到了广大农民的欢迎。

(2) 适时开展宣传和组织发动。为了使相关部门、单位、领导和广大农民及早了解与认识推广项目的实施意义、推广任务、推广目标和预计实施效果。各级政府和各参与单位,要充分利用广播、电视、报纸、墙报和"明白纸"等各种宣传工具与手段,宣传推广项目的基本情况,或通过各种会议进行组织发动,从而使推广项目家喻户晓,人人皆知,为项目的推广实施打下基础。

(3) 进行项目技术培训。项目技术培训的目的,是使相关基层领导和农民群众对新技术的适用范围、操作方法、技术要点以及注意事项等有一个全面的了解,以便于农民尽快地掌握新技术,并在实际生产中推广应用。培训方式上,做到集中培训与分散培训相结合,基础培训与实用培训相结合,基层技术人员培训与农民培训相结合;培训时间上,做到不误农时,使培训与农业季节相结合,与各种会议以及农村科技大集等其他活动相结合;培训方法上,做到因地制宜、因势利导、抓关键、抢时间;要根据农业推广工作的具体特点,应用专题讲座、走访宣传、现场示范、电影、电视、录像、幻灯、广播、手册及科普挂图等多种方法结合进行;培训效果上,注重实效,不搞形式主义,以农民真正掌握推广项目的技术为原则。

(4) 做好项目服务。项目服务包括产前、产中和产后服务。产前服务主要是为农民提供技术、市场和效益等多方面的信息,帮助农民准备科技推广项目所需资金以及相配套的新品种种子、新农药、新肥料等物资和新机械、新设施、新农具等;产中服务主要是技术保障及建立项目示范、项目技术档案,搞好培训,做好项目指导等;产后服务主要是帮助农民推广贮藏、加工、保鲜技术,搞好产后加工,疏通流通渠道,培育产品市场,推销项目产品等,保证农业科技推广使农民获得较好的经济效益,得到经济实惠。

(5) 开展项目技术指导。一项新的科技成果和技术的推广,需要一定的时间和过程,有时很难通过一次集中培训就能达到预期的效果。因次,农业科技推广人员还需在集中培训的基础上，利用现场会或亲自到农民田间进行实地技术指导，帮助农民解决新技术推广中出现的各种各样的技术与生产问题，才能使农民进一步了解项目技术的基本原理，掌握推广项目的操作方法与操作技能，感受新技术的优点与效果，培养推广兴趣，做到熟练实施，实现有效推广。

（6）做好项目实施记录。项目实施是一个动态过程，为了全面分析考核、比较、评价科技推广项目的执行情况和实施效果，就必须对整个实施过程进行翔实的记录。记录内容包括：推广的项目或对象，推广的时间和地点，推广人员和劳动力安排，设备资金运用情况等；要按时完成月份、季度和年度报告。

（7）适时进行监督检查。在项目推广实施中，主管单位和专家组要根据项目实施方案及合同规定的任务指标，对项目各实施单位的项目实施进度、计划任务的完成情况等进行定性、定量的检查评比，并按照奖惩规定，对相关单位进行表扬、批评和奖惩。要建立定期监督检查和报告制度，及时发现问题和解决问题，督促和惩罚后进，表扬和奖励先进，确保推广任务按时圆满完成。

（五）总结评价

当一项新技术推广应用到适宜推广面积的 1/3～1/2 时，主要技术措施已被推广区大多数农民所掌握，这就标志着新技术转化为常规生产技术，推广计划和推广实施方案的技术经济指标也已完成，推广工作基本结束。这时应及时、全面、系统地从工作、技术和效益等方面对该项技术推广工作进行总结评价。通过推广项目的总结与评价，总结项目实施中的经验，发现项目实施中存在的问题与不足，进而不断地改进推广工作，提高科技推广的效益；同时，也有利于检验科技成果的成熟完善程度和推广效果，以及不断地总结和发现新的成果。

1. 农业推广项目的总结　农业推广项目按照推广计划预定的时间及推广步骤，完成预定的目标后，应由项目负责人主持对项目执行结果、所取得的技术经济效益、科技推广经验及存在问题等进行全面总结。

（1）项目资料的汇总整理。将项目实施过程中的各种资料数据按项目内涵进行系统整理和汇总，试验取得的数据资料进行统计分析，整理出结果。

（2）项目技术经济效益分析。对项目的各项技术经济指标实施结果进行核定，定性指标要有明确的内涵标准，定量指标按规定方法进行计算检测，作为推广工作评价和总结验收的依据。

（3）撰写项目技术总结报告。农业推广项目技术总结的总体要求是观点明确、概念清楚、内容充实、重点突出、科学性强。项目技术总结报告一般包括以下几个方面的内容：

①立项的依据、意义及设计指导思想。主要阐述推广项目确立的根据、由来和意义，即分析阐明项目确立根据的充分性，立题的正确性、针对性和必要性，项目对农业生产、农村商品经济、农村生态环境及社会进步等具有的积极作用和重大意义等；阐明课题的指导思想和要解决的主要问题等。

②主要工作内容与结果。写明项目主要做了哪些工作，取得了哪些结果和成绩等。如采用的主要推广技术和方法，推广面积、推广范围、产量水平、增产幅度、经济效益、生态效益和社会效益等方面完成项目合同规定指标的情况等。要根据内容拟出不同层次的若干标题分别叙述。

③项目的主要技术成果（或技术关键）及创新点。重点阐明项目实施中所采取的技术路线及推广技术本身的改进、深化和提高，以及技术的推广应用领域的扩大等。

④项目取得的经济、社会和生态效益。重点明确项目实施所取得的经济效益、社会效益、生态效益。

⑤项目应注意的问题和建议。

推广项目技术总结报告的题目，要突出技术总结的主题，全面准确地反映推广项目的内容；针对推广工作中存在的问题与不足，提出改进、完善与提高的意见或建议。

（4）撰写项目工作总结报告。项目工作总结报告是农业推广项目总结的三大报告之一。主要内容包括如下几个方面：

①项目概况。主要写明项目名称、项目来源、起止年限、承担和参加单位以及项目参加人员情况等。

②任务要求。签订项目合同书的项目，应按照项目合同书约定的任务要求来写；未签订项目合同书的项目，可根据推广项目申报书、项目任务书或推广项目可行性研究报告中的任务要求来写。

③任务指标完成情况。主要写明推广面积、产量水平、增产幅度、经济效益、生态效益和社会效益等项目合同指标的完成情况等。

④项目实施采取的工作方法。包括项目实施的组织领导机构、技术人员配备、政策和物资保证措施、试验示范、技术培训、协作攻关、现场考察、经验交流、技术服务、技术承包、奖惩措施等。

⑤主要成效及创新。写明项目实施所取得的经济效益、社会效益、生态效益和实现的技术创新。

⑥项目的分析和建议。运用重要技术参数同国内外同类技术进行比较，并进行综合分析，做出项目客观评价；针对项目实施中存在的问题与不足，提出对项目的改进意见及今后立项研究的建议。

推广项目工作总结报告要力求概括性强，内容充实，用数据、事实说明问题。

（5）撰写项目效益分析报告。在对项目的各项技术经济指标实施结果进行核定、项目实施单位做出推广效益证明和按照规定的科学方法进行计算分析的基础上，写出项目效益分析报告。通常是根据技术推广中单位面积的产品增产量，种子、肥料、农药及其他生产资料用量的增加或减少的数量与成本，生产用工、使用机械等的增加或减少的数量与成本，以及农产品销售价格，计算出单位面积增加的产值和纯收入的数量与比例；并根据推广项目在实施中表现出的社会与生态价值，计算其单位面积上的社会效益和生态效益。最后，再根据有效推广面积，缩值系数，推广投入人力、物力与资金等成本，计算出其总的经济效益、社会效益与生态效益，以及推广投入效益比或推广投资年均纯收益率。效益的计算，参考全国农牧渔业丰收奖经济效益计算办法（2010 年 9 月）。效益分析报告是推广工作评价和总结验收的重要依据。

2. 农业推广项目的评价

（1）项目评价的目的。推广项目评价是项目管理的组成部分，也是项目承担单位和管理单位对项目价值做出科学判断的主要依据。一般通过对推广项目的作用、效果和影响等进行定性、定量分析，检查、考核科技推广项目工作是否按计划目标完成，考察科技推广工作的创新程度等，进而确定农业推广项目的价值和不断地改进项目工作。农业推广项目的评价常常与项目的验收鉴定工作结合进行。

(2) 项目评价的步骤。根据项目特点、范围和复杂程度，评估步骤主要包括：

①确定项目评价领域，一般包括评价项目内容、项目推广方法、项目的总体效益等；

②制订评价计划，包括评价的主要内容和如何进行评价，要列出具体地评价办法和评价方案；

③确定评价指标，设计出评价指标体系和评分标准；

④选择评价对象，要根据评价项目确定评价对象，一般采用抽样调查方法；

⑤收集评价资料，包括农民采用技术的人数、增加的产量、经济效益等，按照制定的评价方案进行评价。

(3) 项目评价的内容。主要是根据推广项目的目标，评价科技推广工作的效果，内容主要有经济效益评价、社会效益评价、生态效益评价和教育影响评价等。

①经济效益评价。主要评价指标包括：项目总经济效益、项目单位面积增产率、项目单位面积增加的经济效益、有效推广面积、土地生产率提高率、土地生产率、单位农用地面积总产值、单位土地面积纯收入（盈利率）、总产量、农产品商品率等。

②社会效益评价。主要是评价推广项目的实施对创造社会财富，解决就业问题，劳动条件改善、生活条件改善以及农村的两个文明建设所起到的作用等。评价推广项目的社会效益主要从以下几方面进行：第一，项目实施后所提供的就业机会；第二，劳动条件的改进；第三，改善生活条件，农民储蓄增加；第四，提高科技、文化水平，受教育人数增加、素质提高等。在评价时，可直接使用数量指标，主要包括项目对劳动力的吸引率、农民生活水平提高率、社区事故降低率（或社区稳定提高率）等。

③生态效益评价。进行生态效益评价的指标有土壤有机质含量，森林覆盖率，消除、抵御和减少自然灾害对农业生产影响的能力，农业资源良性循环利用等方面。此外还有水体污染、土壤污染、产品污染以及空气污染、毁林、沙化等。用项目实施前后发生的变化进行对比分析。

④教育影响评价。重点评价推广教育活动对农民知识、技能和素质的影响。一是评价农民的知识和认识水平，主要评价农民对推广项目的态度，对学习科学技术的认识，学习的积极性和主动性等。二是评价农民的生产技能，主要评价农民对推广的技术措施是否熟练掌握，学会了哪些新技术、新工艺，在应用过程中是否发生过技术事故等。三是评价农民的素质或解决实际问题的能力，主要评价通过项目推广、技术培训和传授，农民对每项技术措施的基本道理和方法是否理解，能否在实践中创造性地解决生产、生活中的问题。

⑤推广工作评价。主要是对推广中采用的方法和采取的组织措施等方面的总结和分析，以利于改进今后的推广工作，不断提高工作水平。

⑥推广技术评价。主要是对技术的适用性、先进性进行分析，提出带有倾向性或预见性的问题，作为推广单位自身进行研究开发的项目，丰富和发展原有的技术成果，形成新的和更加完善的技术改进措施。或者把问题反馈给科研单位，使科研工作有的放矢地提高针对性和成果转化率。

以上评价仅仅是项目参加人进行的自我总结评价。

（六）推广项目的验收与鉴定

项目验收是对列入农业推广计划的推广项目，对其推广计划中所约定的推广面积、区域、产量、效益等各种主要任务指标完成情况做出客观的评价。项目鉴定是对项目立题，项目方案，项目实施中的技术路线，项目实施方法等的科学性、合理性，以及项目的创新程度和所达到的整体技术水平做出科学的、客观的评价。二者的主要区别就是，推广项目无论有无创新，只要完成了各项任务指标，就可申请和通过验收，不对技术水平做出评价。而鉴定必须是具有一定的创新，整体技术水平达到某一区域（如省内或国内）先进以上的研究推广成果才能申请和通过鉴定。验收是科研及推广项目管理的基本要求。鉴定既是科技管理工作的重要内容与环节，也是对科技创新、科技进步成果认定的重要方法与途径。

1. 项目验收或鉴定前的准备

（1）项目验收鉴定的申请。推广项目完成后，由项目主持人写出项目验收鉴定申请，填写项目验收申请表和科技成果鉴定申请表（不需要鉴定的项目可不填成果鉴定申请表）；项目主持单位负责人签署意见，报成果管理部门审查合格后，即可组织和筹备验收或鉴定工作。

（2）搜集证明材料。主要包括项目成果应用情况及经济效益、社会效益、生态效益等，要由成果应用单位出具证明材料。证明材料中的数据要符合实际，与项目统计资料相吻合。

（3）提交验收或鉴定的材料。提交的材料主要包括：

①验收或鉴定大纲及验收或鉴定委托书，由验收或鉴定主持部门提供。
②项目推广工作报告，由项目组提供。
③项目技术总结报告，由项目组提供。
④项目效益分析报告，由项目组提供。
⑤成果推广应用证明，由项目应用单位出具，项目组提供。
⑥现场检测报告，由专家现场检测小组提供。
⑦科技查新报告，由有资质的科技查新咨询单位出具，项目组提供。
⑧项目计划任务书及计划下达证明，由科技项目管理部门提供。
⑨原始调查资料、年度总结、技术推广方案等，由项目组提供。
⑩与成果有关的论文材料、论著、技术标准、技术规程、表格、照片、录像、多媒体资料等，由项目组提供。

2. 验收和鉴定的主要形式　验收和鉴定的形式主要有，检测鉴定（视同鉴定）、会议验收或鉴定、函审鉴定和现场验收与鉴定等。

（1）检测鉴定。凡通过国家、省（自治区、直辖市）和国务院有关部门认定的专业技术检测机构检验、测试性能指标可以达到鉴定目的的科技成果（如计量器具、仪器仪表、新材料等），适宜采用检测鉴定形式。检测机构出具的检测报告，应对检测项目做出质量和水平的评价。

国家级专业技术检测机构，由科技部或农业农村部确定；省部级专业技术检测机构，由省部科技主管部门或农业农村厅确定，并报科技部或农业农村部备案。

（2）会议验收鉴定。对于需要组织同行和相关专家进行现场考察或演示、测试和答辩的推广项目或科技成果，一般采用会议验收与鉴定的形式。绝大多数农业科技成果均采用会议验收和鉴定的形式。会议验收与鉴定，一般由组织验收或鉴定的单位根据被验收或鉴定科技成果的技术内容，聘请7～15名同行专家组成验收组或鉴定委员会进行验收或鉴定。验收组或鉴定委员会到会专家不得少于应聘专家的4/5，被聘专家不得以书面意见或派代表出席会议，也不能临时更换鉴定委员。鉴定结论须经到会专家的3/4以上通过才有效。不同意见应在鉴定结论中明确记载。

（3）函审鉴定。不需要同行专家到现场考察、测试和答辩，由专家通过书面审查有关技术资料即可进行评价的科技成果，可以采用函审鉴定的形式。函审鉴定由组织鉴定单位聘请5～9人组成函审组。提出书面函审意见的专家不得少于应聘专家的4/5，鉴定结论必须依据函审专家3/4以上的意见形成。不同意见应在鉴定结论中明确记载。

（4）现场验收或鉴定。现场验收鉴定常和会议验收鉴定结合进行。农业推广项目的验收或鉴定，多采用会议验收鉴定和现场验收鉴定相结合的方式。

3. 验收鉴定的内容

（1）推广类的成果。推广类的项目与成果，验收鉴定的主要内容包括如下几个方面：

①审查提交验收鉴定的技术文件，评价其技术资料是否完整，数据是否准确、翔实。

②对项目的技术经济指标做出评价，评价其是否完成计划任务，以及技术经济指标的先进性、合理性。

③对在推广中对原成果的创新做出评价。

④对推广措施和推广范围做出评价。

⑤对取得的经济效益、社会效益、生态效益和潜在效益做出评价。

⑥提出存在的问题及改进意见。

（2）应用技术类的成果。其主要验收鉴定内容是：

①技术资料是否完整、规范。

②选题是否准确，方法是否得当。

③是否完成计划任务或合同要求。

④对应用技术成果的新颖性、先进性、实用性做出评价。主要内容有：技术经济指标的先进性；采取的试验方案、技术路线的先进性；生产工艺、农艺措施或在可行性试验示范中技术的先进成熟程度；关键技术与创新程度；项目的实用性和推广应用前景。

⑤对取得的经济效益、社会效益、生态效益和潜在效益做出评价。

⑥对项目总体水平是达到国际、国内的领先或先进水平等做出评价。

⑦提出存在的问题及改进意见。若无此条，即被视为不合格的验收或鉴定。

4. 验收或鉴定程序

（1）主持单位负责人宣读验收或鉴定大纲。

（2）主持单位负责人宣读验收组或鉴定委员会名单，通过验收组组长、副组长、秘书长或鉴定委员会主任、副主任及秘书长人选。

（3）由验收组组长或鉴定委员会主任主持验收或鉴定会议。程序如下：

①听取项目汇报。主要汇报内容有：项目工作报告，项目技术报告和项目效益分析报告；也可以将三个报告合为一体汇报。

②听取专家检测小组的现场检测（或测产）报告。

③审阅项目查新报告（项目验收可不进行查新）及成果应用效益证明。

④审阅项目合同书或推广计划书、用户意见及其他相关文件资料。

⑤考察生产现场、观看演示，或观看项目实施过程的多媒体视频材料。

⑥验收或鉴定委员质疑，主研人或项目主要参加人答辩。

⑦主研人和项目主要参加人及参加单位人员回避，验收组或鉴定委员会对项目进行评议，形成验收或鉴定意见。

⑧对国内先进水平以上的项目是否具有保密价值进行评价。

⑨对承担单位和主要参加人员宣读验收鉴定意见。

⑩验收组组长、副组长、组员或鉴定委员会主任、副主任及委员签字。

（4）验收或鉴定会结束，交由会议主持单位负责人，并对会议进行总结，提出要求；承担单位负责人表态发言。

综上所述，农业推广程序的筛选立项、试验、示范、推广、总结评价和验收鉴定各阶段既不能截然分开，又不能违反这个顺序，表现出严格的顺序性和不可分割性。在试验、示范过程中发现了问题，可以反馈给原项目单位进一步研究解决，有的需立项继续研究。与此同时，推广单位也可开展研究，丰富和发展原有科技成果，表现出推广过程的创造性。由于农业技术的不断更新，农业推广程序各阶段是不断循环往复开展的，正是这种循环往复，才不断地提高了农业技术水平和农业生产水平。因此，在推广一项技术的同时，必须积极引进和开发更新更好的技术，以便取代正在推广或已推广的技术，以始终保持农业推广工作的活力。

技能训练

农业推广项目评价

一、技能训练目标

农业推广项目评价是根据一系列项目评价指标，对项目完成的情况进行总体的、科学的、客观的评判，确定项目实施的技术水平，找出项目实施的过程中存在的各种问题，以便以后制定出更加切实可行的推广项目实施方案，为改进推广方法、提高推广效率积累经验。农业推广项目评价要客观准确地评价项目的价值，并对项目前景做出科学的分析；了解影响项目实施的主观和客观因素，了解影响推广工作效率的因素；对项目的三大效益进行系统的分析。

二、技能训练方式

1. 确定项目评价的范围　评价范围一般应包括项目内容、项目推广方法、项目的总体效益等。

2. 制订评价计划　评价计划包括评价的主要内容和如何进行评价，要列出具体日期、评价办法和评价方案。

3. 选择评价对象　根据评价项目确定评价对象，一般采用抽样调查法。

4. 搜集评价资料　主要包括农民采用技术的人数、增加的产量、经济效益等。按照制定的评价方案进行评价。

5. 项目评价 依据评价指标体系和评分标准进行评价，写出评价报告。

复习思考

1. 我国农业推广工作必须坚持的基本原则有哪些？在农业推广工作中如何具体运用？
2. 分析国内外农业推广内容的差异，结合我国社会主义新农村建设工作、农村实际需求，提出你认为最为合理的农业推广内容。
3. 农业推广项目的来源、特点有哪些？选择的原则有哪些？
4. 为什么说农业推广程序是严谨科学的？
5. 农业推广程序分哪几个阶段？其核心是什么？各环节之间有何联系？
6. 查阅相关资料，研究提出农业推广程序在何种情况下可以简化操作步骤。
7. 如何准确地把握"试验、示范、推广"三个农业推广的主要程序？

项目五 农业推广组织与运行

> **学习提示**
>
> 农业推广组织体系建设包括推广组织建设、推广人员的优化配备和推广运行机制的创新和建立。推广组织的建设要彻底改变单一政府主导型体系,逐步建立稳定的以县乡基层体系为核心,由农民和各种社会力量广泛参与的多元化推广体系,要提高对农业推广人员的素质要求,加强其培训与考核,在此基础上,不断创新推广运行机制,以充分发挥农业推广组织在推广中的作用,调动广大推广人员的积极性、主动性和创造性。

一、我国的农业推广组织

农业推广组织是社会和政府为了推广农业技术、普及农业知识、发展农业生产而建立的由一定要素组成的,有特定结构的推广、教育、经营、服务等组织机构,这一类机构被称为农业推广组织。

新中国成立以来,我国的农业推广组织体系从小到大不断发展壮大。20世纪80年代以后,在全国开展了以组建县级农业技术推广中心为主的基层农技推广服务体系的重建工作,有力地推动了我国乡、镇农技推广站和推广体系的建设与发展。随着我国市场经济体制的逐步建立和完善,农业推广组织也从单一的政府主导型推广体系,发展到了以政府推广组织为主,农民合作组织、农业科研教育部门、供销社、企业组织、有关群众团体、个体组织等各种社会力量共同参与的农业推广体系。

《全国人民代表大会常务委员会关于修改〈中华人民共和国农业技术推广法〉的决定》已由中华人民共和国第十一届全国人民代表大会常务委员会第28次会议于2012年8月31日通过,自2013年1月1日起施行。修订后的《农业技术推广法》中明确规定:我国农业技术推广,实行国家农业技术推广机构与农业科研单位、有关学校、农民专业合作社、涉农企业、群众性科技组织、农民技术人员等相结合的推广体系。国家鼓励和支持供销合作社、其他企业事业单位、社会团体以及社会各界的科技人员,开展农业技术推广服务。

推广组织在农业发展中发挥着巨大作用,加快了新品种的示范推广,促进了科研成果的转化,加速了农业经济和现代农业的发展以及农民素质的提高。随着中国农业的不断发展,农业推广组织不断创新,逐渐形成了由单一模式向多元化模式的转变。农业推广多元化是指在农业推广供给主体多部门化的基础上,引申和带来的推广机制、推广目标、推广模式、推广投入等方面的多元化,目前我国农业推广组织类型主要有以下五大类:

(一)政府型农业推广组织

1. 组织的特点 政府型农业推广组织由政府设置,推广主体是政府及各级农业推广机构,包括农业推广站、植保站、种子管理站、土肥站、农产品监督检测中心等,推广内容由推广机构决定,体现政府的意愿,服务对象和工作目标广泛,涉及全民的政治、经济和社会利益,技术特征以知识性为主,组织规模一般较大。

2. 组织的作用 政府型农业推广组织在农业生产上发挥着其他推广组织不可比拟的作用。首先,政府型农业推广组织充分体现公益性。推广内容大都来自公共研究成果,如丰收计划、星火计划中社会效益好的种植、养殖技术,具有较为明显的公益性。其次,属于示范引领式推广,对于农业技术的推广普及起了巨大作用。通过科技宣传、技术培训、专家互联网、大众传播等多种多样的形式开展推广工作,有的地区还建立一些特殊机构,如"农村科技服务岗""农业科技服务站""庄稼医院"等,科技特派员到乡镇基层开展技术指导服务,极大地促进了农业技术的推广。

3. 相关案例 湖北省孝感市孝南区农机部门"以机代牛"工程建设促进农机技术推广。2004年,孝南区农机局从江苏省江都市引进乘坐式插秧机7台到新铺镇徐山村跨区机插秧。2005年,徐山村作为全省唯一的水稻生产全程机械化示范村,购买乘坐式插秧机2台,半喂入式联合收割机2台,中型拖拉机2台等,当年机插秧面积53.3 hm^2,"耕、种、收"机械化水平分别达到90%、80%和95%。2006年和2007年,孝南区又开展了机插秧"151"示范工程建设工作,即在孝南区新铺镇和陡岗镇等地建立66.7 hm^2 的机插秧示范基地,扶持各乡镇在本辖区办起2~3个33.3 hm^2 的示范畈,指导有条件的村办起6.7 hm^2 的示范点。通过机插秧"151"工程建设,扩大了农业机械化的社会影响,为进一步扩大推广成果打下了坚实的基础。

(二)教育型农业推广组织

1. 组织的特点 教育型农业推广组织以农业科研院校为主要推广机构,推广内容由农业教育机构决定,服务对象主要是农民,技术特征以知识性技术为主,且大部分推广内容是来自学校内的农业研究成果,其组织规模由院校行政所能影响的范围而决定。

2. 组织的作用 在市场经济体制下,农业科研部门和农业科研院校走在农业科研的前列,影响着科研成果的研发、转化和新技术的推广。首先,科研院校人才、技术成果密集,以其作为推广单位,能加强农业技术的研发,加速科研成果转化为现实生产力。其次,农业科研院校具有强大的教育资源和教育人才,能以比较科学有效的方式把科学技术、理论传授给推广人员或直接传给农民。

3. 相关案例 湖北省孝感市依托孝感生物工程学校,先后为国家培养15 000名毕业生,培训农业基层干部、军转干部和农技人员5 000余人。依托湖北农业广播电视学校孝感分校,通过农村劳动力转移培训阳光工程,2004年、2005年两年共培训农民36 883人,实现转岗就业32 645人,转移就业率达88.5%。孝感学院生命科学技术学院注重科研成果转化、推广,其研究成果"物候期多小孔树林计量树干注药法"有效解决了当地板栗病虫害防治这一技术难题,使得板栗产量逐年上升;"银杏超小卷叶蛾的发生规律及综合防治研究"为银杏的病虫害防治提供了强有力的技术支持,仅2007年就为安陆市增产白果102 000kg增收

408万元;"红栀子主要病虫害综合防治技术"成果2006年推广应用533.3hm^2,每公顷增收3 750~4 500元,该技术推广以来再没有发生成片死树或砍伐红栀子树的现象。此外,"鄂北特种植物珍珠花的基础研究及产业化开发草-猪-鱼-沼-果-稻绿色生态农业模式研究""特级优质稻孝感'太子米'生长机理及推广开发研究"等一批项目也相继获得了较好的经济效益和社会效益。

(三) 项目型农业推广组织

1. 组织的特点 项目型农业推广组织以项目申请单位为主要推广机构,推广内容由立项机构决定,决策形式表现为上下共同决策,其工作对象主要是推广项目地区的目标团体,工作目标视项目的性质而定,主要是社会及经济性的成果,其技术特征以知识性为主,组织规模属于中等偏小。

2. 组织的作用 首先,表现为推广效率高。该类型的推广组织人员素质较高,有各自的技术专长,并且在推广过程中使用最佳的资源配置,如聘请专家和有成功经验的工作者参与。其次,有利于在较短时间内改善目标团体的经济与社会状况。项目型农业推广组织通过立项单位的主持,提供足够的推广资金和技术保障,能够在较短的时间内集中精力完成某个项目的研发与推广,其测量指标也通常是社会效益和经济效益。

3. 相关案例 "科技入户工程"项目在湖北省孝感市已连续实施多年,2010年该市对科技入户项目工作进行了适时调整,由原来单一的水稻产业科技入户,发展为水稻(小麦)、蔬菜、食用菌、畜牧、水产等五大产业并重,聘任了8名农业专家,选聘了107名技术指导员,遴选并培育了1 213个科技示范户。在全市建立了综合性的"农业专家-技术指导员-科技示范户-辐射农户"的农技推广新机制。全市200多名科技特派员按照市政府要求进村入户,送技术、送物资、送政策,使示范户做到有的放矢,充分发挥示范户的辐射带动作用,农民群众反响良好。

(四) 企业型农业推广组织

1. 组织的特点 企业型农业推广组织主体是农业企业,它们从自身效益出发以现代技术和现代化管理为基础关注农业、投资农业,建立自己的农业科技研发机构和农业推广机构,推广内容由企业自己决定,工作对象主要是企业联合的农户,由于追求企业利益最大化,农民利益在一定程度上受制于企业效益,技术特征以实用性技术为主,发展规模在逐渐壮大。

2. 组织的作用 首先,实行集约化生产,提高经济效益。这类农业推广组织为农民提供各类生产资料或资金,有效地把农民集中起来,与农民签合同征用农民土地展示新技术成果,鼓励农民参与,由企业和协会承担试种中的风险,保证产品的销路和价格。企业集种养加、产供销、内外贸、农科教为一体,显著地提高了企业的经济效益,同时也增加了农民的收入。其次,加速了农业科研成果的转化,促进了农业技术的推广普及。这类农业推广组织为了保持或增强企业的市场竞争力,能把其自身或者其他科研机构研究出的科研成果以最快最有效的方式运用到农业生产实际中去,使农民不断学习新技术,从而促进了农业科学技术的高效推广。

3. 相关案例 湖北省孝感市伟业春晖米业有限责任公司采取"龙头企业+专业合作社+基地+农民"的经营模式,至2010年,该公司通过土地流转方式获取800hm^2土地集中生产优质香稻,积极引进太阳能杀虫灯使粮食农药残留量少,走低碳、环保型农业之路。

对农户流转租赁费用采取实物抵托的方法，即每公顷每年按稻谷 2 400 kg 折算，国家直补资金也由农民受益。初步预算，这些农户每年每公顷可获得 6 750 余元的收入。公司尊重农户意见，对示范区内不愿流转的种田大户，采取"统一耕种、统一品种、统一管理、统一收购"的模式交由农户自己种植。该公司还成立了湖北春晖农科院、农机专业合作社、香稻种植合作社和病虫防治合作社，吸收社员 300 余名，添置各类大小农机具 120 台（套），极大地促进了生产效率，提高了农民利益。

（五）自助型农业推广组织

1. 组织的特点　自助型农业推广组织是本着自愿互利，"民办、民营、民受益"的原则而形成的组织机构，全体成员都将参与组织的决策和管理。推广内容依据组织业务发展和组织成员的生产与生活需要而决定，其工作目标是提高合作团体的经济收入和生活福利，推广对象是参与合作团体的成员及其家庭人员，其技术特征以操作性技术为主，目前大多规模较小。

2. 组织的作用　首先，提高了农民的组织化程度，保证了农民的基本利益。自助型农业推广组织是农民自己的组织，他们通过这类组织联结在一起，提高组织化程度，解决了农户分散经营与市场的衔接问题，使农民及时把握市场信息，保障自身利益。其次，满足农民多样化的需求，促进新技术、新品种的推广。随着市场经济的发展，农民对服务的内容和需求日益多样化，自助型农业推广组织引进适合农民的新技术、新品种，开展技术培训，提供信息咨询，加快农业新技术、新品种的推广，很好地满足了农民的需求。

3. 相关案例　湖北省孝感市麻河镇优质莲藕生产协会从 2001 年成立到 2012 年，已吸收技术推广骨干、农村科技带头人 55 人，种植能手 200 人，科技示范户 137 户，龙头企业 4 家，运销企业 18 家和 3 500 多户，藕农会员涵盖了生产、加工、销售、科普培训、技术推广等与莲藕相关的各领域，形成了"协会＋基地＋龙头企业＋科技示范户＋农户"的组织框架，极大地促进了农民增收、企业增效，有力地推动了麻河莲藕产业跨越式发展。近几年，麻河镇莲藕产业年均总产值过亿元，占农业生产总值的 90% 以上，莲藕已成为麻河镇具有独特经济地位的支柱性产业。

综上所述，不同的农业推广组织有不同的特点和作用，它们相互作用、相互补充，在社会主义市场经济体制下，农业推广组织的多元化可以更好地满足不同农业产业发展需要，农业推广组织多元化模式创新发展对促进现代农业发展具有重要的意义。

二、国外农业推广组织建设

世界各国在发展农业的过程中，都很重视农业推广在农业现代化进程中的作用，从机构设置、管理体制上，根据各自国情，采取各种措施，促进农业推广组织的高效运作，把政府的农业发展政策、农业成果、市场供求信息等传播给农民，使之应用于农业生产。下面介绍几种有代表性的体制类型：

1. 政府领导的农业开发咨询服务制　这种类型以英国为代表。国家设农业开发咨询局，内设农业、农业科学、水土管理、园艺科学、推广开发等处；再将全国根据自然地理区划分为若干个地区，由农业开发咨询局领导，建立从中央到农户的信息网络体系，贯彻落实咨询工作的计划。全国推广委员会组织各地区交流信息和经验，每个地区设有推广开发组，组长是委员会的成员。各县设有包括畜牧、园艺、农场管理、社会经济等方面的专家组成的农业顾问小组，组长参加上级会议讨论工作计划和部署，顾问则经常深入到下级讨论推广项目并进行实地指导与咨询。乡镇农业顾问是第一线的咨询人员，他们直接到农户家中了解情况和解答问题，组织农民开展讨论，指导专项课题的实施，通过各种手段推广本地区需要解决的技术问题，检查推广效果并进行评价。

2. 政府和农学院的合作推广制 这种类型以美国为代表。农业农村部下设合作推广局，负责制订联邦推广工作计划，审批涉及使用联邦资金的各州推广计划，拨付经费，并管理、督促计划目标的完成。州立大学农学院设推广办公室，并建有农业试验站和推广中心。其职能是根据有关制度和政策，制订州推广计划，进行推广人员的选择、培训和管理，管理推广经费，编写资料，同州内其他大学、农学院、研究单位加强联络工作。州大学推广办公室领导县推广办公室或推广站，各县的专职推广人员都是州大学的成员。县推广办公室或推广站的职能是结合本县的实际情况，制订长期或短期的推广计划并负责在全县实施。

3. 政府和农协双轨推广制 这种类型以日本、荷兰为代表。国家的农业推广分为两个系统：一个是政府办的各级农业推广组织，另一个是农业协会组织或农场主协会组织（简称农协）。政府办的各级农业推广组织主要负责农业推广项目的确定、组织完善、活动指导、人员培训和资格考试、项目调查、资料收集等农业生产技术方面的指导。农协是农民或农场主自己的组织，有自己的推广人员，主要解决本农协共同存在的问题，包括农业生产销售、社会经济管理等项目。

4. 农民协会领导的农业推广制 这种类型以丹麦为代表。全国由农民协会（农场主协会和小农户联合会）负责农业咨询和信息服务。中央设丹麦农业咨询中心，有60多名高级专家担任咨询人员；在各个地区由遍及全国各地的各级地方农民协会负责组织工作，制订咨询计划和开展咨询活动。地方协会较小，由两个协会联合制订咨询计划，并组织人员。

5. 政府和农业生产者协会联合推广制 这种类型以法国为代表。由政府和农业生产者协会联合进行全国的农业科技推广。在中央设有"全国农业开发协会"，由政府和农业生产者协会各派一半代表组成。国家把农业税交给协会用于推广事业，推广经费80%由国家提供。推广工作以各种专业农业生产者协会的专业研究所为纽带，收集各研究所的研究成果，进行适应性试验，然后进行推广，具体推广工作由各省农业生产者协会顾问负责。

6. 政府、农会、私人咨询机构并存的农业推广制 这种类型以德国、瑞士为代表。德国的农业推广组织有政府的农业咨询机构、农场主协会的咨询机构、农业合作团体的咨询机构和私人咨询机构等。瑞士的农业推广服务体系比较健全，由国家推广机构、半官办机构和民间组织构成。

三、农业推广人员

农业推广人员包括从事农业推广工作和农业生产服务的技术人员、管理人员和市场营销人员。他们是农业推广活动的指挥者、组织者、承担者和实施者，是农业生产服务的提供者和参与者，是农业推广工作的骨干和支柱，是实行农业现代化的带头人。

（一）农业推广人员的地位

农业推广人员在农业成果转化、农业技术开发和农业项目推广工作中处于主导地位。当前，我国正处于传统农业向现代农业迈进的重要时期，为了加速农村经济的飞速发展，为了建设新农村、创造和谐社会，必须依靠农业科研、农业教育和农业推广的紧密结合，充分发挥农业推广人员的农业技术与成果"二传手"的作用，促进农业的快速发展和进步。

农业推广人员为农业生产提供各种社会化服务，是农民与社会及市场联系的桥梁和纽带。随着农业向专业化、商品化、市场化的不断发展，农民与社会及市场的联系日益广泛和紧密。由于我国农户生产规模小、农民组织化程度低，在市场化的过程中，农民不仅需要有明确而及时的信息指导和现代生产的经营管理知识，而且在从事商品生产过程中遇到的各种困难和问题，也需要农业推广人员和经营服务人员提供全面的服务和帮助。

（二）农业推广人员的作用

1. 纽带作用 推广人员的纽带作用，首先表现在各种科研成果、先进技术、新工艺和新方法等需要农业推广人员先行认识、评价、消化与吸收，才能顺利地向农民、向农村进行宣传、教育、引导、传递，否则成果就难以应用于农业生产。其次还表现在农民进行商品化、市场化生产过程中，推广人员提供各种社会化服务，以及农产品的运输、贮藏、加工、销售等市场化服务，使农民与市场紧密地联系在了一起。

2. 促进作用 一般来说，一项新的农业科研成果如果让其自发地在农民中扩散，其结果必然是速度慢、时间长、范围小、效益低。只有利用农业推广人员这一桥梁，通过他们进行宣传、示范、指导，解决农民群众在应用新技术过程中出现的各种难题，才能将科技成果迅速转化为现实生产力，使潜在价值变成现实价值，从而产生巨大的经济效益和社会效益。

3. 创造作用 由于农业科研成果往往是在特定的自然条件和栽培条件下进行试验的结果，存在局限性，所以，在推广过程中，要经过农业推广人员进行评估和论证，结合当地的气候条件、生态条件、生产条件和农民群众的接受能力，通过试验、示范，对成果进行修正、补充和完善，找出适应当地条件的最佳技术措施和管理方案，以及在推广中应注意的问题。农业推广人员对科研成果的这种创造性劳动是新技术成果推广所必需的，也是农业推广工作的基本环节之一。

4. 教育作用 农业推广人员在提高农民素质、改变农民态度和行为方面具有不可替代的功能和作用。农民的文化素质和科学技术水平，通过农业教育和农业推广人员的宣传、教育、培训等方法可以逐步得到提高。而农民态度和行为的改变，困难更大，所需时间更长，需要农业推广人员采用多种方法，考虑各方面的因素，从易到难，长期努力，才能使农民的行为有一定的改变。

5. 参谋作用 农业推广人员是政府部门和农业生产部门的参谋，国家和各级政府在制定农业方针、政策，进行农业规划时，应吸收农业科技推广人员参加，听取他们的意见、建议，采纳他们的措施和办法，使之更符合客观实际，更有利于组织实施。

（三）农业推广人员的素质

农业推广人员的素质是指完成和胜任农业推广工作所必须具备的思想道德、身体素质、职业素养、科学技术知识以及组织教育能力的综合表现。农业推广人员素质的高低，决定着推广工作的业绩，直接关系到我国推广事业能否健康发展。我国《农业技术推广法》中明确规定农业推广机构的专业人员，应当具有中等以上有关专业学历，或者经县级以上人民政府有关主管部门主持的专业考核培训，达到相应的专业技术水平。

1. 农业推广人员的个体素质 个体素质主要指个体的德、识、才、学、体的不同组合。

由于农村市场经济的发展,农村产业结构的调整和新型农业的开发,农村和农业上要解决的问题远远超出农业科学的范畴。因此,要造就一大批立志农业科技推广事业,既有奉献精神,又有专业知识,还有一定组织能力、经营管理能力和实践工作能力的技术人才。这就要求每一个推广人员应具备以下基本素质:

(1) 职业修养。农业推广的目的是促进农业、农村经济发展。在我国农村条件还比较艰苦、农民的科技文化水平比较低的情况下,要把科技成果应用到生产中,更需要农业推广人员具有良好的职业修养和道德品质。

①实事求是,严肃认真。农业推广人员必须尊重事实,严肃认真,一丝不苟,对自己的科学见解和结论要进行严格的验证、客观的判断,并广泛征求意见;对他人的科研成果要认真分析,科学试验,并公正客观地做出评价。

②团结协作,善于共事。农业推广工作的目的在于使科研成果转变成现实生产力。因此,从推广工作本身来说,要求与多部门、多学科进行广泛结合和联系,需要推广人员有团结协作、善于共事的精神。

③不畏艰险,勤于探索。由于农业生产不仅受自然条件的制约,而且还受经济条件的影响,所以,农业推广工作面广量大,情况十分复杂,尤其是在第一线从事农业推广工作,任务重,条件差,生活艰苦,常常会遇到种种困难和障碍。这就要求农业推广人员要有强烈的事业心,坚强的意志,不畏艰险,勤于探索,勇于创新,不断推出新的推广方法和技巧,以适应农业生产的变化。

(2) 知识结构。农业推广人员从事的是社会性服务工作,因而只有具备与之相适应的农业科技和管理方面的学科知识,才能适应工作需要。

农业推广人员应该具有系统的农学、植物保护、园林园艺、植物营养与施肥、养殖业、农产品加工贮藏等学科的基础理论知识和基本专业技能,熟悉本专业的技术推广业务,了解其他相关专业的基本知识,同时还应研究和了解当地的自然条件、经济条件、技术条件、农业生产的现状和发展规划等基本情况。

农业推广人员应熟悉并掌握国家有关农业推广工作的各项方针政策、法律法规等,具有一定现代农业经营管理学、农业技术经济学、市场经济学、商品学、农村社会学等学科的基本知识,懂得市场经济规律及相关理论,了解农业生产资料的商品知识和性能,熟悉当地农村社会结构、社会组织、社会生活和经济活动等基本情况,有较丰富的农村社会生活和农业推广经验。

农业推广人员应具有教育学、心理学、计算机、现代传媒学等学科的基本知识,要掌握推广教学的特点和农民学习的特点,能够利用各种现代传媒工具,针对农民的不同需要,采用相应的推广方法和传播策略。

(3) 能力体系。农业推广工作人员的能力包括观察分析能力、独立工作能力、组织协调能力和沟通表达能力等。

观察分析能力是推广工作的基础,农业生产技术的引进、试验、示范和推广的各个阶段都离不开观察。只有通过调查了解和观察分析才可以发现新技术和农民、农业生产中存在的问题,通过综合分析、比较和分类,才能对事物做出正确的判断,为解决新技术的推广和农业生产的实际问题提出可靠的依据和解决的方案。

独立工作能力则是要求农业推广人员在生产第一线,能够单独开展工作,有较强的独立思考能力和实践动手能力；不仅要具有丰富的技术知识，而且要有一定的生产经验，能够解决生产中的实际问题；不但能讲会说，而且还能示范操作，通过言传身教，把技术教给农民。

组织协调能力是要求农业推广人员能针对不同地区和不同对象，充分整合和利用各个部门、各个单位和各社会团体的组织优势、技术优势和资源优势，综合运用各种不同的农业推广方式方法向群众进行新成果、新技术的推广和传播。农业推广人员通过为农业生产提供全面的社会化服务，参与农产品的运输、贮藏、加工、销售等环节，组织农民开展商品化、专业化生产，走向市场，参与市场竞争。

2. 农业推广人员的群体素质 群体素质主要指不同素质的农业推广人员的组合方式，群体素质包括群体的专业、能级、年龄、知识和能力结构等。研究推广人员的群体素质，目的在于建立优化的人员结构，获得人才群体的最佳整体效益。

（1）专业结构，是指从事农业推广的各类专业人才的合理比例，如种植业、林业、畜牧业、渔业、农机、农田水利、农产品加工、经营管理、经济贸易和乡镇企业管理等专业人才的比例。人员专业结构是动态概念，它是随着农村产业结构的调整而发展的，但在一定时期这种结构又有相对的稳定性。由于农业推广人员在农业生产第一线从事农业技术推广，为适应农村商品经济和农业多种经营的发展，从农业现代化的总体要求出发，推广人员群体的各类专业人才之间应保持一个较为合理的比例和基本数量。这种比例关系的确定，横向来看，要根据不同地区、不同经济条件、不同自然生态条件等因素综合考虑。从纵向系统看，它同时还要考虑不同的管理职能对人才的具体要求，如省（自治区、直辖市）、县、乡各级农业推广部门的人才群体的要求就应该有所差异。上级农业推广部门偏重于宏观综合农业推广和宏观管理决策的人员应多一些，基层农业推广部门，实际操作能力强、一专多能的通才型人员应多一些。

（2）能级结构，是指各层次农业推广人员的合理比例，即从事农业推广工作的初级、中级、高级农业技术人才三者之间的合理比例。一般说来，高级推广人才要求能掌握本学科的最新发展动态和技术路线，能提出本地区、本行业生产方面新技术的推广计划，考虑和设计农业技术发展战略，解决关键性的新技术等。中级推广人才，应具有独立处理专业范围内技术问题的本领，能较好地掌握、运用本专业的知识和推广手段，具有指导初级推广人员的能力。初级推广人员则要求能迅速理解并领会高、中级推广人员指导的意图或技术要领，能熟练地掌握有关专业技术操作技能，具有脚踏实地开展农业推广工作的实干、苦干精神等。从农业发达国家中级技术人员与初级人员 1/10 的大致比例来看，我国农业行业中推广人员的能级结构还有待调整，中、初级农业推广人员尤其是在生产第一线的初级人才仍显不足。

（3）年龄结构，是指各类年龄区间人员在推广群体中所占的比例。虽然在不同的部门、不同的专业和不同的推广层次之间，老、中、青三者的比例会有所不同，但从农业推广工作的继承性来说，都应坚持承上启下，老、中、青三结合。因为不同的年龄结构，反映的不仅仅是年龄的差别，更重要的是能力、知识、阅历、身体、心理素质等诸方面的差异，老、中、青三者相互结合将会产生一种互补效应。而且，推广群体有一定的年龄档次，也比较有利于管理。目前，我国农业推广人员的年龄结构尚不合理，基层农技推广部门年龄老化现象比较严重。农业推广部门必须采取切实有效措施，及时培养补充人才，促使农业推广人员的年龄结构逐步趋向合理。

(4) 知识结构，是指农业推广人员个体知识和群体知识的合理组合。现代农业是一项系统工程，农业生产过程是自然生产过程与经济生产过程的结合，受到自然规律和经济规律的双重影响。随着农业生产从资源密集到技术密集的转变和生物技术、信息技术等在农业生产中的广泛应用，致力于人才培养、技术配套、信息处理、系统管理，从单项技术的应用到各项技术的综合应用，已成为农业推广组织适应农业发展的一件大事。因此，一个合格的农业推广人才个体与群体，应形成一种既掌握农业推广所需的专门技术知识，又掌握与此相关的学科知识，以及与农业推广工作有关的开发、经营管理、人文社会科学知识的结构体系。

(5) 能力结构，是指各种能力的合理组合。由于能力是推广人员十分重要的智能因素，所以一个好的推广人员个体和群体，必须具备多种能力。能力和知识是相辅相成的，知识越丰富，运用起来越得心应手，能力也越强。农业推广组织也应是一个学习型组织，推动农业推广人员要在实际推广工作中，不断学习、运用知识，建立完善的知识体系，从而构筑合理的能力组合，这样才能有效地开展好农业推广工作。

从总体上看，目前我国农业技术推广人员的素质还不高，特别是由于机构人员编制等原因，许多乡镇农业技术推广站的不少人员并不具备必需的农业技术知识和推广技能。因此，必须对各级推广队伍的个体和群体素质都有一定的要求，并通过选拔和使用，以及岗位培训等进行科学化管理，从而建立一支有足够数量、能级合理的农业推广队伍。

(四) 农业推广人员的培训

农业推广人员要适应现代农业科技及农业现代化发展，应不断更新自己的知识，提高能力，这就需要加强农业推广人员的培训工作。

农业推广人员的岗位培训，是指对农业推广人员根据农业推广工作特点所进行的相关理论与技能的培训。

1. 岗位培训的意义　农业推广人员的岗位培训具有很重要意义，它是结合推广工作岗位需要，不断增强推广能力的有效措施。

(1) 促进理论与实践的结合，缩短适应期。各类农业推广人员在校学习期间大多掌握了一定的基础知识、专业基础理论和专业知识，在走上工作岗位以后，接触最多的是生产实践问题。面对错综复杂的农业生产实际，农业推广人员不仅有一个从理论到实践的培养过程，还有一个在实践中把新问题、新方法升华到理论的过程。适当的培训可以在一定程度上使理论与实践技能得到有效结合。

(2) 适应形势更新知识。由于现代科学技术的迅猛发展和新型农业的推动，边缘学科、新兴技术不断涌现，知识和技术的更新周期越来越短，农业推广人员必须及时补充和更新自己的知识范围及业务内容，以适应农业推广工作的需要。

(3) 增强商品意识，提高服务功能。由于农村商品经济的不断发展，农业社会化生产水平的不断提高，农业推广的内容、领域也出现了新的变化，农业推广人员原有的知识面难以适应推广工作需要，要通过培训等手段使推广人员了解掌握市场经济、商品信息、现代管理等方面的知识和技能。

2. 农业推广人员岗位培训类型　农业推广人员的岗位培训有岗前培训和在岗培训两种类型。

（1）岗前培训。岗前培训是指对从事农业推广工作的人员进行就业前的职业理论及技能的培训，也称"职前培训""就业训练"。我国目前岗前培训主要以大中专学校的学历教育为主，缺乏针对性，难以适应推广工作的实际需要。应以市县两级为主，筹办岗前培训基地，结合推广人员的招聘工作和对准备从事农业推广与服务工作人员的审核工作，开展较为系统的培训和教育。

（2）在岗培训。在岗培训是指推广部门为了保持和提高推广人员从事本职工作的能力，对推广人员所组织的学习、训练活动，也称"职后培训""在职培训"等。对于长期从事农业推广的人员而言，在推广过程中，适当抽出一定的时间接受在岗培训，对于提高自身的业务水平，更有效地开展推广工作是十分必要的。

在岗培训一般又可分三种类型，即系统培训、短期培训和更新知识的培训。系统培训一般时间相对较长，3个月到1年不等，通过学习，推广人员能够系统地接受到农业推广以及相关学科新知识和技能的培训。短期培训一般是围绕生产季节所进行的专题培训，培训的内容服从农事季节的需要。更新知识的培训具有较强的针对性，主要是根据农业生产发展的要求，隔一定时间对推广人员进行培训，以适应新的形势，促使农业推广事业向高层次、高水平发展。

3. 农业推广人员岗位培训的内容　农业推广人员岗位培训的内容非常丰富，按类型划分，主要包括以下一些内容：

（1）政治理论培训。在改革开放的社会主义市场经济新形势下，各级各类推广人员应坚持党的基本路线，坚持社会主义道路，坚持为人民服务的方向，自觉加强毛泽东思想、邓小平理论以及有关农业、农村工作的方针、政策的学习，树立正确的人生观，应用科学发展观，为建设新农村、构建和谐社会，为农业推广事业而奋斗。

（2）职业道德培训。农业推广的开展，不仅涉及党和国家以及集体的利益，同时也关系到千家万户农民的切身利益，特别是在发展农村商品经济、发展农村技术市场的条件下，有必要对农业推广人员进行职业道德方面的教育与培训，以加强其职业素质修养，端正农业推广的工作态度。

（3）专业技术和技能培训。包括农业基础知识和实用技术、农业生产实际知识和基本操作技能的培训。特别是要通过专业知识和专业技能的继续教育，使其掌握本专业的新技术和新发展，以适应现代农业对农业推广的需要。与此同时，还应对农业推广人员进行现代管理、商品经济、市场理论、系统科学等知识的培训，全面提高其经营管理和系统决策能力，以促进农业产业化的发展。

（4）农业推广方法与能力培训。通过教育和培训使推广人员了解和熟悉当地的民俗风情、社情民意、自然条件、产业结构、经济水平等，学会开展调查研究、做群众工作。培养推广人员的示范能力、分析问题和解决问题的能力、沟通交流表达能力，掌握新的视听、宣传工具，计算机网络等的使用方法。

4. 农业推广人员岗位培训的形式　根据各地的实践，农业推广人员的培训有以下几种形式：

（1）建立农业干部教育学院或科技干部教育学院。

（2）在现有的大、中专农业院校建立成人教育学院，或举办农业技术干部培训班。

（3）由各级农业科研院所开办新技术培训中心或培训班。

(4) 由各级农业推广中心定期进行技术培训。

(5) 各级科委系统结合下达科研任务和扶贫开发，举办相应的学习班。

(6) 各级科协和学术团体举办短期新技术讲习班。

另外，农业推广人员还可以通过参加各种技术交流会、农业生产资料展览订货会、农业博览会、市场信息发布会、农产品产销订货会等，了解和掌握新技术、新产品、新成果的发展动态，以及农产品的生产和需求信息，更好地为农民提供指导和服务。

四、农业推广运行

农业推广组织与人员是农业推广工作的主体，而主体作用的发挥，需要的是良好的运行机制做保障。

（一）运行机制的基本内容

农业推广和其他社会事物一样，有着自身的运行机制。农业推广体系的运行机制，就是一种基于对农业生产实际和农业推广规律的认识，有目的、有计划地设计、建立和完善推广管理的方针、方式和方法的总和，它是农业推广体系建设的重要内容。

农业推广有一系列的运行机制，其中以利益机制、保障机制、竞争机制、激励机制、互动机制、协调机制为主，只有正确理解这些运行机制并加以灵活运用，才能真正促进农业推广体系建设乃至使整个农业推广事业兴旺发达。

1. 利益机制　就现实生活中的一般情况而言，利益往往是组织管理调动人们积极性的有效手段和提高组织运行效率的基本方法。通过建立公开、公正的利益分配机制，满足人们正当的利益要求，从而促进农业推广工作的全面发展。农业推广工作中，首先要保证农民的基本利益，在项目的选择、计划的制订、技术的推广、生产资料的供应、农产品的加工销售等各个环节，都要以提高农业生产经济效益为中心，以提高农民收入为核心。对于农业推广组织与推广人员来说也是一样，他们所从事的农业推广工作不能没有利益的挂钩。根据农业推广项目的性质不同，可以将农业推广工作划分为公益性和经营性两类。公益性推广工作主要由政府推广组织承担，作为行政和事业单位，其利益由政府保证；经营性推广工作一般由基层推广组织和非政府推广组织以市场化方式经营，其利益以获取经营利润为保证。因此，加强农业推广体系的建设，必须认真协调推广组织与个人、推广主体与客体之间的利益关系，保证大多数人的利益得到最大限度的实现，这既是加强农业推广体系建设的一项重要内容，又是促进农业推广事业可持续发展的重要条件。

2. 保障机制　目前，促进农业农村经济发展、农民增收是农业农村工作的主题。农业仍旧是一个弱质产业、一个艰苦的行业，体现在农业推广方面，就是推广的任务重、条件差、工作难。客观上农业生产比较效益低，市场经济条件下风险比较大，农业生产中的不确定因素多，增产不增收，加上农民的整体文化素质比较低，缺乏吸纳先进生产技术的主动性和积极性，这些必然增大农业推广组织与人员的工作难度和工作成效。国家制定的《农业技术推广法》《国务院办公厅转发农业部等部门关于稳定基层农业技术推广体系意见的通知》等法律和文件中，对农业推广组织和人员都有明确的要求与规定。

为了保障和促进农业推广工作的发展，一方面，政府要进一步发展和完善以政府推广组织为主，各种社会力量参与的农业推广组织体系。从农业推广机构、推广人员的数量、质量上满足农业农村经济不断发展的需要。另一方面,要从体制上保障推广人员工作和生活的需要。《国务院关于深化改革加强基层农业技术推广体系建设的意见》(国发〔2006〕30号),对改革和建设基层农业技术推广体系做出了全面部署。文件要求在明确基层农业技术推广机构的公益性职能基础上,要加强基层农业推广组织建设,切实保证基层公益性农业技术推广机构的经费,将基层公益性农业技术推广人员的工资、养老保险、医疗保险、失业保险等,以及履行职能所需的工作经费全额列入财政预算。积极稳妥地将农资供应、动物疾病诊疗、农产品加工及营销等服务,从基层公益性农业技术推广机构中分离出来,实行市场化运作,发展经营性服务,保障推广人员的基本利益。

3. 竞争机制 在农业推广队伍建设中,引入竞争机制是将组织人员潜能充分发挥出来、最大限度地释放出来的有效形式。在农业推广项目上,先把本地一些重大推广活动以项目的形式确定,明确其要求,辅之以经费支持,然后,向推广组织、推广人员和各种社会组织公开招标,以项目负责制的形式进行推广活动。在农业推广组织内部,实行完全的竞争上岗和双向选择,实行技术职务聘任制、项目专家负责制,以及在分配制度上实行以岗定人、以绩定酬等。对于核心技术不易流失、利润高、市场需求量大的技术产品,应主要由农业技术经营服务组织去推广普及,通过充分的市场化竞争,大力发展经营性社会化服务体系。

4. 激励机制 激励被广泛运用于管理过程中,而更多的则是以激励机制的形式作用于组织与人的管理,农业推广的运行更是如此。农业推广可以从各个角度运用激励机制,包括运用目标、强化参与、树立典型、加强示范等物质的、精神的激励等。

(1) 目标激励。目标激励一般是指农业推广总体目标或分项目标确立以后,通过宣传和教育为整个组织以及每一个成员所理解、认同接受,由此激发起他们的积极性、主动性和创造性。如我国农业科技进步对农业的贡献率已由新中国成立初期的20%上升到"十五"末的48%,国家要求到2020年,农业科技进步在农村经济增长中的贡献率达到63%以上,这个目标无疑是对全国农业推广组织与人员的最大激励。

(2) 参与激励。参与激励是在为农业推广创造一个良好的环境的前提下,组织引导农业推广人员深入到推广现场或实际之中,通过参与,实现组织目标与个体目标的统一,从而满足农业推广人员物质方面或精神方面的需要。

(3) 典型激励。树立典型是形成激励的行之有效的方法,党中央国务院授予"水稻之父"袁隆平教授国家科学技术最高奖,使全国的农业科技人员深受鼓舞,也是对全国农业科技人员的最大激励。所以在农业推广体系建设中,大力开展评选先进活动,利用各种形式,宣传先进典型的事迹,促进人们自觉地向先进看齐,有利于提高农业推广人员的整体素质。

(4) 示范激励。示范激励是指在农业推广过程中,作为农业推广工作的组织者、领导者,以自己良好的精神状态、饱满的农业推广热情、模范的思想作风以及有特色的工作方法,对组织中的成员产生直接的引导,或者形成潜移默化的影响作用。因此,农业推广工作的组织者、领导者,应当不断提高农业政策水平,自觉加强业务理论修养,勇于探索、创新,真正在农业推广实践中起到示范作用。

(5) 精神激励。精神激励能够启发农业推广组织与人员向更高的层次不懈地追求。如对于在农业推广中做出突出贡献的单位和个人,授予荣誉称号,以鼓励其更好地为农业推广服务,并以此来激励全体组织成员积极参与自身体系的建设,保证农业推广持续健康的发展。当然,强调精神激励的突出作用,并不是说物质激励不重要,或者可有可无,恰恰相反,精神激励只有在必要的物质奖励条件下，才能充分显示其作用。

5. 互动机制 农业推广从最简单的关系看，存在着农业推广者和农业接纳者双方。而围绕着农业的推广，推广者与接纳者是相互依存、相互影响，以及相互作用的辩证统一关系。因此，农业推广把这种互动机制作为自身的运行机制，就是顺理成章之事。实际的情形是，农业推广的双方，在具体的推广运行中，相互把对方提供的物质的、社会的、文化的对象作为获取的目的，通过这种交换，相互得到需要的满足，并以此为契机，在两者之间形成持续性的社会关系，互为作用地推动农业推广不断发展。

形成这样一种良好的运行机制，毫无疑问需要农业推广组织与人员树立牢固的服务"三农"的观念。

（1）服务农业。服务农业就是要按照国民经济发展对农业的客观要求，立足于农业推广长远的战略目标，有计划、分步骤地抓好农业项目的实施，加速关键性农业生产技术的普及提高。同时以市场为着眼点、出发点和立足点，注重研究市场消费需求和变化，研究农业生产最迫切需要解决的关键问题，为促进农业的产业结构调整、农产品结构调整与质量、产业升级与产品换代提供服务和支持。

（2）服务农村。服务农村就是要根据农村经济发展中的产业经营、乡镇企业二次创业、集约化经营以及大量剩余劳动力再就业这样一些重大问题提出的迫切要求，制定对策，提供技术支持。

（3）面向农民。服务农民就是抓住千方百计增加农民收入、保护农民利益、繁荣农村市场、扩大农村消费需求这样一些关键性问题，开展推广与创新，为确保农村经济发展和农民增收目标的实现提供服务。

6. 协调机制 农业推广是一项涉及面广、相关度大的社会系统工程。政府各级农业推广组织从体制上来说，一方面，存在着从农业农村部到县乡农业推广组织业务上的垂直指导和管理关系；另一方面，地方各级农业推广组织在行政上归属于地方政府的领导与管理。从职能上来说，政府农业推广组织不仅承担绝大部分公益性农业推广工作，同时还承担各类农业推广组织、推广人员、推广活动的管理工作。因此，围绕政府农业推广组织，要建立有效的协调机制。

首先，要协调好业务上的垂直指导和地方政府的行政领导，即"双重管理"的条块关系。无论是条条也好，还是块块也好，尽管他们的工作任务、工作侧重点有所不同，但是在农业推广上，他们的目标应该说是一致的，这是健全协调机制的基础。

其次，要协调好推广组织与农民、农业、农村的关系。对农业推广组织应承担的公益性职能要进行细化。在细化公益性职能时，既要防止把政府应该承担的公共服务简单推向市场，也要防止脱离实际任意扩大公共服务范围。对经营性推广服务，要本着薄利多销、让利于民、不与民争利的原则，保障农民的基本利益。

最后，要协调好各类推广组织之间的关系，调动各种社会力量共同促进农业推广的发展。如提倡农业企业与农业推广组织、有关院校在互利互惠的基础上建立长期稳定的协作关系，携手开发、推广新产品、新技术。条件成熟的还可积极组建农、工、科、教集团，实行紧密联合，走产学研相结合的道路。

（二）创新农业推广运行机制

创新是一个民族的灵魂，是一个国家兴旺发达的不竭动力。对于农业推广事业的发展也是这样，有效调动推广组织与人员的积极性，必须坚持运行机制的不断创新。

1. 农业推广运行机制的特点　创新农业推广运行机制，需要考虑农业推广运行机制的以下一些特点：

（1）客观性。客观性是指农业、农村、农民的客观需要和农业推广自身的客观要求，因此，农业推广的运行机制，不仅要反映农业、农村、农民的客观需要，而且要反映农业推广的运行规律。

（2）相关性。相关性是说农业推广涉及一系列的机制问题，而各种运行机制并非单独和孤立地起作用，相反不同运行机制是在综合地起着作用，影响着农业推广工作。如竞争机制往往与其利益机制相联系，而利益机制又与其保障机制相联系。

（3）能动性。能动性是说运行机制作为满足人们农业推广需要而制定的方针、方式和方法的总和，是以农业和农业推广发展规律为出发点和基本依据的主观认识、判断和概括。从这个意义上讲，农业推广运行机制又是动态的、发展的，当农业和农业推广发展有了新的需要，人们可以不断创造出新的机制，以适应农业和农业推广的发展，这就是运行机制的创新。

2. 研究与创新农业推广运行机制　农业推广工作的实践表明，不仅推广组织作用的发挥和推广人员积极性、创造性的激发，来自农业推广运行机制的作用，而且农业成果转化周期的缩短，农业成果推广度和推广率的提高，也都有赖于农业推广运行机制的转变。具体体现在以下三个方面：

（1）研究与创新农业推广运行机制，有利于探索农业推广的规律。因为机制是规律的作用形式和利用方式，一个地方的农业推广在按其固有的运行机制正常运行，说明它所选择的运行机制是符合那里的农业推广实际以及规律的要求的。如农村实行家庭联产承包责任制初期，农民学科学、用科学的热情高涨。为适应新形势的需要，各地农业推广部门创造了各种形式的技术承包责任制，使农业推广与生产紧密结合起来，事实说明这样一种把农业推广人员和农民的责、权、利紧密结合的运行操作，是符合当时的农业推广实际的，同时也是对农业推广的一种规律性认识的深化。

（2）研究与创新农业推广运行机制，有利于分析和解决农业推广问题。研究和创新农业推广运行机制，可以促使我们去探求农业推广发展面临的困难和问题，分析推广环境失调的环节和原因，从而提出相关的对策，建立新的运行机制。由于农业推广是一项涉及面广，政策性强，易受自然、市场、社会等环境条件制约和影响的，复杂的系统工程，因而要加速农业推广，就必须关注政府以及主管部门的作用。譬如通过政府以及主管部门的作用，加强组织协调工作，促进科研、教学、推广、生产经营单位通力协作，发挥各个方面的积极性；或是多层次、多形式开展宣传教育工作，增强人们的农业科技意识，提高广大农民或农户对农业科技需求的迫切性；或是建立健全农业推广体系，特别是加强县乡农业推广中心站建设，大力发展农民专业性合作组织和专业技术协会，坚持多种形式的发展；或是充分利用市场规律，促进企业、公司和各种社会组织、个人积极参与农业推广和经营服务，建立强大的社会化服务体系；或是制定有关奖励政策，对在农业推广中做出贡献的组织和人员予以奖励等。

（3）研究与创新农业推广运行机制，有利于加强农业推广体系的建设。农业推广运行机制的研究与创新，是在管理、农业、农业推广等学科的基本理论和规律的基础之上提出的运行机制，用于规范农业推广主体的行为，适应农业生产发展的需要，并为加强农业推广体系的建设服务。我国自20世纪80年代开始，各地农业推广部门积极拓宽服务领域，开展产前、产中、产后的综合配套服务。即产前为农民提供信息服务，围绕推广的要求组织新品种、新农药、新肥料等供应，产中开展培训、技术指导甚至防病防虫等农田管理服务，产后对部分产品帮助联系销路，推广贮藏、加工、保鲜技术。这不仅方便了农民，带动了农民，促进了农业技术的推广普及，而且也搞活了农业推广，使农业推广在推广新产品、新技术的同时，增强了推广组织的实力，改善了推广手段，弥补了经费的不足，适应了新时期农业生产发展的需要，提高了农业推广工作的成效。

近年来，随着我国社会主义市场经济体制的建立和完善，农业推广运行机制的改革趋向于五个方向和重点，即作为基本方向的以农户为中心的自上而下的运行机制，重点是提高农民的组织化程度和农业的产业化水平；国家对农业推广的经费保障机制，关键是建立农业推广专项资金；农业推广的自我发展机制，强调加强科学管理，按客观经济规律办事，大力发展社会化服务体系；推广人员合理使用的科学机制，突出改革用人制度和分配制度；农业科研、教育、推广之间的互利合作机制，着眼点是加速成果转化，发展农业科技产业。

技能训练

推 广 演 讲 技 能

一、技能训练的目标

训练掌握根据农业推广工作内容组织撰写演讲稿和现场演讲的能力。

二、技能训练的方式

1. 撰写演讲稿 选择当地推广的一项农业新技术（如推广中的一个农作物新产品），以农业新技术或新产品的宣传介绍为主题，收集资料，撰写一篇针对当地农民宣传的演讲稿。

2. 演讲训练 演讲稿经过教师指导修改后，组织一次班级农业推广演讲活动。让每位同学在规定时间内，面向全班其他同学演讲，由教师和同学作为评委进行评价和点评。

复习思考

1. 什么是农业推广组织？
2. 我国农业推广组织有哪些？分别说出每一种组织形式的特点及作用。想一想，你能举出每一种组织形式的案例吗？
3. 世界其他国家农业推广组织形式有哪些？
4. 我国对农业推广人员的素质有什么要求？
5. 农业推广人员的素质结构包括哪些内容？
6. 为什么要对农业推广人员进行岗位培训？
7. 什么是农业推广的运行机制？主要运行机制有哪些？
8. 为什么要加强农业推广运行机制的创新？

项目六　农业推广模式与方法

> **学习提示**
>
> 　　农业推广方法从本质上说是农业推广工具，是推广人员从事推广工作所采用的某些手段，它的合理应用是由推广模式、推广方法以及推广过程来决定和体现的。推广方式随着农村经济体制改革和商品生产的发展，为逐步适应农业社会化服务的要求而出现多样化趋势。在我国长期的农业推广实践中，人们积累了丰富的推广经验，总结出了许多行之有效的农业推广方式方法，并通过这些方式方法的灵活应用，有效地促进了农业的推广。

一、农业推广模式

　　农业推广模式是农业知识、技术在传播过程中农业推广组织与农民结合的关系形态和运转方式。根据联合国粮农组织的分类，世界上现行的主要农业推广模式有八种，即一般推广方式、产品产业化推广方式、培训和访问推广方式、群众性推广方式、项目推广方式、农作系统开发推广方式、费用分摊推广方式以及教育机构推广方式。而在我国的农业推广实践中，推广人员和农民群众也创造了许多适合我国不同地区特点的以政府推广机构为主的多元化农业推广模式，概括起来主要有以下几种：

（一）项目推广方式

　　项目推广方式是政府推广机构运用较为普遍的一种推广模式，是指以推广项目的形式来推广技术。农业推广除推广常规的技术外，每年国家和各省市科技与推广部门都要确定一批农业科技成果、农业科技专利，以及从国外引进并经过试验、示范证明具有适应性和先进性的农业新技术，作为国家或地区的重点农业推广项目，进行技术的组装、配套，集中人力、财力、物力，调动各有关部门进行大面积、大范围推广。按农业项目推广技术，一般是要经过项目的选择、论证、试验、示范、培训、实施、评价等步骤，关键是项目的选择、论证和示范。通常情况下，项目推广地区广、影响面大，各地的生态生产条件千差万别，因此，要加强针对性，因地制宜地选择与论证项目，综合考虑当地群众的接纳能力、经济状况、推广人员能力，以及物资供应、市场影响等多种因素。

　　农业推广项目可以是全国性重点推广项目，如国家农业系统实施的丰收计划推广项目、科委系统实施的星火计划推广项目等。这些推广项目在全国范围内实施，覆盖面大，可在较大范围取得经济效益和社会效益。也可以是各省、直辖市、自治区根据本地区实际情况拟订的地区性农业推广项目，这些地方性农业推广项目的实施，往往有利于发挥各地的资源优势，形成各地农业的各种产业特色。

农业推广项目的组织与实施，是一项复杂而细致的工作，必须做到有计划、有组织的进行。因而必要时，要动员和组织教学、科研、推广等方面的人员及地方上的各级领导参加，组成行政领导和技术指导两套班子，搞好农业推广项目实施的分工与协作。即行政领导小组主要协调解决项目推广中的各种问题，技术指导小组负责拟订农业项目的推广方案及技术措施，并共同做好相应的农用物资供应及人员的后勤服务工作。只有这样，才能保障项目的推广与顺利实施。

农业项目推广常以示范推广作为重要手段。其方法是在项目确定之后，由各级政府出资，选择有代表性的生态区域，集中应用各项新技术或配套适用技术，建成高产、优质、高效的典型样板，如各种农业试验区、示范区、高新技术产业园、生态园、示范工程、示范农场等，将推广项目的技术优越性和先进性展示出来，通过组织观摩、培训、参观等形式，调动农民学习采纳新技术的热情和积极性，从而促进农业技术的传播和应用。

（二）技术承包推广方式

技术承包是农业推广系统深化改革的产物，改变了过去单纯依靠政府推广机构按常规方式推广农业技术的做法，通过同农民或生产单位签订技术承包合同，运用经济手段和合同形式推广农业技术。其核心是对技术应用的成效负有经济责任，用经济手段、合同的形式，把科技人员、生产单位和农民群众的责、权、利紧密结合，是一种以经济责任制推广技术的创新方式，有利于激发和调动农业推广主体与受体双方的积极性，增强科技人员责任心，从而把各项技术推广落到实处，是加快科学技术推广的有效途径。技术承包适应的内容主要是一些专业性强、难度大、群众不易掌握、市场化要求高、经济效益显著的技术，或新引进的技术和成果。具体承包方式多种多样，在实践中应用较多的是以下几种：

1. 联产提成技术承包 农业联产承包是指承包者对所承包的项目负责全过程综合性技术指导，把所推广的农业措施和所得的农作物产量挂钩，如果增产了，其增产部分依约定，技术承包方有提成；如果减产了，其减产部分依约定，按其责任所在，由承包方或双方共同承担。采取联产提成技术承包责任制，一般是在甲方有把握、有方案、有物质，乙方有信心、有投资、缺技术的情况下形成的。大多数用于地膜覆盖、配方施肥、畜禽养殖等新技术和西瓜、花生、水稻、蔬菜等新品种的推广方面。

2. 定产定酬技术承包 这种形式是指承包者对其承包的项目负责技术指导，达到规定的产量指标，按规定收取报酬；如果达不到规定的产量指标，除因技术失误造成减产外，不取报酬，也不赔偿。

3. 联效联质技术承包 联效联质技术承包是指承包者对其承包的项目负责技术指导，达到或超过规定的效果和质量指标，收取合理的报酬，如因技术失误达不到规定的效果和质量而造成损失，则予以赔偿。

联效联质一般是在技术需求方要求迫切，承包方直接参与操作技术指导，甚至保障物资供应的前提下形成的。这种形式适用于周期短、见效快的技术项目，如除虫、防病、除草、灭鼠和喷洒微肥、激素等。

4. 专项技术劳务承包 对于有些农业推广的项目，其中的多数内容是人们掌握或基本掌握的，因而某一专项技术就有可能成为增产、提质或者增效的关键环节，如育苗、病虫害防治、销售等。针对某一专项技术，不仅是包技术，还承包其中劳务的，称为专项技术劳务承包。这种承包也要签订合同，保质保量，实行有偿服务。根据农村具体情况，专项技术劳务承包又有多种承包形式。

5. 农业集团承包 集团承包是在农业承包基础上发展起来的、对于某一作物或多种作物进行技术承包的一种形式。这种形式的特点是纵向上下多层次（省、地、县、乡、村）结合，横向左右多部门（农业、供销、银行、水利等）结合，技术部门多专业结合，行政领导和技术人员结合，技术和物质结合。这种"政、技、物"和"责、权、利"结合的综合性承包特点更有利于发挥配套技术的整体功能，提高规模效益。更有利于调动人员的积极性，进一步提高社会和经济效益。

技术承包推广方式一般要农业技术承包双方经过充分协商，自愿签订明确各自责、权、利的技术承包合同。合同应详细规定技术承包单位和技术人员、受承包单位和农户双方的权利与义务，其内容一般包括技术承包项目的名称、面积、形式、产量和质量指标、技术措施、收费标准、超产分成和技术失误减产赔偿比例、核产方法、违约责任等。

农业技术承包推广方式是适应我国农业生产责任制的发展而出现的，是对农业推广工作的一项重大的改革。实践证明：农业推广合同制的推行，是农业推广新时期发展的需要。

（三）技术、信息和经营服务相结合方式

农业推广组织或人员以信息、技术为基础，利用一定的时间和场所向生产单位或农民开展技术和物资相配套的经营服务，这种方式称为技术、信息和经营相结合方式。

随着农村改革的深入和发展，农业推广的内容发生了很大变化，这不仅给农业推广人员自身素质提出了更高的要求，而且也促进了农业推广方式的创新。从单纯的产中技术服务扩展到产前生产资料供应、产中技术指导和产后农产品销售，融技术服务、信息服务和经营服务为一体的一条龙服务。采取技术、信息和经营服务相结合的推广方式，可以充分发挥农业推广部门和推广人员的专业优势，将物化的科技产品与相适应的应用技术服务"捆绑"在一起，既可以满足农民对物资的需要，又可以保证技术的推广和使用，同时还可以增强推广组织自我积累、自我发展的能力，使大量新产品、新技术能及时广泛地应用于生产，方便群众，满足生产的需要。

技术、信息和经营服务相结合推广方式的具体表现形式就是推广组织或各种社会力量兴办经济实体，即根据农业推广和生产的需要，经营相适应的物资供销业务。这是我国在农业推广方式上行之有效的一项重大改革，它可以解决过去科技推广与物资供应相脱节的状况，为农业推广较快取得效益提供物资保证，实现了推广部门由单纯服务型向有偿与无偿相结合的转变。随着我国市场经济的不断完善，通过兴办经济实体来进行农业推广的方式，具有广阔的发展前景。

从信息的角度看，农业推广组织应立足于运用信息技术，加快农业结构的战略性调整，积极推进知识、技术、品种、市场四大创新工程，为农业增效、农民增收服务。农业推广组织要及时为农业生产第一线的农民提供优良品种、技术指导、市场需求、农产品和农业生产资料价格行情、气象预测、国内外劳务需求、招商引资项目、政策法规等方面的信息，逐步把各地农业技术推广中心建成展示农业结构调整成果和名优农副产品的窗口，成为沟通政府与农民、农民与市场的桥梁与纽带。

农业推广组织举办自己的经营实体要有明确的指导思想，即必须根据农民的需求，坚持为农民服务的方针，一切经营活动与技术信息服务都应该有利于农业科技推广，不能单纯追求经营利润。要把推广与经营结合起来，坚持推广工作与经营实体协调同步发展，做到立足推广搞经营、搞好经营促推广。

（四）教育、科研、推广相结合推广方式

农业高等院校和科研机构是绝大多数农业科技成果的研发单位，具有独立的知识产权，拥有强大的人才、技术优势。随着我国市场体制的完善和建立，农业教育科研院所开始走向市场、走向农村，积极参与到农业推广工作中，形成了多种适合自身特点的推广方式。

建立教学和科研示范基地是农业院校和科研单位推广农业新技术的有效推广方式。农业院校和科研单位根据自身优势与专业特点选择有代表性的地区，与地方政府、相关企业和村民委员会充分协商，在自愿的基础上创建种植、养殖、加工、生态农业、绿色农业、无公害农业等多种多样的科研示范基地。基地生产部门提供土地、厂房、设施设备，以及师生教学实习条件和科研人员科学研究条件；学校和科研部门为地方提供部分尚未推出的技术成果，派出专家技术人员参加技术开发、技术指导和培训、信息咨询等各种科技服务活动。

以技术入股或技术转让的方式推广新技术是适应市场经济体制而形成的新型农业推广方式，具有强大的生命力和广阔的发展空间。技术入股是院校和科研单位将具有自主知识产权的技术成果，以股份的形式投入到生产单位，共同对新成果进行开发推广和生产经营活动。技术转让是指特定的专利技术在不同法律主体之间的有偿转移。科技成果作为商品进入流通领域，既是现代市场经济社会的特征，也是知识产权保护的核心。这一方式主要适用于经济效益显著、技术上有较大难度、易于控制、见效快的物化技术成果，或技术秘密易于控制的成熟的非物化技术成果。我国目前农业技术市场还不发达，技术转让时存在大量问题，短时期内难以成为农业推广的主要方式，但是在各方共同努力下，技术转让必将推动新技术的推广和传播。

（五）"公司+农户"的推广方式

市场经济条件下，企业是市场经济行为的主体，是技术创新、推广、传播最活跃的力量和最有效的途径。随着我国市场经济体制的不断完善，大量农资生产企业、农产品加工、运销企业、农业生产经营、服务、开发企业等，为了企业自身的效益和市场竞争优势，在农村建立生产基地，与广大农户形成紧密的利益关系，组建企业自己的推广机构，围绕农产品的生产经营开展推广服务活动。这类企业通常根据当地的优势产业或重点农产品，以利益机制为纽带，通过合同、订单、契约等形式与农民结成不同形式的利益共同体，实行产、供、销一体化经营，贸、工、农一条龙服务。

"公司+农户"的推广方式，通常是一些企业在推广和销售本企业生产的新型农机、农药、化肥、农膜等生产资料过程中，为农民提供生产过程的配套服务；或者是一些农产品加工、运销、生产企业，围绕农产品的生产，以建立基地的形式与分散的农户签订合同，并派遣技术人员指导服务，然后按合同收购产品。这种方式，企业作为组织和引导农民进入市场的龙头，有效地克服了小生产与大市场之间的矛盾，提高了农民进入市场的组织化程度，促进了农业产业化的发展，使农业技术的推广更具有针对性和适应性，极大地提高了农民接受并应用新技术的主动性和积极性，有效地推动了农业技术的推广和传播。

（六）农民互助合作推广方式

农业推广的实践表明，一项农业新技术、新成果的应用，农民只有看到在农业生产中的实际效果，以及其他农户采用后的反映时，他们才更乐于接受。因此，在进行农业推广时，应利用农民的相互影响作用，特别是将那些热爱科学，积极钻研技术，有一定农业科学技术知识的生产能手、科技示范户、专业户等组织起来，带头学习农业知识，传播农业科技。

农民专业技术协会、研究会以及经营合作组织是农民在参与市场的过程中，自发组织起来的，以农民为主体，吸收部分科技人员做顾问，以农民技术人员为骨干，主动寻求、积极采用新技术、新品种，谋求高收益的组织。其不断引进、开发新技术和快速而有效扩散技术的运行机制，适应众多农户的要求，加快了利用现代技术改造传统农业的步伐。随着农村改革的不断深化，借助股份制和股份合作制方式，凝聚内部和外在技术力量，其规模将会进一步扩大。

这类组织一般属于民间性质，由于它在农业推广活动中既发挥着普及推广农业科技作用，又在农村农民中发挥着良好的示范带头作用和强大的组织作用，因此它的蓬勃发展，在推进农业现代化建设过程中，具有极其重要的现实意义和深远的历史意义。因此，中共中央、国务院《关于当前农业和农村经济发展的若干政策措施》中就明确指出："农村各类民办的专业技术协会（研究会），是农业社会化服务体系的一支新生力量。各级政府要加强指导和扶持，使其在服务过程中，逐步形成技术经济实体，走自我发展、自我服务的道路。"

农民专业技术协会、研究会、合作经营组织上靠科研、教学、推广部门，下连千家万户，面对城乡市场，具有较强的吸收、消化和推广新技术、新成果的能力，以及带领农民走向市场、参与市场竞争的能力，已成为我国农村农业推广的新型组织形式，成为我国农业推广战线上的一支重要力量。

（七）农村合作经济组织推广方式

该方式是以农民为主体，吸纳一些农业科技人员做顾问，以种植大户、养殖大户、流通大户、经济能人为骨干的农民联合自助式的推广组织形式。为满足专业化的生产对农业科技的需要，按照自愿互利的原则，将农户组织起来，成立各类具有一定专业性的农业技术协会或组织。农村经济组织可充分发挥连接农户与科技、基地与公司、农户与市场的桥梁、纽带作用，引进新技术、新成果，并传递给每个会员，有效地加快农业新技术、新成果的推广应用。这种推广组织形式一般在政府相关部门进行注册，具有法律保护性。在经费来源上，一般向会员募集。但是，为了加快农村经济的发展，政府往往会从资金、项目、技术、信息服务、政策等方面加以扶持。其主要形式有："组织或协会＋科技＋农户""组织或协会＋示范基地＋农户""组织或协会＋农户"等推广方式。

（八）农村专业合作社推广方式

专业合作社是市场经济发展的产物，是合作经济组织的一个重要方面。它是在农村家庭承包经营基础上，同类农产品的生产经营者或者同类农业生产经营服务的提供者、利用者，自愿联合、民主管理的互助性经济组织。农民专业合作社以其成员为主要服务对象，提供农业生产资料的购买，农产品的销售、加工、运输、贮藏以及与农业生产经营有关的技术、信息等服务。近些年来，由于农村产业结构的调整、农业产业化的发展、经济全球化的形成，专业合作社呈现出加快发展的趋势，有了一个良好的基础，已成为农村经营体制创新的突出亮点，成为发展现代农业、建设社会主义新农村、促进农民收入增长的重要组织力量。但专业合作社的发展总体上还是处于粗放型、单一性、低层次的初级阶段。

二、农业推广基本方法

农业推广方法，是在农业推广过程中，推广组织与人员所采用的不同形式的组织措施和服务方式的统称。农业推广方法选择是否恰当，直接影响推广效果。在农业推广中，对农业推广方法的分类有多种方式，但最常用的一种是联合国粮农组织（FAO）在《农业推广》一书中提出的分类方法。FAO根据信息传播方式的不同，把农业推广方法分为三大类：大众传播法、集体指导法和个别指导法。

（一）大众传播法

大众传播方法就是使用各种传播媒介，如广播、电视、电影、录音录像、计算机网络以及报纸、杂志等各种印刷品，通过声像和文字的交流方式，对一定区域内的农民传播科学知识、技术和信息的一种方法。

大众传播媒介很少受空间限制，可以使信息传播面向整个社会，具有广泛的传播对象，特别是广播、电视、计算机网络等现代传播工具，在同一时间里将信息传向四面八方，迅速而及时。通过农民上网，利用现代信息传递技术实现信息的双向传递，意义将更为重大。另外，通过大众传播媒介传播的各种信息是经过精心加工整理的，且发送单位有较高声望，容易得到接收者的信赖，载有信息和技术的报纸、杂志、录像带等还可长期保存，重复使用。这种快速及时、传播范围大、信息量大，且具有权威性、实用性的农业推广方法，可以引起广大农民对新技术产生广泛的兴趣，满足人们了解其基本知识和技术的需要，加速和加强农业推广的效果。

1. 印刷品及文字宣传媒介

（1）报纸。报纸是农业推广的有效渠道，从城市每日出版的大报到区乡一级的小报，信息容量大，传播速度快，携带方便，学习灵活，因而拥有的读者多。农业推广人员既可以因地制宜根据农事季节的要求，通过报纸介绍一些关键性的农业技术，又可以预告重要活动，报道各种活动的主要内容、议程、推广活动的结果等，让农民群众对活动有一定的了解，还可报道农业方面的其他相关信息、市场商品信息、新的研究成果、有关统计数字等，以及时指导当地的农业推广工作。

（2）农业书刊。"书籍是人类进步的阶梯"。农业书刊包括农业史书、专著、实用手册、农科杂志、简报、技术信息等。农业书籍系统介绍某种专业知识，专业性强，周期较长。专业杂志介绍国内外农业成果、经营管理经验、推广项目的技术、方法和技术评价等内容，能及时传播专业信息，传播速度快且成本低。农业简报及时报道各地农情、农业信息、市场行情、动态、推广信息、病虫害测报信息等，周期短，传播及时。农业技术手册则是推广人员的工具书，它提供各种农业技术基本知识、计算方法、数据检索、问题解答等。

（3）墙报及黑板报。这在广大农村使用较多，即采用简短的文字、图画或图片将各种对当地农民有用的研究成果和新推荐的农业措施表达出来，而且不需要较多的投入。墙报及黑板报一般都办在人群来往密集的场所，并尽可能具有生动简明的标题，内容也尽可能简短、生动，易于阅读理解。因而这也是一种农村广大农民群众喜闻乐见的农技宣传形式。

2. 视听宣传媒介

（1）广播依然是很重要的信息渠道。广播的特点是传播速度快、距离远、不受时间空间的限制。当然宣传农业科技的广播内容，在安排上要适应听众的兴趣，形式要多样化，如采用对话、广播剧、广播谈话、讲故事等，播音要通俗。广播时间安排要考虑农民的作业时间、季节特点和生活习惯。地方广播传播的内容要针对性强。通过广播可以传递农民所需的各种农业信息，如气象预报、病虫测报、农业政策和时事、市场信息等；进行不同农事季节的生产知识和技术、经济流通问题的专题讲座；介绍先进的农业生产经验、农业评论或专题访问等。

（2）电影、电视。电影是利用胶片通过声、光、电传递音像的一种视听媒介。其特点是能够传递音、像、色彩兼备的动态画面，给人以极强的真实感。作为宣传工具电影具有很强的渲染力和号召性，一次性传播范围较广，是农业推广比较理想的传播手段之一。以电影作为农业科技宣传工具，组织者必须首先熟悉宣传的主题，放映前后做必要的解释和说明，以提高推广效果。

电视是远距离传输图像和声音的工具，可分为无线电视、有线电视和卫星转播电视。电视兼有广播和电影的特点，可将生活中发生的事逼真地、实时地反映在屏幕上。农业、农村电视节目除中央电视台农业农村频道定时播放各种农业技术、信息，各地电视台也都有类似的节目安排，特别是县以下电视节目更具有针对性、指导性。有的还组织电视教学，把各种直观教学工具如图片、图表、幻灯片和电影等结合在电视这个媒介之中，成为一种理论联系实际的有效推广手段。可以说，随着电视在农村的普及，不仅各种农业、科教电视节目成为当前农民接受农业知识和信息的最重要途径，而且各种各样的节目也成为农民了解自然界、了解社会、改变观念、接受新思想的重要途径和手段。

（3）录音录像。录音是通过唱片录音、磁性录音或光学录音等方法把声音记录下来，以备随时使用。录音可长期保存，反复多次使用，是传播农业科技的有效手段。它可以扩大口头传播效果，把专家或推广人员讲的技术措施广泛传播，帮助听众解决记录困难的问题。录像是把图像和声音信号转变为电磁信号的记录过程，是电视转播中不可缺少的环节，也是一种独立的声像传播手段。录像作为农业推广的信息传播媒介正逐渐被我国农民认识，很多农业科技被制成录像带、光盘、影碟，农民可以根据自己的需要进行选购。

（4）计算机网络。利用互联网的强大功能，进行大量信息的传播和互动，是一种利用现代信息技术的有效的传播手段。通过在全国进行农业推广信息网络的建设，实现由全国农技推广系统提供的信息与全国9亿农民和相关农业部门直通。有条件的农民可以随时通过上网查询，获得所需的农业生产技术指导和生产资料供需信息，并且可以发布农产品的供货信息和生产资料的需求信息。

高度重视现代信息技术的运用，是促进我国农业推广上层次、上水平，扩大农业推广范围，寻求农业推广服务与国际接轨的战略要求。对此，近年来，国家建设的力度应当说特别大。据统计，我国由各级政府、有关农业部门、大专院校、科研单位、涉农企业等主办的农业网站共7 000余家，已经成为农业推广的重要力量和促进农产品及生产资料流通的重要途径。当然，作为农业推广方面的建设，尚有待进一步加强，争取政府及有关部门的支持，通过多种途径的努力，促进农业推广服务向着更加广谱、实用、高效、便捷的方向发展。

（二）集体指导法

集体指导又称团体指导，是指推广人员把一定数量的、具有类似需要与问题的农民集中起来，采取一定的组织形式，利用相应的手段进行技术指导和信息传播。

1. 集体指导法的特点和原则　集体指导一次可向多人进行技术和信息的传播，传播速度快，并能进行面对面的双向沟通，得到及时的反馈，可以节省费用、收到较好的推广效果。在我国推广人员相对较少、工作负担较重的情况下，集体指导法是最常用的方法之一。集体指导可以集中较长的时间，对难度较大的技术项目进行集中培训，特别是对传播新观点、新方法、新技术更为适宜，但对于个别农民的特殊需要难以满足。集体指导常用方法有短期培训班、现场参观指导、工作布置会，以及经验交流会、专题讨论、小组讨论等。

集体指导要坚持自愿参加的原则，指导内容一定要适合农民的需要，讲解他们最感兴趣的问题。指导的时间尽可能选择利用农闲、雨天或农民认为合适的时间，占用的时间不能太长。集体指导一次只能讲1~2个题目，内容多了不利于记忆。同时，因集体指导的对象多、文化层次不同，讲解问题时要注意效果，多用实例说明，切合广大农民的听课实际，做到讲授内容深入浅出、语言表达通俗易懂，便于理解和掌握。

2. 集体指导的应用

（1）培训班。省（自治区、直辖市）、地（市）、县、乡、村各级农业推广组织和农业院校、科研单位、各种社会力量都可举办培训班，向不同层次和水平的技术人员或农民传播一定的农业知识和技术。基层培训的对象主要是乡镇、村领导和农民技术员、示范户、有文化的农民，可集中一定时间进行培训，讲解推广项目的内容、目标和技术要点。近年来，随着大量农业劳动力的转移，对农民的培训已不仅仅是农业知识和技术的培训，政府和各种社会力量开展了各种职业技能培训、就业培训、卫生家政知识培训等。农民培训作为改变农民观念、转变农民态度、传播各种技术最有效的手段，是农业推广主要的方法之一。

（2）集会。集会的种类很多，也很复杂。农业推广中的集会大致可归为两类：

①一般农业推广的工作性集会。工作布置会、专题讨论会、经验交流会等都属于工作性集会。上级推广部门向下级推广部门安排布置推广项目时，一般采用工作布置会的形式。在工作布置会上明确提出并指导项目的时间要求、要达到的目标技术要求、具体实施方案和工作方法等。专题讨论会是在农业推广中，对某些专门技术或某个项目的关键技术，集中有关人员和农民参加专题学习和讨论。经验交流会则是请推广技术的先进典型代表、示范户等交流他们的经验和做法，达到传播技术和经验的目的。

②特殊性集会。各种技术观摩会、成果展览（展示）会、农产品订货会、生产资料展销会、农业知识和技术竞赛会等都属于特殊性集会。农业推广组织下乡所组织的一些有关实践活动也是一种特殊性集会。这类集会除了具有教育农民的功能外，还兼有宣传作用，可以广泛推广先进实用的农业科学技术及运用这些技术所取得的成果。

（3）现场参观指导。组织农民到试验、示范现场或先进地区进行参观考察和实地指导，主要考察学习先进的农业科技措施、项目。这种方法能够让农民亲眼看到新技术的实际效果，增加农民对新技术和项目的感性认识，并可以边学习边操作，激发农民的学习兴趣，具有较强的吸引力，对改变农民的观念和行为、扩大农民的视野有很好的作用。只是这种方法要花费很多时间和精力来准备，费用也较高。

现场参观指导应当有组织、有目的、有计划地进行。地点的选择要适合农民的需要和兴趣，交通要便利，具有较强的先进性和示范性。推广人员要认真准备，在参观过程中耐心讲解，必要时可请示范田的管理者介绍应用新技术成果的经验和效果。参观结束后组织讨论，帮助农民认真总结，提出改进意见。

（4）小组讨论。采用小组讨论形式，实施集体性辅导，是基层农业推广组织与人员经常性的活动。小组讨论一般都是多人参加的会议或座谈，就当地当时共同关心的主题进行讨论。农业推广人员利用小组讨论会与农民保持双向沟通的关系。在讨论小组中，农民作为小组成员参加，并和其他人一起研究问题。通过小组成员讨论问题，交换看法，可以使广大农民群众增加对新项目、新技术的认识和了解，弄清技术实施中的疑问和难点。同时在互相讨论中还可以交流经验，学习好的方法。这种方法的不足之处是费时较多，而且人数不宜太多。

为了提高小组讨论的效果，推广人员要充分做好讨论前的准备，明确讨论的主题，确定讨论的参加者和讨论的地点、时间。一般小组讨论的适宜人数在6～15人，最多不应超过20人。地点一般应选在较安静、环境较好的地方，时间多选在农闲季节、晚上，或者重要生产环节。

（三）个别指导法

个别指导是农业推广人员与个别农民之间的传播和指导关系，是一种深受农民欢迎的推广方法。个别指导可以增进农民对推广人员的信任感，通过与农民面对面的双向沟通，推广人员更能深入地了解农民的想法和需要。采用这种方法可以针对不同的对象、不同的要求，准备不同的内容，做到因材施教，有的放矢。但个别指导也有不足之处，主要是推广人员需与农民直接接触，而农民多居住分散，传播的信息量有限，服务范围小，费时费力，规模效益差，所以个别指导要有集体指导的配合。常用的个别指导方法有以下几种：

1. 农户访问 对专业户或农户进行直接访问，成本高，接触面小，但是有较强的说服力，所以无论在推广计划的设计或执行期间，都有实用价值。访问的目的主要是熟悉受访对象及其家庭情况，了解专业户或农户在生产中采用技术措施与存在的问题，并提供技术信息与协助。进行专业户或农户访问应该明确访问的主要活动事项和活动目的，审慎地制订计划和进行准备，并按工作程序进行。这一方法是推广人员最常用、最有效的方法之一。通过农户访问，推广人员可以最大限度地了解农民的需要，并帮助农民解决实际问题，特别是解决个别农民的特殊问题和推广难度较大的专业技术和技能。农户访问要求推广人员具有较高的素质、明确的目的和充分的准备，访问对象应以科技户、示范户、专业户和具有代表性的农户为主。

2. 办公室访问 办公室访问是农业推广人员在办公室接受农民访问，解答农民提出的有关生产实践中的问题和要求。这样一种形式反映了农民的主动性，属于较高层次的咨询服务工作。办公室访问的问题已不局限于生产技术指导、品种使用等，还有经营管理、产品销售等各个方面。农业推广组织兴办经营实体，能更好地建立农民与推广人员之间的联系，为农民解决生产、经营、销售等各方面的问题提供方便。访问者都是有意图而来，想接受推广人员的指导，因此，指导效果较好，能与农民建立良好的关系，同时推广人员也节约了时间、资金。办公室咨询要求推广人员具有较高的素质、广博的知识，办公室地点和时间的选择要便于农民访问，要靠近市场或生产基地。

3. 巡回指导 巡回指导是农业推广人员走乡串户，面对面地对农民进行的技术指导。

如有计划地访问农户，利用各种机会同农民接触，组织顾问团在生产关键季节进行现场考察指导，上级专家到第一线访问指导等，是农业推广中最常用、最基本的方法之一。农业科技人员同农民接触进行直接交流，可以取得农民的信任与合作，了解和掌握农民及其家庭的第一手资料，从而有针对性地提供解决问题的信息和技术措施，做到有的放矢，指导大面积的农业推广工作。

4. 电话、函件访问 电话访问省时、迅速，遇到技术难题可以随时咨询。随着农村电信的发展，这种方式越来越多，如前所述，各地推行的"农技110"推广业务，就是其中的一种。但如果仅仅是以电话的形式、函件的形式联系，不深入到实践中去，不和农民面对面的接触，指导效果也会受其影响。所以"农技110"把电话联系与现场解决问题结合在一起，效果就会好得多。

5. 互联网访问 现代信息技术以其巨大的功能日益影响到社会发展的各个方面。在农业推广工作中，利用互联网实时、互动、四通八达的特点，农民通过电子邮件、QQ、论坛等形式，向农业推广人员和各种专家、教授、学者咨询访问，也可与全国各地的专业户、示范户等农民朋友交流经验和教训。这一方式，要求农民具备一定的计算机知识，畅通的网络基础设施建设。

综上所述无论何种形式，开展个别指导服务，都要真正从农民的利益出发，加强指导的针对性、实效性。如应注意时间要适宜，一般在农民有要求，或在生产关键季节和环节，做到农民有呼必应，随叫随到。在与农民交谈中要掌握技巧，特别是要注意平等、友好、热情。要尊重农民意愿和农村习俗，注意循循善诱，水到渠成，而不能强制要求农民接受尚未理解的以及尚不愿吸纳的技术。个别指导时，还应做好指导记录，以便做好连续性服务。

三、农业推广方法应用

农业推广方法很多，各种方法特点不同，适用范围、项目、对象不同，在农业推广工作中，要因时、因地、因人、因物的不同而应用适当的方法，充分发挥各种农业推广方法的优势和特点，提高农业推广的效果。

（一）农业推广方法的选择

在农业推广工作中，推广方法的选择直接影响农业推广的效果，是农业推广过程的重要一环。选择与推广内容相适宜的推广方法可以有效提高农业推广效果，减少推广成本。

1. 农业推广方法选择的基本依据

（1）农民的素质。农民是农业推广的对象，也是农业推广的核心，要围绕农民开展农业推广工作。农民的素质是影响新知识、新技术传播和接受的重要因素之一。行为理论表明，农民的知识、态度、技能、需求、年龄等对接受新知识、新技术有很大的影响。农民的素质特别是文化素质不同，对新生事物的态度、接受能力、决策应用能力有着明显的差异，因此，要根据农民的素质和需要选择推广方法。例如印发技术资料或网络咨询的方法，就不适于文化程度低的农民。

（2）推广项目的类型。农业推广项目根据不同的标准可以划分为不同类型，不同类型的推广项目具有不同的特点，技术的复杂程度和对农民的要求差异巨大。比如良种、化肥、农药、农机等生产资料，通过宣传、咨询、售后服务就可以取得较好的推广效果。合理密植、棉花整枝、地膜覆盖等单项技术，一听就懂，一看就会，只要听一次讲课或进行一次现场参观就能掌握实施。蔬菜保护地栽培、雏鸡人工孵化、农产品加工贮藏等技术，需要比较多的知识，一般要经过专门的培训才能掌握。

（3）农业推广组织的条件。农业推广组织自身所拥有的设施设备、推广人员、业务水平等也是影响推广方法选择的重要因素。比如，推广人员少、业务多的推广组织，就很难开展巡回指导和农户访问。企业推广组织常常根据自己的经营项目，采用集中培训、个别指导、小组讨论等推广方法保证产品的质量。国家和省级推广组织，则更多采用大众传媒、信息发布、组织项目等方法促进农业推广。

（4）推广地区的条件和设备。推广地区的条件和设备是指交通、通信、电力、广播、电视、网络等，它们直接限制了推广方法的选择。例如，大众传播在交通不便、广播电视远未普及的地区就不能采用，农业网站、网络咨询、电话服务等在通信和互联网尚未覆盖的地区也不能使用，应采用其他推广方法，如巡回指导、小组讨论、黑板报以及发放技术资料等。

2. 农业推广方法的选择　　根据农业创新扩散理论，在农业技术推广过程中，农民对新技术从了解认识到接受采用需要一个漫长的过程，不同的阶段具有不同的特点。推广人员应根据推广的目的、推广对象和自己的客观实际，在农民采用过程中的不同阶段选择最适宜、最有效的推广方法。

（1）认识阶段。这一阶段农民对于所推广的项目和技术尚未了解或一无所知，因此，推广的目的是让农民尽快了解、认识并对新技术、新项目产生兴趣。所以，推广人员应主要采用大众传播的方法，通过广播、电视、报纸杂志、农业网站等各种传播媒介进行宣传报道；也可通过展览、示范、报告会等方法，让更多的农民了解和认识。

（2）感兴趣阶段。这一阶段农民对于新项目、新技术产生浓厚的兴趣，希望深入了解和认识，推广人员应采用印发技术资料、培训、成果展示、办公室访问、电话、网络访问等方法，帮助农民比较全面地了解和认识推广项目。

（3）评价阶段。农民一旦了解了推广项目的基本信息，就会联系自己的实际情况进行评价，对采用新项目、新技术的利弊得失加以权衡，是否采用处于犹豫之中。这一阶段农民希望进一步了解技术的难易程度、投资多少、市场前景、经济效益等，推广人员应采用小组讨论、集中培训、方法演示、组织参观、个别指导等方法，增加农民的信心，促进农民做出试用的决策。

（4）试用阶段。农民经过评价，认可了新项目、新技术的有效性，决定进行小规模的试验，希望通过试验进一步验证项目的可行性和技术的实用性。因此，这个阶段推广人员应采用个别指导、方法演示、农户访问、巡回指导等方法，帮助农民熟练掌握基本技术，防止试验结果出现偏差。

（5）采用阶段。试验结束后，农民将根据试验结果决定是否采用。对于决定采用的农民，推广人员应针对农民在生产经营过程中遇到的问题和需要，开展产前、产中、产后的全面经营服务和技术指导。对于决定放弃的农民，推广人员应采用个别访问、小组讨论等方法，分析和了解放弃的原因，解决存在的问题，促进农民采用。

当然，上面所讲的推广方法的选择只是一些原则，在实际工作中，要根据具体情况灵活采用，充分发挥不同推广方法的优势，促进农民在最短的时间内了解并采用新技术，满足农民的需要，使科技成果由潜在生产力转变成现实生产力。

3. 适宜的农业推广方法

（1）推广方法与推广目的适应。推广的目的就是在某方面或领域使推广对象从现状达到新的水平。由于推广领域、对象的不同，推广方法也应该有所区别。根据推广工作的经验，表 6-1 中列出了不同推广目的可参考采用的推广方法。

表 6-1 根据推广目的选择推广方法

	讨论会	方法示范	示范田	观摩会	培训	农家访问	教材（手册）	新闻报道	广播	展览会	办公室访问
技术指导	✓	✓	✓	✓	✓	✓					✓
与大众接触		✓					✓	✓	✓		
促进农民考虑共同问题	✓		✓	✓	✓					✓	
争取社会人士的支持			✓	✓						✓	
使农民有成功的感觉	✓		✓	✓	✓						
唤起农民关心			✓	✓	✓						
对不能参加集会的农民						✓	✓		✓	✓	

（2）推广方法要与推广的内容相适应。农业推广的具体内容不同，推广方法也应不同。如农业技术中的物化类技术，其技术以物质形态出现，看得见、摸得着，只要使用了该物资，就应用了技术，这和方法类、公益类技术就有显著的不同，这些不同的特点就要求采用不同的方法去推广，而且同一推广项目的不同阶段，也需要不同的推广方法。

（3）推广方法要和推广的对象相适应。适宜的推广方法要和推广对象的情况相适应，即要使推广对象成功掌握推广的技术，能够在自己的生产、生活中操作应用。我国农民群众科技文化素质较低，经济基础差，信息不畅，推广人员在选用推广方法之前，首先要了解推广技术的应用者基本情况，根据其科技文化接受程度，选择适宜的推广方法。

（4）推广的方法要与实际资源相适应。推广实际资源主要指推广人员数量、用于推广工作的资金和时间等。

①推广方法和推广人员的关系。推广人员是推广过程的关键参与者，其素质、数量、待遇、社会地位、对待农民的态度等都对推广方法的选择、农民采用技术的程度和推广的范围进程有影响。一般来讲，推广人员素质高、在农民中有威望、工作态度积极，若推广人员的数量多，又能使用交通等工具设备，就有条件选用集体指导和个别指导的方法；若推广人员少，手段又落后，则应偏向于选择集体指导和大众传播的方法。

②推广方法与单位费用效率比较。一般讲用大众媒介的推广方法，其单位费用效率最低，而展览单位费用效率最高。统计 12 种推广方法，其单位费用效率的顺序如下：大众媒介的新闻；传单；普通集会；推广站咨询；印刷品宣传；访问农家；方法示范和领导人培训；成果示范；通信指导；电话咨询；推广学校；展览。

③推广方法所需费用与效率比较。农业推广人员如果能用成本低、效率高的推广方法，则不仅能提高工作效率，而且能节约开支，会受到农民的欢迎。美国对各种推广方法的采用率和产生费用比较研究表明，在各种推广方法中，推广效能从高到低依次为：新闻报道及广播、集会、公函、办公室访问、演讲宣传、农家访问、方法示范。在农业推广方法选择中，

费用和采用率只是选择方法的一个方面，应依据推广内容、推广费用及时间等选择适当的方法。

④推广方法与所花时间和费用的比较。美国曾对12个州的8 738个农户采用27 032个推广新技术情况进行统计分析，结果表明：方法示范、培训和家庭访问，都是农业推广中最常用的有效方法，但是所花的时间和费用也最高，家庭访问仅次于方法示范。推广效果最差的是标语，但是最省时间、费用最少，说明农业推广需要一系列的具体细致工作帮助农民下决心采取推广技术，不能只靠一般号召。

(5) 综合运用多种方法提高推广效果。研究表明：对同一推广项目，综合应用各种方法，其效果要比重复使用相同的一两种方法有效得多（表6-2）。

表6-2 多种方法综合利用的效果比较

利 用 方 法	改变行为人数占比
仅仅用示范	35%
示范、推广、讲课	64%
示范、推广、讲课、新闻、小组讨论	86%
示范、推广、讲课、新闻、小组讨论、现场参观、表演、电影、幻灯、手册	98%

资料来源：王福海.2014.农业推广［M］.3版.北京：中国农业出版社.

(二) 农业推广示范

农业推广示范是政府通过建立示范田、示范项目、示范工程和示范基地等，集中应用各项新技术或配套适用技术，建成高产优质高效的典型样板，向农村和农民扩散、传授新技术的实施过程。这种方法既可以通过引进、试验和采用将新成果、新技术示范和传播给农民，又可以作为龙头带动广大农民共同致富，促进农业产业化发展。农业推广示范一般划分为科技项目示范、区域开发示范、农户示范和方法示范等。

1. 科技项目示范 选择一批能够充分利用农村资源、投资少、见效快、先进适用的成果和技术项目，由政府投资或民办公助建立一批农业科技示范园区、农场和企业，为新成果的推广、农业生产的发展和产业结构的调整做出示范。我国从20世纪80年代开始相继组织实施了种子工程、植物保护工程、丰收计划、星火计划、沃土工程、温饱工程、科技兴农工程等重大推广项目计划，通过将科学技术植入农村经济，建立各种高新科技示范项目，引导和带动农村种植养殖业、农副产品加工业向资源型产品和产业发展，有力地促进了新成果、新技术的传播和推广，带动了农村产业结构、产品结构的调整和劳动力的转移。

2. 区域开发示范 由政府、社会和农民多方参与，采用区域性综合开发、产业化发展的模式，建立科技示范基地、综合开发示范工程、生态农业示范区等，综合配套地推广应用先进实用的农业科技成果。同时示范区的建设要与立体农业、生态农业的发展相结合，为种养加一条龙、贸工农一体化的产业化发展创造条件。

3. 农户示范 在农村选择一些具有传统经验和一定科学技术知识的农户和专业户，正式确立为科技示范户，优先向其提供新成果和新技术并提供一定的经费支持，由农技人员和农民一起试验和实施，农民可以亲眼看到，具有较强的说服力，很容易被接受。农户示范实际上是用农民运用新技术的成功经验去推广新技术的一种有效方法。科技示范户已经成为农村先进生产力的代表，在农业推广中起桥梁和纽带作用，在发展农村专业化生产和科学致富中起示范和带头作用。

4. 方法示范 方法示范是推广工作中对某种技能的示范，即在农民群众面前边讲解边演示，以表明一项技术的实施步骤和具体做法。方法示范是一种较好的培训形式，其目的在于向接受对象传授新技术和新措施，一般与集体指导、培训、个别指导等推广方法结合使用。一种方法示范可以说明怎样使用一种工具、一项新的种植技术等。由于可以同时将看、听、做和讨论结合起来，方法示范能在较短时间内让农民学习到一种技能，很容易启发农民效仿，增加农民对新技术采用的决心，因此对推广新技术非常有效。

（三）农业推广方法应用实例

在农业推广实际工作中，选择适当的推广方法是提高推广工作成效、促进农业推广发展的重要环节。改革开放以来，我国成功地推广了大量先进的农业新成果和新技术，极大地提高了农业生产的效率，保证了农产品的供应，丰富了人民的生活。下面以我国的丰收计划分析推广方法的应用：

1. 丰收计划概况 20 世纪 70 年代末期，中国经济体制的改革率先在农村起步。家庭联产承包责任制的建立，激发了亿万农民劳动致富的热情，使中国农村生产关系发生了一次重大变革，农民学科学、用科学的热情空前高涨。但是，我国的农业，包括牧业和渔业，总体技术水平和抵御自然灾害的能力还很低，在很大程度上还要靠天吃饭。为此，加快科研成果的推广和实用技术的普及，让先进适用的科学技术在农业生产中显示强大威力就成为广大农民迫切的需要。丰收计划正是在这种情况下产生的。

1987 年 3 月，农业部和财政部共同制订和组织实施了丰收计划。丰收计划是以提高经济效益为中心，把国内外现有科研成果和先进技术综合应用到大面积、大范围生产中去，以达到稳产、高产、低消耗、高效益的目的。它的实施项目范围包括种植业、畜牧业、水产业和农机等各业的先进实用科研成果和先进技术的推广。凡是可以使农牧渔业生产增加产值，改进品质，提高劳动效益，减少消耗，降低成本，减轻劳动强度，提高资源利用和有利于环境保护，以及提高经济效益、社会效益、生态效益并能在大范围应用的科研成果和先进技术，均可列入丰收计划。

2. 丰收计划的效果 根据农业部科教司在 2001 年组织有关专家进行的一项名为"全国农牧渔业丰收计划综合绩效评价（1987—2000）"的研究表明，丰收计划为实现农业发展目标做出了重要贡献，取得了巨大的经济、社会和生态效益。到 1999 年止，共推广实用农业技术 257 类 1 000 项次以上，新增粮食产值 700 多亿元，其中，种植业技术推广面积 16 亿亩，新增粮食 420 亿 kg、皮棉 12 亿 kg、果菜 30 亿 kg，科学饲养畜禽 5 亿头（只）、养殖鱼类 1 200 万亩，新增畜产品 12 亿 kg、水产品 8 亿 kg。培训各级各类科技人员和农民 9 000 余万人次，广泛地提高了农民的技术水平，加速了农业科技成果转化为生产力的步伐，取得了显著的增产增收效果和推广示范效应。丰收计划用少量的中央投资带动了巨额的地方配套及农户自筹资金对农业生产的投入。据统计，1987—2000 年丰收计划实施以来，中央投资总计 6.7 亿元占财政支农支出的比重为 0.08%，却带动了数十倍的地方配套资金及农户资金投入。

3. 丰收计划推广方法应用特点 丰收计划以重大技术推广为核心，促进农业增长方式的转变，优化农业产业结构的调整，注重农技推广、科研、教学的协作，充分调动企业、农民和各种社会组织的积极性，全面加大农业技术推广力度，提高新技术的到位率和覆盖率，

加快先进实用技术的推广应用。分析丰收计划 20 年的经验和教训,在推广方法的应用上可以概括为以下几个特点:

(1) 以重大技术推广项目为核心,利用电视、广播、报纸、杂志、互联网等现代传媒技术广泛宣传,全面开展农技人员、农民的技术培训,建立信息咨询、农资供应、技术服务、产品销售等社会服务体系。

(2) 充分发挥项目区基层推广组织的作用,开展集中培训、巡回指导、小组讨论、上门服务、农户访问、电话咨询等,解决农民在生产中遇到的困难和问题,提高新技术的作用和效果。

(3) 利用推广项目的示范效应,带动和辐射广大农村地区农业推广的发展。通过丰收计划项目,以及近年来增设的科技增收计划、新型农民科技培训计划等重大推广项目,不仅在项目区取得了重大的社会、经济、生态效益,而且带动了周边农村地区农业生产的发展和新成果、新技术的应用,推动了农村经济的全面发展。

技能训练

农业推广方法应用

一、技能训练的目标

通过训练初步掌握根据不同推广内容,选择使用不同的推广方法和推广技巧。

二、技能训练的方式

(1) 提供农业推广案例。提出不同性质的推广任务案例,以组(5~6 人)为单位研究制定一套切实可行的推广方法使用方案。不同小组推广任务不同。

(2) 选择推广任务。内容应包括:改变农民某种观念、改变农民某种生活方式、推广物化新技术(如新品种、新农药)、农民共同参与项目(如规模化、产业化经营,无公害基地建设等)、国家政策性项目(如农机具采购、粮食补贴、良种补贴等)。

(3) 完成方案设计及实施。

(4) 完成推广报告。

复习思考

1. 我国农业推广的主要方式有哪些?各有何特点?
2. 常用的农业推广方法有哪些?各有何特点?
3. 农业推广方法选择的基本依据有哪些?如何选择农业推广方法?
4. 什么是农业推广示范?有哪些示范类型?

项目七　农业推广工作评价

> **学习提示**
>
> 　　本项目需要掌握和理解农业推广工作评价的含义、内容、方法和程序。了解农业推广工作评价的作用和原则，理解农业推广工作评价的指标体系，掌握农业推广评价的方法、步骤，能够比较分析不同评价方法的优点和不足。

一、农业推广工作评价概述

　　农业推广工作评价是衡量农业推广项目绩效的重要手段，是对农业推广工作及其成效做出科学的价值判断，是农业推广工作的重要环节，也是农业推广管理的重要组成部分。在农业推广工作中，评价围绕推广工作的目标而展开，通过评价衡量和明确推广工作的结果是否有显著效益或价值，以及与计划目标相符合的程度。在此基础上，肯定成绩，明确差距，找出经验和教训，使推广评价起到应有的积极作用，并不断改进工作作风和提高推广工作水平。因此，评价不是一般的议论和评说，而是应用科学的方法，依据既定的推广工作目标，在深入调查研究、详细占有资料的基础上，对某个推广单位或某项推广项目进行全面系统的分析和论证，达到提高推广技术效益和推广管理水平的目的。进而确定推广工作的效果和价值，不断改进工作作风和提高推广工作水平。

（一）农业推广工作评价的特点

　　在农业推广工作中，评价是一项系统行为的过程，主要有以下特点：

　　1. 导向性　农业推广工作评价，必须以国家发展农业的总方针、政策、科技、经济、社会发展状况，农村经济、农业生产、农民需要为依据，同时兼顾经济效益、社会效益、生态效益的发挥，才能使推广工作评价起到应有的积极作用。如在推广工作中，片面追求经济效益，单纯强调技术水平高低，忽视技术社会化的服务功能等，则评价将对科技推广工作的方向、目标、效果带来负面影响。

　　2. 综合性　农业推广工作面向广大农村，服务对象是千家万户农民，是一种社会性和群众性很强的农业科技普及活动。同时，推广工作又受到社会诸因素及经济条件的影响，所以推广工作评价不能单从推广工作本身或单一技术问题进行，要面向社会，考虑广大农村经济和社会发展对推广工作的需要，才能做出全面的评价。

　　3. 复杂性　农业是自然再生产和经济再生产紧密结合的整体，因而农业推广工作也就受到多层面、多环节、多因素的制约。农村经济、农业生产的特点使农业推广工作评价更为复杂。同时评价涉及的门类和内容多，因而评价的指标，方法均有明显的不同，使评价工作任务繁重和复杂。

4. 阶段性　农业生产受多种因素影响且处在不断变化中。因而，农业推广工作评价中，许多因素是难以明确测定、难以量化的，即使定性描述，其分寸也难以把握，单凭一次的评价难以对科技推广工作进行全面认识，每次评价都不免有一定的相对性。所以，科技推广评价工作应长期、连续进行，在阶段评价的基础上，通过比较，才可做出较为准确的、全面的评价意见。

（二）农业推广工作评价的作用

在农业推广工作中，通过评价，总结工作经验和发现问题，明确差距，做出决策，使今后的推广工作更顺利进行，具体有以下几方面的作用：

1. 评定作用　通过评价可以评定农业推广工作的方向、方针、目标与国家发展农业的总方针的一致性和贯彻程度。依据推广人员发挥作用的程度，推广机构内部各子系统工作协调的状况，以及整个机构发挥整体功能的大小，推广工作方式、方法使用正确程度等，评定推广工作取得的效益，评定农业推广工作完成的程度，测算其取得的效益大小，指导农业推广工作更加符合经济和社会发展需要，符合农业、农村经济发展，农民增收、农业增效的需要，符合农业生态平衡的需要。

2. 提高作用　通过对推广管理工作的评价，检验推广工作完成的程度及其价值，包括推广机构发挥整体功能的大小，推广机构内部各子系统工作协调的状况及工作效率；推广计划的合理性和可行性，未来推广项目计划和技术更新的依据；推广工作方式、方法使用情况等；有哪些教训与经验，达到扬长避短和选优去劣的目的。还可以通过评定农业推广工作完成的状况，以专家或政府认可的方式对项目预期总目标、阶段目标、组织功能、推广方式（方法）、效益（经济、社会、生态）和工作成绩等方面的成果给予认定，以利更好地改进工作，提高推广工作效率和效果。

3. 管理作用　通过对推广工作中人员、经费等方面的评价，可以端正推广人员的服务态度，提高工作能力和改进工作作风；剖析项目经费在推广工作中的使用情况及其使用效果，以便准确把握今后推广工作中投资额和经费开支的去向，保证农业推广技术发挥较大的总体效益。评价工作同时还可以明确项目相关利益群体的责、权、利，明确哪一级任务应该由谁负责，推广工作满足了哪些目标群体的利益，工作方式是否使受益人的利益得到持续保障，帮助推广人员端正服务态度，提高工作能力和改进工作作风。

4. 决策作用　评价所掌握的资料可作为农业推广项目管理及项目相关利益群体共同确认问题、改进措施、修订计划、调整决策、重新拟订资源分配方案的基础。通过农业推广评价，评定推广工作完成的程度，测算其取得的效益大小，进一步明确推广工作的决策是否科学正确，为进一步决策即确定推广工作方针、目标、措施提供依据，提高决策的合理性和科学性。

5. 激励作用　通过推广工作评价，可以全面了解农业科技人员、农业科技管理干部的政治思想、业务素质、技术水平、工作表现等，为农业推广人员的培养、选拔、使用、晋升、奖励提供依据。

6. 宣传作用　通过推广工作评价，使各方面了解农业推广工作的作用和成就，提高对农业推广工作重要性的认识,增强全社会的农业推广意识,争取社会各方面对农业推广工作的关心和支持。

(三)农业推广工作评价的原则

农业推广工作是一项综合性的社会工作,随着时间的推进,农业推广工作涉及的领域也不断地增加。农业推广工作要从把我国农业建成具有中国特色的现代化农业出发,加强农业技术改造和创新,推动农业生产向专业化、产业化、区域化、商品化、现代化转变,使我国农村经济有一个较快的全面发展,提高农民的生存环境和生活质量,加速农村现代化的步伐。据此,农业推广工作评价应遵循以下原则:

1. 实事求是的原则 农业推广评价是一门管理科学,它体现了对科学技术进行客观评价的态度和思维方法。在评价中,应以严谨的科学态度,坚持调查研究和试验分析,一切数据应以试验示范及实地调查为准,充分占有第一手资料,并进行详细分析,力求做到客观准确、公正合理和结论科学,切忌简单草率,更不能弄虚作假。

2. 因地制宜的原则 农业生产具有明显的地域性、严格的季节性和多因素的综合性,发展农业生产必须遵循自然规律,所以,农业推广的各项技术措施是否因地制宜、从实际出发,是评价农业推广工作的一条重要原则。在评价过程中应注意,推广内容必须是生产迫切需要的技术,又必须是适合当地自然条件、生产条件、农业条件,即评价时要意识到技术的先进性,即优于原技术,能取得更好的效益,同时还必须考核技术在本地区的实用性,即实用价值和适用范围,以判定技术的创新性与实用性是否统一。

3. 经济效益、社会效益和生态效益统一原则 农业推广活动中,在选择并确定推广某一项新的技术措施时,不仅要看其技术上的先进性、实用性和实效性,还要考虑经济上的合理性和环境的无害性,走投资少、见效快、耗能低、效益高和低污染的农业可持续发展道路。坚决克服过去只顾眼前利益、忽视长远利益,只讲经济效益、不顾生态效益的错误做法,要考虑项目实施给当地自然环境、社会环境和经济环境带来的变化及影响,尤其是社会效益、经济效益和生态效益能否统一,整体效果如何,兼顾经济效益、社会效益和生态效益,使农业推广取得综合效益的整体提高。

4. 简明适用的原则 推广评价的重点是县、乡各类农业推广服务组织和部门。所以,评价的指标、程序、步骤应先易后难、先简后繁、先粗后细、先低后高,逐步完善、发展、提高。评价方法应简明,可操作性强,易为人们掌握应用,逐步达到规范化、标准化。

二、农业推广工作评价的内容

农业推广工作评价的内容很多,依据评价的目的、要求、范围、方法等不同,可分为推广内容评价、推广方法评价、推广组织管理评价、推广效果评价等。

(一)推广内容评价

农业推广工作过程是一个推广工作组织、农民参与的过程及社会各机构、各力量沟通协商和利益整合的过程。涉及技术项目的试验、示范,推广方式方法的创新,农村人力资本建设,综合服务的配套等方面。推广项目内容评价主要从技术的可行性、针对性、先进性、高效性等方面权衡项目是否能达到预期的推广规模,并从农民需要程度、市场前景等方面判断推广项目是否可以达到预期的结果。

1. 推广内容的可行性 对推广内容的可行性进行评价，首先要考察推广项目内容的来源，即是否是通过国家和省级科技、农业主管部门及其他有关部门审定公布的农业科技成果；农民群众在长期生产实践中创造，有着坚实的实践基础，适应性强，容易推广的农民群众的先进经验；科研单位、农业推广单位在原技术的基础上进行某方面的提高和改进，或由推广单位对多方面、多来源、多专业的成果或技术综合组装的成型技术及常规技术的组装配套；从国外引进的先进成果和技术，并进行了试验、示范或同行专家论证等。在此基础上评价技术项目是否正确可行、配套技术是否合理、应用前景是否广阔等。经过评价，对科技推广项目的内容得出"可行""基本可行""不可行"等结论。

2. 推广内容的针对性 推广内容的针对性主要评价推广的内容是否从实际出发，是否适合当地的自然条件、经济条件和经营条件，特别是看其是否抓住了当地影响农业发展的主要技术问题。一般可用"很强""强""较强""不强"四个等级来衡量。

3. 推广内容的先进性 推广内容的先进性评价主要是与省（自治区、直辖市）内、国内、国际技术比较，是否具有先进性（综合效益、效率，采用时间的早晚、范围等），是否具有实现农民更高一级要求的效能，是否具有实用性强。常用国际、国内、省（自治区、直辖市）内"领先水平""先进水平""一般水平"来表示。

4. 推广内容的高效性 推广内容的高效性主要评价推广内容是否具有投入少、见效快、效益高、简便易行的特点，并与农民增收的目标一致。通常用投入与产出的比率进行评价。

5. 推广内容的承受性 推广内容的承受性主要评价推广内容的技术难度与农民接受能力是否相适应，通过方法示范与广泛宣传教育农民后，能否被大多数农民掌握和采用，在生产上迅速普及。这一点在老少边穷落后地区应特别注意。评价方法是对经过正确有效的推广教育后的农民进行调查考核，了解接受新技术的程度；了解有多少人参加了新技术推广教育、有多少人学会了新技术、有多少人基本学会新技术、有多少人学不懂，按他们各占的比例多少进行评价，一般用百分比表示。

（二）推广方法评价

农业推广方式方法是否恰当是影响推广度和推广率的重要因素。推广方式方法评价的内容主要包括推广方法的有效性和适用性、农业推广程序是否灵活，即采用哪些方法传播农业新技术，这些推广方法在项目中的地位和作用；推广方式是否做到因地制宜、因人而异，是否根据农民的素质选用不同的推广方法，是否根据社会经济条件、自然条件差异在不同地区选用不同的推广方法；推广项目发展阶段与沟通媒介选择是否适宜，所用推广方法是否有利于推广机构潜能的发挥，推广方法上有哪些创新；不同推广方法之间是否具有互补性；大众传播的频度；参与推广活动的人数等。

1. 推广方法的有效性

（1）评价推广方法是否加快了农业科技传播的速度、范围及农业新技术的普及程度等。

（2）评价推广方法是否有助于提高推广效果。

（3）评价推广方法是否能在提高工作效率的同时，做到节省人力、物力、财力，使有限的推广经费发挥更大的效益。

2. 推广方法的适用性 推广方法的适用性即推广项目对推广对象农民在知识层面、态度层面和行为层面产生的影响，及分析产生积极或消极影响的原因。如评价农民在推广项目执行前后态度、行为的变化，参与项目活动的积极性等方面，并将这种变化与推广方式方法和推广内容建立联系，为农业推广项目管理提供理论支持。

（1）评价推广方法是否适应农民现有的技术水平、文化素质水平，是否具有吸引力，并为农民喜闻乐见，听得懂、看得见、学得会、用得成，使农民感到满意。

（2）评价推广的技术力量投入是否科学，配比是否合理；技术推广强度能否保证推广计划指标实现等。

（三）推广组织管理评价

1. 组织机构设置评价　评价推广组织机构设置是否健全和完善，设置是否合理。各级推广组织机构是否保证科技推广职能的有效发挥。

2. 管理制度建设评价　评价各级推广组织机构内部各项规章制度是否健全、完善，能否保证推广工作的顺利开展。

3. 推广工作安排评价　评价推广部门的工作计划安排是否周密、具体；科技推广工作指标是否明确、重点突出、措施可行；推广计划、推广内容、推广方法所制定的各项工作、技术、效益指标是否与自然条件、生产条件、推广条件相适应。

4. 规划、计划执行情况评价　评价推广工作规划、计划的各个组成部分在实施目标过程中能否按预定计划、步骤有条不紊地进行；全年各项工作能否按计划指标保质保量完成。如在新技术新成果引进、试验、示范、推广中是否按推广程序办事；重点科技推广项目进展、落实情况及其效果；常规技术指导是否及时、准确；科技推广体系建设、完善和提高情况；经营服务的开展情况及效益；推广方法、设施和手段的改进、改善情况。

5. 推广人员评价　包括对管理人员的组织协调作用，对该地区科技潜能（含科技人员数量、科技推广经费、技术装备、外引经协等）的利用率，对参与推广工作的推广机构、推广人员的积极性、业务素质、能力素质和思想素质、协作精神等。要重视推广机构、科技人员参与科技承包活动的评价。

（1）评价推广人员构成是否合理，推广人员的岗位职责、任务目标是否明确具体，便于检查考核。

（2）评价推广人员的业务素质、工作技能能否胜任岗位职责和达到相应技术职务要求的水平。

（3）评价推广人员的工作态度、工作作风、推广技能的改进与提高，特别是推广工作效益等方面有何变化或提高。

（4）评价推广人员的知识更新是否及时、有效。

（5）评价推广人员的组织协调能力，能否做到分工协作、团结奋进，综合整体功能能否充分发挥等。

6. 推广整体效能评价

（1）评价推广机构与国家、集体、个体不同所有制性质的农业科技推广单位的合作情况。

（2）评价推广机构与社会各有关职能部门的合作情况，如行政、物资、金融等部门的合作情况。

（3）评价农业系统内部教学、科研、推广三个方面的合作情况。

（4）评价推广机构对农业科技信息收集、交流、传播、反馈是否敏感、迅速、准确。

7. 推广创新评价　评价推广工作中在某一方面有什么突破或创新，以及取得哪些科技成果、工作成果；在工作中还存在什么问题，发生过什么重大技术失误或技术事故等。

（四）推广效果评价

1. 推广总体效果评价　根据农业推广项目技术要素的组成，农业推广效果分为单项技术效果和综合技术效果，但一般用综合效果进行评价，即根据推广工作计划、目标及实施情况，对农业推广工作的总体效果进行评价。具体评价指标包括推广度、推广率、推广指数、平均推广速度等。

2. 经济效益的评价　经济效益评价是指生产投入、劳动投入与新技术推广产值的比较，即评价农业推广工作对农业、农村经济发展，农民增收的影响。如某项新技术成果的应用导致作物单位面积产量、劳动生产率和经济收益的变化。在对推广项目进行经济效益评价时，首先要注意农民是否得到了实惠，投入产出比的变化，单位面积经济收益的变化，农民比较收益状况；其次是关注推广规模和推广周期长短是否合理等，因为这与单位时间创造的经济效益关系密切。在评价时可以考虑以下几个方面：

（1）土地产出率。采用推广项目后，单位面积产量的变化，包括种植业的单位面积产量、效益和养殖业的单位效益等。

（2）劳动生产率。采用推广项目后，农业劳动力规模经营程度和生产水平的高低。

（3）农产品市场竞争力。采用推广项目后，农产品的市场覆盖率、农产品质量及绿色食品数量和比重等是否提高。

（4）农产品流通加工率。采用推广项目后，农业产业化经营和农业综合效益的变化情况，包括流通率、加工率等。

（5）推广规模与推广周期长短。它与单位时间创造的总经济效益有密切关系。

3. 社会效益评价　社会效益是指农业推广项目应用后对农村生活条件改善、社会公平、组织发展、治理的有效性、增加就业、改善生计等方面的影响。主要是评价新科技推广应用后，是否增加了社会财富，促进了社会稳定，改善了农民生活质量，促进了农村两个文明建设和社会发展的效果。

社会效益评价内容通常有：社会财富、产业结构、农村文化、生产和生活质量的改变效果等。

（1）增加社会财富。评价推广项目实施后是否促进了农村商品经济发展，增加了农民收入。

（2）改善农民生活质量。评价推广项目实施后是否满足社会需求，活跃、丰富了城乡市场，改善了农民生活等。

（3）优化产业结构调整。评价推广项目实施后是否促进了农村产业结构调整。如种植业、养殖业、加工业、乡镇企业、服务行业以及其他行业变化情况，这些行业的发展当年能直接提供多少利税等。

（4）农村精神文明建设。评价推广项目实施后在精神文明建设方面的变化。如农村教育发展中农民文化、科技素质的提高，公益事业的发展，农村人际关系和文化生活的变化等。

4. 生态效益评价　生态效益，是指项目推广应用对生物生长发育环境和人类生存环境的影响效果。对推广项目实施中所带来的生态影响，尤其是对不利影响进行评价。

生态效益的评价内容主要有：光能利用率、土地利用率、森林植被覆盖率、水土保持率以及农业环境污染情况等。

（1）生态环境的改善。评价推广项目实施是否有利于农业生态环境的良性循环。如因项目的实施对项目区土壤环境、水体、空气净化的贡献，"三废"处理是否妥当，减少了环境污染和废弃物残留，保护了物种，增加了森林植被覆盖率，控制了水土流失，节约了能源与土地资源，培肥了地力等；项目是否实现了循环经济新理念和实现的程度，是否实现了农（作物）副产物的合理开发和循环利用，节水、节能效果如何，是否有效利用了当地的温、光、水和耕地资源情况等。

（2）农民生活环境改善。评价推广项目实施对农民生活环境的改变。如道路交通建设、环境整治、水资源的保护与利用等。

5. 教育效果评价 教育效果是指农业推广教育对农民的影响程度。包括：农民对推广工作的态度和认识程度，操作技能提高程度，基本理论掌握、理解程度等，反映了农民素质提高情况。在农业推广中，传播农业科技的过程就是对农民实施教育的过程，因此推广工作的成效在很大程度上取决于对推广对象的教育效果。在评价时考虑以下几个方面：

（1）农民对推广工作的态度和认识程度。评价在进行了一定的科技推广教育活动后，农民对新知识、新技术的态度反映和认识程度。一般可采用座谈、访问等方法调查不同层次认识水平所占比例，以分析判断科技推广教育效果，并预测推广工作难度及主攻方向。

（2）农民操作技能提高程度。评价在科技推广活动中农民对新技术措施的掌握是否熟练，是否发生过技术事故。评价中要注意农民能否将掌握的操作技能在不同范围、不同条件下灵活运用。例如，农民在掌握了水稻薄膜育秧技术以后，是否有农民会在其他作物育苗中应用，有多少农民应用，应用效果如何等。

（3）农民对基本理论掌握理解程度。为进一步了解推广教育效果，不但要了解农民采用新技术、掌握新技术的情况，而且要了解农民对新技术基本理论掌握理解程度。如评价除草剂推广教育的影响，不但要知道有多少人采用，而且要知道有多少人掌握了除草剂的使用技术要点，还要知道有多少人掌握理解了该项技术基本理论及程度。一般可采用考试或抽测等方法进行考评。

同一推广项目在不同的条件下的效果是不同的，因此，评价农业推广工作，应根据不同地区、不同条件下产生的不同效果进行综合评价。

三、农业推广工作评价的指标体系和方法

对农业推广工作做出科学、客观的评价，首先必须确定能够反映农业推广工作与效果的评价指标体系，同时采用适当的评价方法，并按照一定的评价步骤进行，才能保证农业推广工作评价的客观性、科学性、准确性。

（一）农业推广工作评价指标体系

对农业推广工作的评价，需采用一些指标或指标体系，作为衡量农业推广项目实施或完成的优劣、效益大小、实施方案和决策目标是否合适等的重要尺度。

在评价指标体系中，对有关产值等数量指标，一般用定量方法评价；对一些不能定量评价的，如行为改变的测量等，则用定性方法或用定量、定性结合法评价。

1. 经济效益评价指标体系

（1）推广项目经济效益预测指标。

①新项目推广规模起始点。

$$项目规模起始点 = \frac{项目推广的费用总和}{(项目单位面积新增产值 - 项目单位面积新增费用) \times 项目实施年限}$$

例如,实施一栽培模式的项目技术,投入推广总费用为 10 万元,预测实施 2 年,每公顷要增加费用 500 元,新增收入 2 500 元,求该项目最低起始点的推广面积是多少公顷?

$$该项目最低起始点 = \frac{100\ 000}{(2\ 500 - 500) \times 2} = 25\ (hm^2)$$

该项目实施规模应大于 $25hm^2$,面积越大效益越大。若项目规模低于 $25hm^2$,说明失败。

②新项目推广的经济临界点:指采用新项目的经济效益与对照的经济效益的比值,该比值大于 1 为有效,且越大越好,说明项目效果显著。

$$项目经济临界点 = \frac{新项目的经济效益}{对照经济效益} > 1$$

在若干新项目都高于经济临界点的情况下,具有最大经济效益的新项目为最佳项目。

(2) 推广项目经济效益指标体系。

①$推广项目单位面积增产率 = \frac{推广后单位面积产量 - 推广前单位面积产量}{推广前单位面积产量} \times 100\%$

②$推广项目单位面积增加的经济效益 = \frac{\left[\begin{array}{c}采用项目后\\总收入\end{array} - \begin{array}{c}推广后\\总支出\end{array}\right] - \left[\begin{array}{c}推广前\\总收入\end{array} - \begin{array}{c}推广前\\总支出\end{array}\right]}{有效推广面积}$

有效推广面积 = 推广面积 - 受灾失收减产面积

例如,某村有 1 万 hm^2 天然橡胶林,采用化学刺激割胶技术前年总收入为 5 400 万元,总支出为 2 700 万元,而采用化学刺激割胶技术后年总收入为 9 000 万元,总支出为 4 500 万元,求每公顷橡胶每年推广化学刺激割胶技术的经济效益。代入公式:

$$每年每公顷增加经济效益 = \frac{(90\ 000\ 000 - 45\ 000\ 000) - (54\ 000\ 000 - 27\ 000\ 000)}{10\ 000}$$

$$= 1\ 800\ (元/hm^2)$$

③项目总经济效益 = 项目总增值 - (新增生产成本 + 推广费等)

④$推广年经济效益 = \frac{项目经济效益}{推广年限}$

⑤$推广年人均经济效益 = \frac{项目推广年经济效益}{参与推广的人数}$

⑥$农民收益率 = \frac{单位面积新增产值}{单位面积新增生产率} \times 100\%$

⑦项目总产值 = 单位面积产值 × 推广面积(范围)

⑧新增总产量 = 单位面积增产量 × 有效推广面积

单位面积增产量 = 推广区平均单产 - 对照区平均单产

⑨新增纯收入 = 新增总产值 - 推广费 - 新增生产费

(3) 土地产出效率指标体系。

①$土地生产率提高率 = \left[\frac{新技术推广后的土地生产率}{对照土地生产率} - 1\right] \times 100\%$

②土地生产率 = $\dfrac{\text{产品量或价值量}}{\text{土地面积}}$

这个指标反映单位面积的农产品产量或产值。

例如,某农村推广水稻杂交品种,采用新品种每公顷产量为 6 750 kg,采用新品种前每公顷产量为 4 500 kg,求土地生产率提高率。

$$\text{土地生产率提高率} = \left[\dfrac{6\,750}{4\,500}-1\right]\times 100\% = (1.5-1)\times 100\% = 50\%$$

③单位耕地面积产量或产值 = $\dfrac{\text{总产量或总产值}}{\text{总耕地面积}}$

这个指标综合反映耕地的农业技术水平和利用水平。

④单位土地面积纯收入(盈利率) = $\dfrac{\text{农产品产值}-\text{生产成本}}{\text{土地面积}}$

这个指标反映出扣除物化劳动和必要劳动消耗后的经济效果,表达了土地盈利情况,因而在推广评估中经常用到。

⑤农产品商品率 = $\dfrac{\text{总产量}-\text{自用量}}{\text{土地面积}}$

⑥总产量 = 单位面积产量 × 推广范围(或推广面积)

如果推广项目实施三年,则应先将每年的产量分别计算后,再将三年的产量相加。

(4)劳动生产率指标体系。

①劳动生产率提高率 = $\left[\dfrac{\text{新技术推广后的劳动生产率}}{\text{对照劳动生产率}}-1\right]\times 100\%$

②劳动生产率 = $\dfrac{\text{产量或产值}}{\text{活劳动时间}}$

③农业劳动净产值 = $\dfrac{\text{农产品产值}-\text{消耗生产资料的价值}}{\text{活劳动时间}}$

④农业劳动盈利率 = $\dfrac{\text{农产品产值}-\text{生产成本}}{\text{活劳动时间}}$

活劳动消费量通常用人年、人工日、人工时来计算。

(5)推广项目的产投比,指实施某一农业推广项目的总产出的产值与总投入费用之间的比例,它是评估项目实施实绩的一个重要方面。如投入为 100 万元,产出为 3 000 万元,则投入产出比为 1∶30。

产出包括主副产品及其他收入;投入包括资金、物资和人工的投入。

(6)资金产出率指标体系。

①成本产出率 = $\dfrac{\text{产量或产值}}{\text{产品生产费用}}\times 100\%$

它反映每投入单位成本所取得的产量或产值。

②单位农产品成本 = $\dfrac{\text{农产品总成本}}{\text{农产品总产量或产值}}\times 100\%$

它反映生产单位农产品产量或产值所消耗的成本。

③成本利润率 = $\dfrac{\text{总利润额}}{\text{农产品总成本}}\times 100\%$

它反映生产单位农产品产量或产值所取得的利润额。

④资金产出率 = $\dfrac{\text{产量或产值}}{\text{资金占用额}} \times 100\%$

它反映资金产出的效率。

⑤单位农产品资金占用量 = $\dfrac{\text{资金占用量}}{\text{农产品总量}}$

它反映取得单位农产品产量或产值所占用的农业资金。

⑥资金利润率 = $\dfrac{\text{总利润}}{\text{资金占用量}}$

它反映占用单位资金所取得的利润。资金利润率根据评估的目的不同可分为总资金利润率、固定资金利润率和流动资金利润率。

总资金利润率 = 固定资金利润率 + 流动资金利润率

固定资金利润率 = $\dfrac{\text{产量或产值}}{\text{固定资金占用额}} \times 100\%$

流动资金利润率 = $\dfrac{\text{产量或产值}}{\text{流动资金占用额}} \times 100\%$

2. 社会效益评价指标体系

(1) 项目对劳动力的吸引率 = $\dfrac{\text{参加生产的新增劳动数}}{\text{原来参加生产的劳力数}} \times 100\%$

(2) 项目对辅助劳动力的容纳率 = $\dfrac{\text{参加项目的辅助劳动力人数}}{\text{辅助劳动力总数}} \times 100\%$

(3) 项目对社区稳定的提高率 = $\dfrac{\text{项目实施前事故数} - \text{项目实施后事故数}}{\text{项目实施前事故数}} \times 100\%$

(4) 项目对农民生活水平的提高率 = $\dfrac{\text{项目实施后生活消费额} - \text{项目实施前消费额}}{\text{项目实施前生活消费额}} \times 100\%$

另外,非量化指标有:项目推广后农村文化、生产及生活的变化,如劳动强度的减轻、食物结构的改变、科技小组的建立等;农村人际关系的变化,如道德修养水平的提高、农民之间关系的密切程度加强、交流的机会增多、与外界联系更加频繁、信息来源及信息量的增加等。

3. 生态效益评价指标体系

(1) 光能利用率。

①光能利用率 = $\dfrac{\text{生物产量} \times \text{能量系数}}{\text{生育期内接受光能总量}} \times 100\%$

②光能利用提高率 = $\dfrac{\text{新技术推广后的光能利用率} - \text{对照技术光能利用率}}{\text{对照技术光能利用率}} \times 100\%$

(2) 降水利用率。

①降水利用率 = $\dfrac{\text{经济产量}（kg/hm^2）}{\text{生育期内降水量（mm）}}$

②降水利用率提高率 = $\dfrac{\text{新技术推广后降水利用率} - \text{对照技术降水利用率}}{\text{对照技术的降水利用率}} \times 100\%$

(3) 秸秆还田率 = $\dfrac{\text{秸秆还田量}}{\text{秸秆总产量}} \times 100\%$

此外,评估生态效益的指标还有项目实施后土壤有机质含量的提高率,农用薄膜在土壤中的残留率，农药施用量的减少率，对主要天敌的影响率，对土壤流失的影响率，对水体污染、土壤污染、产品污染以及空气污染的减轻情况等。

4. 推广成果综合评价指标体系

（1）推广规模，即实际推广面积大小。

（2）推广度，是反映单项技术推广程度的一个指标，指实际推广规模占计划推广规模的百分比。

$$推广度 = \frac{实际推广规模}{应推广规模} \times 100\%$$

多项技术的推广度可用加权平均法求得平均推广度。

应推广规模指某项成果推广时应该达到、可能达到的最大局限规模，为一个估计数，它是根据某项成果的特点、水平、内容、作用、适用范围，与同类成果的竞争力及其与同类成果的平衡关系所确定的。

推广度在 0~100% 变化。一般情况下，一项成果在有效推广期内的年推广情况（年推广度）变化趋势呈抛物线，即推广度由低到高，达到顶点后又下降，最后降为零，即停止推广。依最高推广率的实际推广规模算出的推广度为该成果的年最高推广度；根据某年实际规模算出的推广度为该年度的年推广度；有效推广期内各年推广度的平均称该成果的平均推广度，也就是一般指的某成果的推广度。

（3）推广率。推广率是评价多项农业技术推广程度的指标，指推广的科技成果数占成果总数的百分比。

$$推广率 = \frac{已推广的科技成果项数}{总的成果项数} \times 100\%$$

（4）推广指数。成果的推广度和推广率都只能从某个角度反映成果的推广状况，为较全面地反映成果推广状况，引入推广指数概念，作为反映技术推广状况的综合指标。推广指数可用下式表示

$$推广指数 = \sqrt{推广率 \times 推广度} \times 100\%$$

例如，某省在 1981—1990 年培育或引进玉米新品种 7 个。据调查统计，各品种的年最高推广度见表 7-1。

表 7-1　玉米新品种的推广度

玉米品种代号	A	B	C	D	E	F	G
年最高推广度（%）	19.0	25.0	56.0	70.0	9.5	35.5	46.0
平均推广度（%）	8.5	16.5	47.8	52.0	3.5	27.6	37.7

求该省 1981—1990 年玉米新品种的群体推广度、推广率及推广指数（以年最高推广度 ≥20% 为起点推广度）。

$$群体推广度 = \frac{8.5+16.5+47.8+52.0+3.5+27.6+37.7}{7} = 27.7（\%）$$

$$推广率 = \frac{已推广成果数}{科技成果总数} \times 100\% = \frac{5}{7} \times 100\% = 71.4\%$$

$$推广指数 = \sqrt{推广度 \times 推广率} \times 100\% = \sqrt{27.7\% \times 71.4\%} \times 100\% = 44.5\%$$

(5) 平均推广速度＝$\dfrac{推广度}{成果使用年限}$

(二) 农业推广工作评价的方法

1. 评价的方式

(1) 单位自评。这是推广机构及人员根据评价目标、原则及内容收集资料，对自身工作进行自我反思和自我诊断的一种主观评价方式。自评是推广部门自己主持的，其成员对本单位的情况熟悉，对问题和矛盾有身临其境的体验，因而容易形成统一意见，且评价的结论比较接近实际，所以对工作的指导意义较大。但由于评价人员对其他单位的情况了解不够，往往容易注重纵向比较而忽视横向比较，因而对本单位的深层隐患和问题难以发现，这是自评方法的缺陷。所以，自评时，可先组织评价人员到其他单位去参观考察，然后再进行自评。这样得到的评价结论，其可靠性和对工作的指导意义会更大。

(2) 专家评价。这是一种聘请推广理论专家、农业技术专家和推广管理专家组成评价组进行评价的方法。由于专家们的理论造诣较深，又具有丰富的科技推广和管理的实践经验，因而对评价对象的透视、剖析较为深刻，能透过现象看本质，较为准确地抓住事物的积极因素和消极因素，并对其进行全面具体的分析和研究，从而促使被评单位的领导或个人在认识上产生较强的共鸣。

专家评价法的信息量大，意见中肯，结论客观公正，容易使被评单位的领导人产生紧迫感和压力感，从而推动推广工作向前发展。

2. 评价的方法　农业推广工作的评价方法是指评价时所采用的专门技术。评价方法种类繁多，需要根据评价对象及评价目的加以选用。通常分为定性和定量两类方法，在此介绍几种常用的评价方法：

(1) 对比法（比较分析法）。这是一种很简单的定量分析评价方法。一般将不同空间、不同时间、不同技术项目、不同农户等因素或不同类型的评价指标进行比较。一般是以推广的新技术与当地原有技术进行对比。

在生产实践中，农业受自然条件、社会条件和经济条件的影响，尤以受自然环境的影响最大，所以对新科技的推广采用，在不同地区、不同自然条件、不同经济条件下，其反映进程和效益是不相同的。因此，采用对比法时，首先要选择双方在某一问题上有"可比性"，即对比的基础要相同或大致相同；其次要根据评价项目来设立对比的要素指标，例如劳动力投入的变化、单位面积产量的变化、净增效益的变化、农民们对新技术学习态度变化、掌握新技能的熟练程度等。在科技推广项目或新技术实施过程中，将全过程采用的技术措施、生产投入费用等，逐项记录下来，然后采用前后对比或同一要素指标对比。

①平行对比法（比较分析法）。平行对比法是把反映不同效果的指标系列并列进行比较，以评定其经济效果的大小，从而便于择优的方法。该方法可用于分析不同技术在相同条件下的经济效果，或者同一技术在不同条件下的经济效果。此法简单易行，一目了然。

例1：畜牧业生产的技术经济效果比较。某畜牧场圈养肥猪，所喂饲料有两种方案：一是使用青饲料、矿物质和粮食，按全价要求配制的配合饲料；二是单纯使用粮食饲料喂养肥猪。两种方案的经济效果详见表7-2。

表7-2　配合饲料与单一饲料养猪的经济效果比较

(王慧军，2002)

指标	头数(头)	试验天数(d)	平均每头日增重(kg)			每千克增产耗用粮食(kg)	每千克增产成本(元)	每千克活重产值(元)	每千克活重盈利(元)	每工日增重(g)
			初重	末重	日增重					
配合饲料	36	80	55.7	123.9	0.852	8.68	1.30	1.50	0.20	35
单一饲料	36	80	56.1	93.4	0.466	24.56	2.44	1.50	−0.94	42

从表7-2中可以看出，用配合饲料喂猪，除劳动生产率较低外，其他经济效果指标都优于单一饲料喂养。通过例1的比较说明，采用配合饲料喂猪效果好。

②分组对比法。分组对比法是按照一定标志，将评价对象进行分组并按组计算指标进行技术经济评价的方法。分组是将技术经济资料按照一定变化幅度进行分组。分组标志分为数量标志和质量标志。按数量标志编制的分组数列，称为变量数列。变量数列分为两种：一是单项式变量数列；二是组距式变量数列。常用组距式变量数列，即把变量值划分为若干组列出来。

例2：某县采用组距式变量数列按物质费用分组计算经济效益（表7-3）。

表7-3　××××年试点户物质费用与小麦产量分组比较

组别	组距(元)	户数(户)	生产面积(hm²)	单位费用(元/hm²)	单位产量(kg/hm²)	单位收入(元/hm²)	单位纯收益(元/hm²)	千克成本(元)	每元投资效益(元)
1	420～480	1	0.36	455.7	3 262.5	1 305	847.8	0.140	1.86
2	480～540	2	1.67	511.2	3 547.5	1 419	937.8	0.144	1.78
3	540～600	3	1.59	573.8	3 630.0	1 457	876.8	0.160	1.52
4	600～660	4	1.29	631.4	3 720.0	1 488	856.7	0.170	1.36
5	660～720	5	0.33	697.7	4 400.0	1 776	1 078.4	0.156	1.55

注：小麦按每千克0.40元折算。

从表7-3中可以看出，随着物质费用投入的影响，单位产量随其增加而相应增加，但由于报酬递减规律的制约，每元投资的效益在逐步下降。如每公顷费用为455.7元的第一组，每公顷产量为3 262.5kg，其千克成本最低，而每元投资效益最高；每公顷费用为631.4元的第四组，每公顷产量为3 720kg，其千克成本最高，而每元投资效益最低。由此可见，在生产水平一般地区，小麦种植以每公顷投资420～480元的经济效益为最好。

（2）调查法。评价者以直接到现场或通过问卷等进行访问、开座谈会、查阅有关资料、田间考察等形式，广泛征求农民和有关人员对评价对象的意见和看法。为便于定性、定量评价，在调查前要列出具体、明确、扼要的调查提纲，编制统一表格，对了解到的具体资料认真做好记录。调查法有以下几种类型：

①全面调查。全面调查是对调查对象的全部单元即总体进行调查，以获得全面的信息。在被调查的内容单一、涉及调查对象人数较少，人力、物力和时间允许的情况下，应尽可能对总体进行全面调查。

②随机抽样调查。随机抽样调查是按照随机的原则在调查总体中选取一部分单元（样

本）进行调查。这种调查方法比较节省人力、财力、物力，受人为干扰的可能性比较小，调查资料的准确性较高。在全面调查力所不及，或预期抽样误差不大的情况下采用此法。

③典型抽样调查。典型抽样调查是指在调查对象中有目的地选出少数有代表性的典型单位进行调查。它一般是评价人员或专家根据评价目的、拟订调查提纲，选择项目实施区有代表性的单位或个人进行调查。一般说典型调查侧重于探索事物的规律性、发展趋势等方面的调查。

④问卷调查。问卷调查是根据评价的目标与内容，设计一些相应标准要素，制成表格，标明各要素的等级差别和对应的分值，然后发给有关人员征求意见。这种调查与调查对象不直接接触，是一种间接收集资料的方法，一般是将调查表以通信的方式邮寄给被调查者，填好后再寄回。

⑤考试调查。考试调查是在对推广人员技能调查时，除了通过查阅推广人员编写的技术资料，了解其专业知识、技术水平，通过推广人员的科技推广实践，了解其推广技能水平，调查指导是否正确，对各种推广方法能否熟练掌握和灵活应用以外，还可以采用考试的方法进行调查。

（3）会见法。为对农业推广工作中各个问题的因果关系有较清楚的了解，需要当面进行询问，听取各方面的意见，以便做出客观的评价。因此，通常可以采取会见地方领导人、科技推广人员的同事、农民和科技推广人员本人等，向他们进行全面了解。这种方法有助于客观、全面地评价农业推广工作。

（4）直接观察法。直接观察法指人们有目的、有计划地通过感官和辅助仪器，对处于自然状态下的事物进行系统观察，从而获取经验事实的一种科学研究方法。通过直观考察，对日常科技推广工作进行检查和评价，例如作物的实际生长情况、农民的生活状况等；还可以从中了解以前编写报告的内容与现在直接观察的情况是否相符。又如举办学习班或技术培训班传播科技推广项目时，可以观察了解农民们对学习班的态度，农民对该科技推广项目是否感兴趣等。在具体实施中，应将现场情况直接观察记录下来，然后进行综合平衡和分析评价做出结论或统一的意见。

（5）自我评价法。推广单位或个人，根据若干原则标准收集资料，对自己的工作情况进行全面总结评定。如依据全年科技推广工作计划，全面回顾总结各项工作完成的数量和质量，取得哪些经验，还存在什么问题。再如，依据某一技术项目实施方案，检查总结该技术项目进展落实情况、工作方法效果以及农民对该项目的反映等。

（6）总结法。被评价单位或个人在自我评价的基础上，经过核实有关资料和数据，让本系统或同级系统中的群众共同参与，按照既定的工作计划目标或标准进行衡量评价，如推广部门半年、全年工作评比会和某项新技术推广总结会等。这是农业推广管理工作中常用的评价方法。

农业推广工作评价，很多内容很难定量，而只能用定性的方法。定性评价法是一个含义极广的概念，它是对事物性质进行分析研究的一种方法，例如行为的改变、推广管理工作的效率等。它是把评价的内容分解成许多项目，再把每个项目划分为若干等级，按重要程度设立分值，作为定性评价的量化指标，例3、例4、例5、例6中的定性评价方法可供参考。

例3：评价一个推广机构的工作，在表7-4适当处打"√"。

表7-4　××推广机构工作评价表

要　素	等　级				
	劣	差	中	良	优
1. 品德好，水平高	1	2	3	4	5
2. 积极搞好推广工作	1	2	3	4	5
3. 对待农民热情	1	2	3	4	5
4. 团结互助，分工合作	1	2	3	4	5
5. 发扬民主，待人诚恳	1	2	3	4	5
6. 推广人员经常下乡	1	2	3	4	5
7. 定时召开生产会议	1	2	3	4	5

例4：农民知识方面的改变。

蔬菜收获前几天不能喷农药？请打"√"。

一周前_____

两周前_____

三周前_____

为什么？_____。

增加"为什么"是对农民经过学习、掌握知识深度的进一步评价。

例5：农民对使用推广方法的反映，在表7-5适当处打"√"。

表7-5　农业推广方法评价表

推广方法	等　级			
	非常喜欢	喜欢	无所谓	不喜欢
1. 成果与方法示范	4	3	2	1
2. 巡回指导	4	3	2	1
3. 农户访问	4	3	2	1
4. 座谈会	4	3	2	1
5. 讲习班	4	3	2	1
6. 放电影电视	4	3	2	1
7. 印刷品宣传	4	3	2	1
8. 广播宣传	4	3	2	1
9. 专家讲课	4	3	2	1
10. 报纸	4	3	2	1

例6：请您就参加的"技术讲习班"进行评价，在表7-6中您认为适当处画"√"。

表 7-6 参加"技术讲习班"学习效果评价

要素	等级				
	很差	差	普通	好	很好
1. 环境场地安排	1	2	3	4	5
2. 指导	1	2	3	4	5
3. 学习气氛	1	2	3	4	5
4. 教学设备	1	2	3	4	5
5. 讲课内容	1	2	3	4	5
6. 讲课老师的水平	1	2	3	4	5
7. 讲习班的方式	1	2	3	4	5
8. 讲习效果	1	2	3	4	5

根据需要设计表格，根据评价人员评分的平均分数，对评价的某个专题或某个问题进行定性评价。

（三）农业推广工作评价的步骤

农业推广工作评价步骤是根据具体农业推广工作的特性而制定的，反映了评价工作的连续性和有序性。包括以下几个步骤：确定评价范围与内容、制订评价计划、建立评价组织机构与评价程序、确定评价指标、收集与整理分析评价资料、编写评价报告。

1. 确定评价范围与内容　一个地区或单位的农业推广工作要评价的范围和内容很多，它涉及推广目标、对象、方式、方法、管理等各个方面，但在一定时期、一定条件下需根据评价的目的选择其中的某个方面作为重点进行分析、评价。因此，在进行评价时，应首先明确评价对象，确定评价范围。例如，评价某项技术的阶段性效益，还是全程效益；是评价不同推广方法的优劣，还是评价推广组织的机构的运行机制；是评价技术效益，还是评价综合效益；是评价教育性农业推广目标实现的程度，还是评价经济性及社会性农业推广目标的实现程度等。现实中一般对实施结果和实施方案的评价较多。当推广项目结束时，都要对项目全程进行综合性的评价。

2. 制订评价计划　评价计划实际上就是评价方案，包括评价的内容、评价的方法、参加人员、评价时间安排及地点等。

制订评价计划的目的在于保证评价工作有序、顺利的实施。评价计划一般由评价工作机构制订。内容主要包括：①评价的目的和范围；②评价的指标体系和权重体系；③评价的基本方法和要求，包括评价手段、评价计分、评价结果的处理办法和程序等；④评价的工作进度及时间安排；⑤评价的领导和评价小组的安排意见；⑥评价经费预算等。

选择的评价人员要熟悉项目推广实施中的主要环节和存在的主要问题。评价的目的是要通过评价能更好地改善工作，因此推广人员、咨询专家及实施对象共同参与，是达到共同合作、实现目标的最好途径。因此，在具体选择评价人员时，应当权衡各类评价人员的优缺点。

评价计划还应根据评价内容的复杂程度和重要程度，列出参加人员的数目和名单，包括评价员、推广员、管理专家、咨询委员、项目参加者、项目负责人及其他有关人员。一般由5~9人组成评价委员会（或小组），设主任委员和副主任委员各1名。要求参加人员责任心强，作风正派，大公无私，熟悉或了解评价内容。参加人员要有代表性。而后确定评价资料的收集方法，最后根据评价内容多少和工作难易安排评价时间及评价地点。

3. 建立评价组织机构与评价程序 开展县以下农业推广单位的农业推广工作水平评价，应在各级主管厅（局）主持领导下进行，由各级主管厅（局）与有关部门组成农业推广机构（站、中心）评价审核领导小组，指导下一级评价工作，并成立由领导、专家、管理人员组成的有代表性、权威性的评价小组，分别开展对省（自治区、直辖市）、地、县、乡的科技推广评价和复查工作。

评价程序，分自查、复查、抽查三个阶段进行。县（或乡）一级农业推广组织要在主管部门的领导下进行自查。在自查中，要求农业推广部门认真学习党和国家农业科技方针政策、科技改革文件，组织力量针对评价指标逐项进行全面调查、对照，进行自我评价，有差距的项目，要结合本单位工作进行整顿、改进，并争取领导部门支持，予以加强。

自查结束后，由单位写出自查报告，填好有关自查表格，经主管部门审核报上级主管部门进行审查。上一级部门根据实际情况进行复查和抽查。

4. 确定评价指标 评价范围与内容确定后就要选择评价的标准与指标。评价指标的设置要根据评价内容和推广工作评价需要而定，坚持科学、全面、实际、简易的原则。

所谓科学，是指评价指标要有清晰的概念和确切的反映内容，并符合农业技术经济一般原理。所谓全面，是指建立的评价指标体系，既要有可比性的数值指标，又要考虑质量和性状等不可比的指标；不仅要反映当前局部和单项效果，还要能够反映长远、整体的综合效果；各个方面具体指标能够相互补充，为全面、综合评价服务。所谓实际，是指评价指标体系要建立在目前农业科技推广工作的实际基础上，适合我国现阶段的推广管理水平。所谓简易，是指建立的各项评价指标都容易用数值计算出来（如经济效益指标、技术效果指标等），尽可能使指标量化，不便定量评价的内容（如推广方法、推广组织管理评价）可用定性评判，以便分析比较，提高准确性。

对不同的评价内容，需要选择不同的评价标准和指标。然而对大多数农业技术推广项目而言，以下几个标准是常用的：①创新的扩散及其在目标群体中的分布；②收入增加及生活标准的改善及其分布情况；③推广人员同目标群体之间的联系状况；④目标群体对推广项目的反应评估。

5. 收集、整理与分析评价资料

（1）收集评价资料。收集评价资料是实施农业推广工作评价的基础工作，也是根据评价目标收集评价证据的过程，评价资料有现成的，如试验、示范田间记载资料和实物产量等，也有采用各种方式收集的，特别是一些定性资料。收集评价资料的关键在于要拟订好评价调查设计方案，做到切合实际，满足评价需要，易于操作，便于存档。

只有收集到系统准确的资料，评价工作才能顺利进行。收集资料的方法有全面调查、随机抽样调查、典型抽样调查、问卷调查等，其具体内容可参考评价方法中的"调查法"。资料收集应以获取满足评价内容的证据为原则，灵活掌握和应用不同的收集方法。

收集资料的内容即根据不同的评价内容，寻找相应的硬件和软件资料。

①在评价推广的最终成果时，需要在调查设计方案中列出下列指标：单位面积产量增减情况、单位土地面积利润的变化、农民收入变化情况、农民健康及生活环境改善状况等。

②评价技术措施采用状况时，需要列出农民对采用推广项目的认识、采用者的比例、数

量及效果等。

③评价知识、技能、态度变化时，需要列出农民知识、技能提高的程度，对采用新技术的要求，学习的态度和紧迫感等。

④评价农业推广人员及其活动时，需要列出推广工作准备活动过程的观察，视听设备的利用情况，推广人员及其完成任务情况的记录，通过非正式渠道了解到的评价信息，农业推广人员的勤、绩和农民对推广人员的评价和要求等。

⑤评价推广投入时，需要列出推广人员活动所花费的时间、财力、物力、社会各界为支持推广活动所投入的人、财、物等。

⑥评价社会及经济效益时，需要列出社会产品产值总量增加、农民受教育情况及精神文明和社会进步情况等，列出环境的改善及保护生态平衡情况等。

(2) 整理评价资料。根据定量、定性评价的需要，对收集的资料应进行分类整理，以体现资料的规律性。资料整理主要包括：①资料归类。将收集到的资料，及时按各级指标内涵进行归类。②资料审核。一是审核资料的完整性，审查连续性资料是否有遗漏，必要时应采取相应措施，进行追加调查。二是审核资料的准确性，发现问题应及时予以修正；对于异常数据，应予以剔除。

(3) 分析评价资料。评价资料的分析整理是根据研究的目的，将评价资料进行科学的审核、分组和汇总，或对已加工的综合资料进行再加工，为评价分析准备系统化、条理化的综合资料。资料分析的准确与否直接影响到评价分析的质量和整个评价结论的准确性和代表性。因此，评价资料的分析是农业推广工作成功与否至关重要的一步。

对整理后的资料，按照评价指标体系进行相应的统计分析或定性分析。然后依据分析结果，对照既定目标或标准，进行认真、充分的讨论，在此基础上，对评价对象做出客观、公正、准确的评价。

6. 编写评价报告　编写评价报告是农业推广工作评价的最后一步，是对评价对象做出的结论性意见。评价报告的内容应根据评价的目的、范围、指标提出综合性结论，包括科技推广工作成绩、特点、水平、问题及改进意见等。

评价工作结束后，应写出评价工作总结报告，包括评价简况、评价过程、评价方法、评价步骤、调查分析情况等，同时指出农业科技推广各种评价的意见及改进农业科技推广工作的意见和建议，以便更好地发挥评价工作对指导推广工作实践以及促进信息反馈的作用。

(四) 推广评价应注意的问题

(1) 农业推广工作评价的根本问题是效益问题，因此，评价农业科技推广工作好坏，应重点抓住推广项目、推广面积、实际效益、农民行为改变等方面。

(2) 不同地区的农业推广工作评价一定要考虑到当地自然特点和生产基础水平，关键评价其推广速度和增产幅度。

(3) 不同地区的农业推广工作基础不同，推广条件不同，因此，评价时一定要考虑到被评价的推广机构或个人，其主观能动性是否得到最大限度的发挥；工作成绩是当年干出来的，还是几年积累发展来的；是某一机遇促成的，还是扎扎实实干出来的；是靠有利的自然条件形成的，还是主观努力取得的。只有对上述情况进行全面分析，认真评价，才能真正促进农业推广工作的开展。

四、农业推广成果及报奖

(一) 科技成果的概念及分类

1. 科技成果的概念　科技成果是指通过调查、考察、试验、辩证思维等活动,取得的具有认识自然和改造自然的结果,或者说取得的具有一定学术意义或实用价值的结果。它是经实践证明成功的科学与技术成果。

科技成果的概念有以下三个方面的含义:①科技成果必须是通过科学研究活动而取得,是科研人员经过反复研究试验,向大自然索取的第一手资料或发现的新现象,经分析归纳而成的一个较完整的新的思想体系。②科技成果必须具有创新性与先进性。创新是科学研究的灵魂,如果一项研究工作,仅仅是重复前人的劳动,既没有提出新的观点、新的见解,也没有技术上的改进与提高,虽然做了大量工作,其结果也不能称为科技成果。③科技成果必须具有一定的学术意义或实用价值,其学术意义或实用价值的大小必须以技术鉴定或评议的形式进行审定认可。

科技成果水平的界定,具有一定的相对性和灵活性。如河北省,在20世纪80年代,省内先进水平和填补省内空白的新产品即视为省级科技成果;而从90年代至今,国内先进水平以上的项目成果才视为省级科技成果。

2. 科技成果的分类　科技成果因分类的依据不同,则所分科技成果的种类也不同。常见的有如下几种划分法:

(1) 从科学技术研究过程分,可分为基础研究成果、应用研究成果和开发研究成果三类。

①基础研究成果,是指以认识自然现象和探索自然规律为目的,以发现新的自然现象或规律,创立新的或完善已有的定理、定律为结果的一类成果。其表现形式主要是论文、研究报告或专著等。如动植物资源、动植物生长发育规律、植物需水需肥规律等的研究均属此类。

②应用研究成果,是指应用基础研究成果及有关科技知识,以创造新产品、新技术、新方法、新材料、新品种等为结果的一类研究成果。如新品种的选育,新肥料、新杀虫剂、新杀菌剂等的研制,新的栽培技术的研究成果等。

③开发研究成果,是指利用基础研究、应用研究成果和有关科技知识,为新产品、新技术、新方法、新材料、新品种的生产推广而进行的技术研究所获得的成果称为开发研究成果。如新品种的繁种制种技术、栽培技术,新肥料、新农药的使用技术研究成果等。

(2) 从成果管理上分,也可分为三类:

①基础理论成果。基础理论成果是指自然科学中纯理论性研究的成果。主要表现形式为学术论文。其评价方法,根据国际惯例,不是鉴定,而是通过国内外同领域的学术刊物或学术会议公开发表交流,从而引起国内外同行专家的关注、评论和引用来获得认可,并由所在单位学术机构出具综合评价意见。

②应用技术成果。应用技术成果主要包括新产品、新技术、新工艺、新材料、新设计和生物、矿产新品种等,可以申请鉴定。

③软科学成果。软科学成果是指对推动决策科学化和管理现代化,促进科技、经济和社

会的协调发展起重大作用的研究结果等。其表现形式是研究报告，如一些产业结构调整、产品开发的调研报告等。

（3）按行业分。按行业分科技成果通常又可分为农业科技成果、工业科技成果、机械科技成果、医药科技成果、卫生科技成果等。

（二）农业推广成果登记及报奖

1. 农业推广成果及成果登记　凡是通过主管部门验收鉴定的农业推广项目及其相关资料即被视为农业推广成果。经鉴定通过的科技成果由本单位和各级推广机构予以登记，由组织鉴定单位颁发"科学技术成果鉴定证书"。

为了发挥农业推广技术成果的潜力和效益，科技部和省级科技成果管理机构都实行了科技成果登记制度。该制度要求成果完成单位及时将通过专家鉴定或验收的重大成果及时公布，促进成果转化；取得成果优先权，利于今后成果的产权归属和成果报奖。科技成果鉴定的文件、材料，分别由组织鉴定单位和申请鉴定单位按照科技档案管理部门的规定归档。进行成果登记需要以下条件：

（1）验收和成果鉴定程序合法，并通过成果鉴定。其鉴定意见和结论得到组织鉴定（验收）单位和主持单位的同意并通过专家组人员的签字认可。

（2）成果鉴定结论至少是达到国内领先水平，并具有重大应用前景和带来巨大的经济效益。

（3）成果的技术资料齐全。包括研究工作总结报告、技术总结报告、查新报告、主要完成单位及人员、内容简介、效益证明、成果鉴定证书等。

农业推广成果属于农业科技成果和应用技术成果，符合有关规定标准的推广成果，可以申报科学技术进步奖。

我国的科技成果奖励由科学技术系统管理。分别由科技部、科技厅、科技局等负责国家及省市地方的科技成果管理工作。

2. 推广成果报奖

（1）申报奖项内容。国家有关部门对推广项目实施过程中做出突出贡献的单位和个人给予表彰，国家将科技成果推广作为科技进步奖的一个重要内容给予重视。目前我国农业推广成果主要是申报各级（国家级、省级和地市级）科学技术进步奖。承担全国农牧渔业丰收计划项目的可申报全国农牧渔业丰收奖，此奖为农业农村部科技成果奖，面向全国农业系统，奖励在农业技术推广、成果转化和产业化工作中做出突出成绩的单位和个人。丰收奖设一、二、三等奖，每年奖励不超过 200 项，其中一等奖约占 10%，二等奖约占 40%，三等奖约占 50%。不同奖励层次其所要求的条件有所不同。

（2）报奖应准备提供的材料。申报相应奖项应同时具备下列材料，且真实可靠：

①科学技术进步奖推荐书或申报书。

②主要完成人情况表。

③项目工作总结，技术总结。

④项目验收鉴定证书或成果鉴定证书。

⑤县级以上农业或统计部门成果应用证明。

⑥经济效益报告（含计算过程）。

⑦项目合同书或计划任务书。

（3）科技进步奖推荐书或申报书的填写。申报科技进步奖的主体材料是科技进步奖推荐书或申报书，要客观、准确、科学地填写。

推荐书的内容包括如下九个部分：

①项目基本情况，主要包括项目名称、主要完成人、主要完成单位、推荐部门、推荐专家、成果水平、推荐等级、推荐日期、所属行业、任务来源、学科（专业）分类名称及代码、计划名称、项目编号、项目起止时间、应用时间及应用地点等。

②项目简介，内容包括项目名称、所属科学技术领域、主要内容、特点及应用推广情况。

③主要内容，分为如下八个方面：

A. 立项背景，包括立项依据、研究的起步基础及目的、意义。

B. 详细的科学技术内容，包括总体思路、技术方案、创新成果和实施效果。

C. 发现、发明及创新点。

D. 保密要点。

E. 与当前（国内外）同类研究、同类技术的综合比较。

F. 应用推广及论文引用情况。

G. 经济效益。

H. 社会效益。

④曾获奖励情况。

⑤获专利情况。

⑥完成人情况，其顺序应与鉴定时的人员顺序一致。

⑦完成单位情况。

⑧推荐部门意见。

⑨推荐专家意见。与推荐部门意见仅填其一即可。

其中项目简介和主要内容两项最为重要。

（4）填写推荐书应注意的问题。

①成果名称应科学准确。成果名称应新颖、醒目、确切、规范，总字数应不超过规定的数量，切忌名称太俗、太长。成果名称一般应与计划名称一致，但也可以不完全一致或另起名称。

②用词用语规范、确切。不宜用不肯定的语言描述和说明成果，也不宜用不利于突出创新的词语来描述成果。

技能训练

农业推广工作评价

一、技能训练的目标

通过训练，掌握农业推广工作评价方法。

二、技能训练的方式

（1）确定评价领域及内容。教师依据农业推广工作开展情况，选取典型的领域及内容，提供农业推广评价的原始资料。

（2）选择确定评价的指标。教师根据教学重点，结合当地农业推广实际，确定评价指标体系。

（3）对原始资料进行整理分析，按照评价要求开展评价，得出相应结论。

（4）编撰完成一篇农业推广工作评价报告。

复习思考

1. 农业推广工作评价的特点、作用和原则有哪些？
2. 如何确定农业推广工作评价的内容？
3. 农业推广工作评价的一般程序和方法有哪些？
4. 农业推广工作评价的指标体系有哪些？如何进行确定？
5. 如何进行农业推广效果评价？
6. 申报科技进步奖应准备哪些推广技术材料？
7. 如何开展农业推广项目的验收与鉴定工作？

项目八　农业科技成果转化

> 学习提示
>
> 　　本项目主要学习农业科技成果的属性特点、成果鉴定、成果转化及评价；成果转化途径和方式及成果转化的制约因素和解决途径。本项目的重点是农业科技成果转化途径和主要方式，难点是农业科技成果的选定。

一、农业科技成果

　　农业部（现农业农村部）《农业科技成果鉴定办法（试行）》对农业科技成果的概念定义为：在农业各个领域内，通过调查、研究、试验、推广应用，所提出的能够推动农业科学技术进步、具有较明显的经济效益、社会效益并通过鉴定或为市场机制所证明的物质、方法或方案。农业科技成果是农业科技人员通过脑力劳动和体力劳动研究创造、观察、试验、总结出来的，并通过组织鉴定、专家评审具有一定创新水平的农业科技理论和生产实践产生显著的经济效益、社会效益和生态效益的农业知识产品的总称。

（一）农业科技成果的层次属性和种类

1. 农业科技成果的层次属性　研究农业科技成果的层次属性，与认识转化过程、加速成果转化有密切关系。农业科学是研究农业生产的理论和实践的科学。研究的内容主要有作物栽培、育种、耕作制度、土壤和肥料、植物保护、农产品贮藏和初步加工、农业机具的应用和改良、农田水利、农业生产的经营管理等。

　　农业科学研究的内容除了上述的系列（或称专业）以外，一般分为三个层次，即应用基础研究、应用技术研究和发展研究。农业科学研究的总目标是为了探索农业生产的客观规律，并掌握运用这些规律间接或直接地指导农业生产。这是农业科学研究三个层次的共同属性。但是，它们在研究目的、研究方式、研究成果的应用情况、实验条件和科学意义等方面是不相同的。

　　应用基础研究主要是探索农业科学的基本理论问题，如生物固氮、作物营养规律、光合作用、生物抗逆性、遗传等，主要是理论方面的研究。这类研究往往需要具有较高素质的人才，由少数人甚至是单个人进行研究。研究的成果可用于指导应用技术研究和发展研究，且具有较大的学术意义，而经济效益往往不太明显。研究的领域、课题和方法往往可以自由选择。

应用技术研究可以把基础理论进一步转化为物质技术和方法技术，如根据生物遗传和抗逆性的理论培育抗逆性强的高产优质品种；根据病虫害发生的规律，研究防治病虫的方法技术；根据作物营养规律研究科学施肥的方法。这类研究往往需要集体进行，并由素质较好的人才主持研究，也要有相应的人才协助研究和实施操作。这类研究成果往往可以直接用于生产，特别是物质技术如良种等，经过推广可得到明显的经济效益。

发展研究主要解决在推广物质技术和方法技术时所遇到的技术问题。这类研究往往带有培训和推广的意义。通过发展研究和推广工作可以进一步扩大应用技术研究成果的经济效益。

2. 农业科技成果的种类 农业科技成果的分类方法较多，常见的有：

(1) 按成果产生的来源分。

①科研成果。它是科学研究的结晶，是为了解该生产或科学发展中的问题所确定的课题，经过周密的设计，采用科学方法和手段，遵循必要的程序进行试验、研究、调查、分析所获得的，其成果体现为新理论和新技术。

②推广成果。它是指推广应用现有科学技术，在农业生产或科技进步等方面取得了显著效益的成果。这类成果在技术的创造性方面不一定明显，但应用面广，直接效益显著。

(2) 按成果层次属性分。

①理论性成果。它是通过研究发现某种自然规律，揭示自然的本质，阐明某种自然现象和特征，或探明应用技术的机理等，是一种发现性成果。揭示出来的新知识，可用于解释自然和为人类改造自然提供理论依据。

②技术性成果。它是指科学研究中创造出来的，能够用于改造自然的新手段、新方法、新工艺类的成果，如新品种、新机具、新材料、新农药、新肥料、新设施等；新的栽培技术和操作方法、工艺流程等。技术性成果还包括形成技术的基础性工作，如品种资源的调查、收集、整理、保存和评价、科技情报、农业区划等。技术性成果一般都能直接用于生产和推进农业科技进步。

(3) 按成果的表现形式分。

①硬科学成果。它是指以具体事物如农作物、畜禽等为对象，研究它们的性质、结构和运动规律，控制它们所必需的方法和手段，并用于发展科学、技术和生产等的成果。

②软科学成果。它是指研究人们使用硬科学，制订生产计划、科技发展目标以及实现目标的系统工程，如规划、计划、设计、程序、关系协调、战略、对策等。软科学一般表现形式为研究报告、实施方案、图表及各种文字资料等。软科学成果的理论性和应用性往往是融为一体的，不像硬科学成果那样有明显的理论性和应用性之分。

(4) 按成果的研究进程分。

①阶段性成果。它是指组成复杂、环节多、难度大的综合性重大科技项目，在进行过程中完成的某一阶段所取得的成果，它是该项目的重要组成部分和最终完成该项目的必经途径，标志着该项目在研究过程中取得的某种进展和突破，对该项目全部完成起着重要作用，而且在理论上或技术上有单独使用价值的成果。

②终结性成果。它是指完成最终目标所取得的成果，具有完整性和系统性，标志着研究任务的全面完成、课题结束。

(5) 按成果内涵的复杂程度分。

①单项成果。它是指由单项理论或技术构成的成果，涉及的应用范围相对狭窄，是一个科研项目的某一方面。

②综合性成果。它是指由内在联系密切的多因素组成的成果，如包含理论、技术和效果相统一的成果；两种技术（方法）以上组成的系列技术成果；从不同侧面共同解决某个问题的成果。

（二）农业科技成果的特点

农业科技成果从研发到应用与其他行业的科技成果有着截然不同的特点。

1. 研制周期长，涉及学科多 农业科研项目大多是围绕着农业生产中出现的实际问题进行立项研究，像作物高产栽培，作物、畜牧高效优良品种的选育，高产、优质、高效、生态农业开发等，主要对象是活的生物体。一季作物、牲畜的一个生长发育周期，一般都需要数月乃至数年。试验中每一个技术环节和步骤都需要有多学科知识的投入，栽培、饲养的生理生化和气象环境控制，新品种选育遗传变异应用，数据处理上数理统计分析等。所有这些忽视某一点就有可能使完善的试验研究前功尽弃。在研究初步得到结果后，还要在生产实践中反复验证其重演性、可靠性和进行必要的适应性试验，最后才能大面积、大范围的推广应用。农业部（现农业农村部）曾对1 010项成果进行统计，完成一项成果平均为8.29年，最长35年。这就形成了农业科技成果研制周期长、涉及学科多的特点。

2. 成果形成慢，淘汰速度快 一项农业科研项目从调研、选题立项、研究实施，到成果形成，不仅需要较长研制周期，涉及较多的学科，而且难度较大，人力、物力投入较多，成果形成较慢，往往赶不上生产的步伐。例如培育高产、优质新品种，但高产与劣质、低产与优质往往是基因连锁，很难通过正常的杂交选育出理想的品种，只有通过特殊的手段，才有可能达到目的。不但成果形成得慢，而且成果的缺点比较明显，在生产上应用时间短。由于受制于环境条件的多变、病虫害的侵袭、新的疾病和新的生理小种形成，一种农药、一个良种，很快地被生产淘汰，要求有更新的成果、更好的技术来代替。

3. 技术性强，难度大 现代化农业同以往的手工农业相比，要求有较高的技术性，农业科技成果大多都是针对活的生物体而起作用的，技术上要求不仅有指标化和操作规程，而且还要求时空化和应变性。种植、养殖要达到高产、优质、高效，必须科学地实施技术，达到技术质量的指标要求，按技术的操作程序进行。技术实施的时间和环境对技术效应有着显著的作用。根据自然环境条件的变化、技术实施的对象——生物体的生育特点采取相应的应变措施，对技术加以合理地修正来适合新的情况，最终以较强的技术性，实现成果的应用价值。例如：农业上棉花、番茄、黄瓜无限开花无限结果习性的作物高产优质高效栽培技术，要求技术性就特别高，对这类作物营养生长和生殖生长的控制是生产的关键。通过施肥（氮磷钾的配比、供应时期）和化控技术可以达到指控目标，但由于技术实施效果受环境条件影响大，而且生态环境是很难控制的生产因子，所以，技术成果的应用实施难度较大。同样的栽培条件技术实施的好坏，产量和效益相差悬殊极大。有些技术必须经过专门培训的人员和农业技术工作者才能完成。

4. 推广滞后性，转化效率低 农业科技成果推广起来有一定的滞后性，特别是技术形态成果（如栽培技术、饲养技术、防疫技术、土壤改良技术）和知识形态成果（如自然资源调查、农业区划、病虫测报、气象预报等），这类成果要使农民掌握应用，需要一段时间去培训、宣传、示范。对于特殊的技术，还需要有较高的技术人员承担。在目前农民科技素质和文化素质较低的现状下，需要较长时间的接受过程和认识过程，表现出这些技术成果的滞后性。对于这类滞后性大的技术成果要争取多种途径，使农民快速认识，接受新技术成果，使成果迅速转化。

农业科技成果转化率低。目前，我国每年取得重大农业科技成果达6 000多项，转化率仅为30%～40%，其中相当一部分只是局部点片应用，真正形成规模效益的不到20%。这是由其技术性强、农民的素质低、推广队伍不健全、资金不到位等因素决定的。对于以实物为载体的物化成果，如农作物优良品种、新畜禽种、瓜果良种、新疫苗、新农药、新肥料、新农业机械等农民很乐意接受，但由于缺乏健全的推广队伍，信息传递慢，示范性推广覆盖面小，给农民的可信度差，致使有些较易推广的成果也难以迅速转化。

5. 适用范围区域性，阶段成果易扩散　农业地域广阔，农业生产种类繁多，各地域的气候、地形、土壤等自然条件以及农业组成千差万别，任何一项成果只能适应某一地区或某些地区，不同成果适宜地域范围也不同，农业科学实践表明，科技成果应用具有明显的区域性。

农业科技成果在产生和生产应用中容易扩散，不易控制。农业科技成果属于知识产品，除具有其他知识产品同样的特性外，还由于农业研究程序、农业生产方式，决定了一般应用研究的农业科技成果，在研制过程中，必须经过大田试验，因此在取得成果之前已被广泛接触，难以保密。并且农业科技成果，如一个品种、一项技术，拿到田间地头经过示范，很容易被参观者掌握和再生产。

6. 直接效益低，社会效益高　农业科技成果研发目的就是应用于农业生产，而且其研究试验的整个过程都是在农业生产中进行的，必须是有一定的效益后，才能称为成果。所以大多数成果很难以商品形式表现出来，不能参与技术市场，如技术形态成果、知识形态成果、理论形态成果等。大多数的农业科技成果都是属于社会服务和公益性质的，对农民应该是无偿的，就是物化形态成果如作物新品种、畜禽良种，其商品价值也不高。这样，农业科学研究部门和研究者很难获得直接经济效益。但农业科技成果一旦推广应用，被广大农民所接受，就会产生极大的社会效益。

（三）农业科技成果的鉴定

科技成果鉴定是指有关科技行政管理机关聘请同行专家，按照规定的形式和程序，对科技成果进行审查和评价，并做出相应的结论。鉴定是为了能比较正确地评价成果的科学性、成熟性、学术价值、技术水平、生产应用的经济效益、应用条件和应用范围等，以及应用后产生的效应（正效应和负效应），如转基因农牧品种的负效应问题等，从而能在农业生产上得到及时的推广应用，同时也可避免盲目推广成果造成的损失。

1. 农业科技成果鉴定的原则和方法

（1）农业科技成果鉴定的原则。

①统一鉴定标准的原则。我国在技术鉴定方面还缺乏经验，在农业科学技术研究成果鉴定中，还没有一个定量的标准。因此，必须逐步建立起我国农业科学技术成果鉴定的国家标准。当然，由于农业科学技术的特殊性，这种全国统一的农业科学技术鉴定标准，必须在广泛征求农业专家和科技工作者意见的基础上，制定出草案，经过试行定案后再正式颁发执行。

②坚持同行评定的原则。在农业科学技术成果鉴定中，同行评定能得出恰如其分的、代

表真正科学技术水平的鉴定,但应避免走过场。同行评议参加的成员,应包括科研、教学、生产三方面的专家。一些牵涉到成果试用和推广单位的项目,还应有用户单位的代表等。

③科学民主、注意质量、讲求实效的原则。坚持百花齐放、百家争鸣,在鉴定中,既要允许相同意见,又要允许和尊重不同意见(哪怕是个别人的意见),这些意见都要恰如其分地填写在鉴定书上。注重质量和实效,鉴定评语要科学准确可靠,真正反映科技成果本身的实质和特点,实效要高。

④实事求是、客观公正全面评价的原则。对科技成果的真实性、先进性、理论性、技术性及生产上的应用性都要实事求是,公正全面地进行评价,防止出现伪科学、假成果。

(2) 农业科技成果鉴定的形式。

①会议鉴定,指由同行专家采用会议形式对科技成果做出评价。需要进行现场考察测试,并经过讨论答辩才能做出评价的科技成果,可以采用会议鉴定形式。这种方法优点是在鉴定会上,能让到会的专家、教授和有关人员与被鉴定单位的科技人员当面接触,及时弄清技术鉴定中需要仔细了解和补充了解的东西,同时使被鉴定单位的科技人员及时了解存在的问题及应当加以改进的方面等。其缺点是,要花费很多的人力物力及时间,邀请的专家、教授往往因为工作忙不能到会等。因此,鉴定会要精心组织,坚持勤俭节约、公平公正的原则,保持鉴定的科学性。采用会议鉴定时,由组织鉴定单位或者主持鉴定单位聘请同行专家7~15人组成鉴定委员会。鉴定委员会专家不得少于应聘专家的4/5。鉴定结论必须经鉴定委员会专家2/3以上多数或者到会专家的3/4以上多数通过。

②函审鉴定,指同行专家通过书面审查有关技术资料,对科技成果做出评价。这种形式不需要进行现场考察、测试和答辩,采取函审鉴定形式即可对科技成果做出评价。参加函审鉴定的专家、教授,由完成成果单位的上级主管部门根据鉴定材料聘请。函审鉴定需提前将全套技术材料及有关鉴定成果事项的材料、通信鉴定意见书等寄给专家、教授,然后由完成技术成果单位的上级主管部门将寄回的意见加以综合,形成技术鉴定书。在上报成果材料时,将专家的书面意见作为附件,连同技术鉴定书一起上报。这种鉴定方式可以节约财力、物力和人力,也节约了参加鉴定的专家、教授的宝贵时间。采用函审鉴定时,由组织鉴定单位或者主持单位聘请同行专家5~9人组成函审组。提出函审意见的专家不得少于应聘专家的4/5,鉴定结论必须依据函审专家3/4以上多数的意见形式。

③检测鉴定,指由专业技术检测机构通过检验、测试性能指标等方式,对科技成果进行评价。专家可根据研制单位提供的技术资料,对产品或推广基地直接进行仪器检测、调查,结合利用使用单位的应用效果报告、发明证书等做出科学鉴定。采用检测鉴定时,由组织鉴定单位或者主持鉴定单位指定经过省、自治区、直辖市或者国务院有关部门认定的专业技术检测机构进行检验、测试。专业技术检测机构出具的检测报告是检测鉴定的主要依据。必要时,组织鉴定单位或者主持鉴定单位可以会同检测机构聘请3~5名同行专家,成立检测鉴定专家小组,提出综合评价意见。

2. 农业科技成果鉴定的条件、主要内容和程序

(1) 科技成果鉴定的条件:

①列入国家和省、自治区、直辖市以及国务院有关部门科技计划内的应用技术成果,以及少数科技计划外的重大应用技术成果(基础性研究、软科学研究等其他科技成果的验收和评价方法,由科技部另行规定)。

②已完成合同的约定或者计划任务书规定的任务要求。

③不存在科技成果完成单位或者人员名次排列异议和权属方面的争议。

④技术资料齐全，并符合档案管理部门的要求。

⑤有经国家主管部门或省、自治区、直辖市科技管理部门或国务院有关部门认定的科技信息机构出具的查新结论报告。

（2）科技成果鉴定的主要内容：

①是否完成合同计划任务书要求的指标。

②技术资料是否齐全完整，并符合规定。

③应用技术成果的创造性、先进性和成熟程度。

④应用技术成果的应用价值及推广的条件和前景。

⑤存在的问题及改进意见。

（3）科技成果鉴定的程序：

①需要鉴定的科技成果，由科技完成单位或个人根据任务来源或隶属关系，向其主管机关申请鉴定。隶属关系不明的可向其所在地省、自治区、直辖市主管部门申请鉴定。

②组织鉴定单位应在收到鉴定申请之日起30d内，明确是否受理鉴定申请，并做出答复。对符合鉴定条件的，应当批准并通知申请鉴定单位。对不符合鉴定条件的，不予受理。对特别重大的科技成果，受理申请的科技成果管理机构可以报请上一级科技成果管理机构组织鉴定。

③参加鉴定工作的专家，由组织鉴定单位从科技成果鉴定评审专家库中遴选，申请鉴定单位不得自行推荐和聘请。

④组织鉴定单位或者主持鉴定单位应当在确定的鉴定日期前10d，将被鉴定科技成果的技术资料送达承担鉴定任务的专家。

⑤参加鉴定工作的专家，在收到技术资料后，应当认真进行审查，并准备鉴定意见。

⑥鉴定结论不写明"存在问题"和"改进意见"的，应退回重新鉴定，予以补正。

⑦组织鉴定单位和主持鉴定单位应当对鉴定结论进行审核，并签署具体意见。鉴定结论不符合有关规定的，组织鉴定单位或者主持鉴定单位应当及时指出，并责成鉴定委员会、检测机构、函审组改正。

⑧鉴定通过的科技成果，由组织鉴定单位颁发"科学技术成果鉴定证书"。

⑨科技成果鉴定的文件、材料，分别由组织鉴定单位和申请鉴定单位按照科技档案管理部门的规定归档。

在鉴定结论上，重点对科技成果的学术水平和技术水平进行评价，说明被鉴定成果与国内外本行业研究水平相比较所具有的水平层次。目前常用的衡量尺度为：创造发明或新发现；国际领先水平；国际先进水平；国际水平或接近国际水平；国内领先水平；国内先进水平；省内领先水平；省内先进水平；省内水平。鉴定结论要对研究、试制和技术革新成果的可靠性、先进性、实用性（如品种、栽培技术等要特别强调适应的范围等）、经济效果和存在的问题等，做出正确的评价，并提出应用和推广的范围；属于新农药、新农机具、新农药器械、新的仪器和仪表等的试制，还应提出小试完成后的改进意见，可否转入中间试验；中间试验项目完成后要提出是否可以投产等意见；对应用基础研究成果，则要对其论文的学术水平和实用价值做出恰当的评价。

二、农业科技成果转化及其评价

农业科技成果转化是指把科技成果潜在形态的生产力转化为现实的物质形态的生产力,并通过推广应用产生社会、经济和生态效益,形成新的生产力的过程。《中华人民共和国促进科技成果转化法》指出:科技成果转化是指为提高生产力水平而对科学研究与技术开发所产生的具有实用价值的科技成果所进行的后续试验、开发、应用、推广直至形成新产品、新工艺、新材料,发展新产业等活动。

(一)农业科技成果转化的相关理论基础

农业科技成果转化从其工作过程及形式来看,是一种沟通过程、教育过程和组织过程,是通过沟通、示范、教育(培训)等转化活动,使农民行为发生改变。农业科技成果转化需要农业科技管理学、农村社会学、行为学和心理学等理论支撑,掌握农业科技成果转化的理论与方法,需要对相关社会科学与自然科学进行交叉研究实践。

农业科技成果转化过程除遵循需求理论、行为改变理外,关联理论和创新扩散理论能使我们进一步理解农业科技成果转化的过程。

1. 关联理论 农业科技成果转化与推广,已成为专用名词,指的是根据农民需要、农业和农村发展需要、提高农产品国际竞争力的需要,寻求问题所在,帮助解决"三农"问题。

这个概念告诉我们,农业科技成果转化与推广过程中,存在着两个系统:一是目标系统,指农民、农业以及所处的生存空间,即农民及农民家庭家族与环境因素;二是辅助系统,指农业科技人员、科研和技术推广单位以及所处的生存空间,即农业推广机构及推广人员与环境因素。这两个系统相互作用,相互渗透,是农业科技成果转化与推广过程的完整系统(图8-1)。

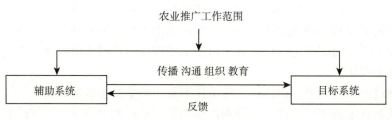

图8-1 辅助-目标系统

注:①辅助系统包括农业推广人员、农业推广机构、环境因素(社会、文化、经济)。
②目标系统包括农民、农民家庭家族、环境因素(生产、社会、文化、经济)。

农业推广实践认为,在现实农业推广工作中,没有现成的"处方"可以有效地提供行为的改变。这是因为:各地区自然、技术、经济社会条件不同,一项新的农业科技成果由实验室、试验基地到农村大面积应用,必须有一个试验、示范转化与推广的过程;广大农民接受一项新的农业科技成果,也需要有一个认识、评价、试用的过程。在现实农村中,存在两类农民,一类是从事自给性生产的农民,他们种养业生产所得到的产品主要满足自己及家庭成员的消费需要;另一类是从事商品生产的现代农民,即种植、养殖大户,他们种养业规模经营所得到的产品主要拿到市场出售,换来资金,用来扩大再生产。这两类农民对科技成果的需求是不同，需要根据实际情况，针对不同成果、农民的水平与农户的生产需求与生产规模进行分析，采取相应的推广模式和方法进行成果转化与推广才能更具成效。

2. 创新扩散理论 创新的扩散是成果转化的关键，是指某项创新在一定时间内，通过一定的渠道，在某一社会系统的成员之间被传播的过程。

创新扩散的一般规律是科技成果转化和推广的基本规律。创新扩散是最初创新者采用；通过认识、兴趣阶段出现早期使用者；效用产生后，接着扩散，扩散到更多的采用者或采用地区，使创新得以普及应用，出现早期多数、晚期多数的采用者，创新的采用与扩散完成。扩散有时是少数人向大多数人的扩散，有时则是由少的单位、地区向更多的单位、地区扩散。创新扩散过程是采用者的心理与行为发生变化的过程。其结果受驱动力、阻力的影响。驱动力大于阻力时，创新就会扩散开来。研究表明，创新扩散具有明显的规律可循，呈钟形扩散曲线。扩散过程一般顺序经历自然扩散期、示范期、发展期、成熟期、衰减期（图8-2）。

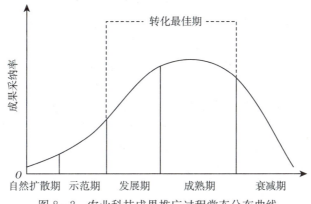

图8-2 农业科技成果推广过程常态分布曲线

不同农业科技成果的水平、竞争能力、推广质量以及成果研制周期和技术更新周期不同，其有效生命期也不同。据研究，一般农业科技成果有效生命周期是5～8年。这个时期是很短暂的，因此，农业推广必须紧紧抓住农民心理接受兴奋期即成果的发展期和成熟期，也是转化最佳期，进行大力推广，利用有利时机，创造较高的经济效益和社会效益。

（二）农业科技成果转化的条件

1. 科技成果必须适销对路 在农业推广实际工作中，经常会有这样的情况发生：一些科技成果一经问世，便很快引起广大农民的兴趣与关注，使其在生产应用上不推自广，而且能在较长时间内"走俏"；而有些科技成果虽然已被研究出多年，并做了大量的宣传推广工作，但一直不能引起农民的浓厚兴趣，并很快出现"疲软"；还有的成果，不论多么努力宣传推广，却始终得不到农民的赏识而长期地被搁置，最终失去其应有的使用价值。出现这些情况的原因是多方面的，但最根本的还是这些科技成果本身不过硬，在很大程度上不能满足农民在生产中的实际需要；或推广区域不对路，不能充分体现科技成果的效益。

2. 农业推广体系要健全 农业科技成果经过鉴定以后，如何送到农村的千家万户，这既是农业推广部门的主要工作，也是农业科研单位义不容辞的责任。农业科研单位作为农业科技成果的生产单位，首先应从本地区农业生产发展和本单位科技进步的实际需要出发，推出更多的适销对路的农业科技成果。此外，也要积极地进行技术开发与推广工作，采用多种形式传播农业科技信息，促进农业科技成果向生产领域转移，并通过成果示范解决科技成果应用中的新问题，使科技成果在推广过程中不断完善和发展。农业推广部门应采取积极有效的组织措施，理顺关系，制订农业推广计划，做好技术培训，宣传推广和科学指导工作，使农业科技成果的转化周期相对缩短，同时也要注重农业科技成果在转化中不断创新，并要求政府部门、服务部门相协助。

3. 农民的科学文化素质要提高 农业科技成果转化能否成功，一个重要的影响因素是农业科技成果的采纳系统。农民是农业科技成果采纳系统的主体，他们的科学文化素质的高低在很大程度上影响着科技成果的吸收、消化和应用。目前，我国的农民受教育程度较低，科技意识和能力都相对较差。因此，普及义务教育和各类职业教育，宣传科技知识，加强农民科技意识，是实现农业科技成果转化的重要手段，这也就要求教育、科研、推广部门应紧密结合起来，围绕农业科技成果转化这个中心，广泛开展不同层次的，尤其是对农民的技术培训，尽快提高农民的科学文化素质，以增强农民对农业科技成果的接受能力。

4. "技、政、物"结合，投资有保障 农业科技成果的转化是以相应的物质和资金配套为前提的。如配方施肥技术的转化，就要有合理的化肥结构；病、虫、草害防治技术就要有对路的农药类型。所以，农业科技成果的转化要形成规模效益，必须有各方面的配合，其中"技、政、物"是三个最基本的要素。技术是核心，物质是基础，政策是保证。

5. 社会化服务全面周到 农村实行家庭联产承包责任制以后，要使不同素质的农民都能接受并能够正确运用先进的农业科技成果，扩大农村社会化服务范围是十分必要的。农业推广部门可以结合技术推广从事一些经营服务活动，如农药、化肥、地膜、良种、苗木等经营，也可以采用技术承包等形式，不断增强自我积累、自我发展的能力。立足推广搞经营，搞好经营促推广。逐步改革过去的"输血式"推广为"造血式"的推广，同时改变单纯的产中服务为产前、产中、产后的全程服务。

（三）农业科技成果转化的评价

农业科技成果转化的评价包括两个方面：一是对科技成果转化的程度和效率评价；二是成果转化应用的效益评价。

1. 科技成果转化的程度和效率评价 衡量和评价农业科技成果转化的程度和效率的指标主要有转化率、推广度、推广率及推广指数等。

（1）转化率。农业科技成果的转化程度通常用转化率来表示。转化率包括两方面：①转化周期；②转化成果数。

转化周期是指科研成果自鉴定之日起，到生产上普及推广之日止的时间。转化成果数是指在生产上得到了推广应用的成果数量。转化周期越短，研究成果推广速度越快，则转化率越高。

（2）推广度。推广度是反映单项技术推广程度的一个指标，指实际推广规模占应推广规模的百分比。推广规模是指推广的范围、数量大小。实际推广规模指现有推广规模的实际统计数。应推广规模指某项成果推广时应该达到、可能达到的最大局限规模，为一个估计数，它是根据某项成果的特点、水平、内容、作用、适用范围，与同类成果的竞争力及其与同类成果的平衡关系所确定的。

一般情况下，一项成果在有效推广期内的年推广情况（年推广度）变化趋势呈抛物线，即推广度由低到高，达顶点后又下降，降至为零，即停止推广。依最高推广率的实际推广规模算出的推广度为该成果的年最高推广度；根据某年实际推广规模算出的推广度为该年度的推广度，即年推广度；有效推广期内各年推广度的平均称该成果的平均推广度，也就是一般指的某成果的推广度。

(3) 推广率。推广率是评价多项农业技术推广程度的指标，指推广的科技成果数占成果总数的百分比。

(4) 推广指数。成果的推广度和推广率都只能从某个角度反映成果的推广状况，而不能全面反映某单位、某地区、某系统（部门）在某一时期内的成果推广的全面状况。推广指数同时反映成果推广率和推广度，可较全面地反映成果推广状况。推广指数可以作为评价农业科技成果转化状况的一个重要指标。

(5) 平均推广速度。平均推广速度是评价推广效率的指标，指推广度与成果使用年限的比值。

(6) 农业科技进步贡献率。为进一步评价农业科研与推广工作的效果，从总体上把握农业科技进步水平与潜力，通常需要测算科技进步对农业经济增长的贡献份额，即农业科技进步贡献率。农业科技进步率可以用农业总产值增长率分别减去每项生产要素产出与其投入增长率乘积而测算出来。

研究农业科技成果转化率及其相关指标的目的，就是要求在转化农业科技成果的过程中，尽可能地提高转化效率，使成果发挥更大的经济和社会效益。

2. 农业科技成果转化的效益评价

(1) 农业科技成果经济效益的评价指标。农业科技成果转化的经济效益评价指标是反映经济效益大小的计算依据，也是农业科技成果管理的重要内容，是成果奖励的重要尺度。农业科技成果转化的经济效益的评价指标有：新增总产量、新增纯收益、科技投资收益率、科研费用收益率、推广费用收益率、农民得益率。

(2) 农业科技成果经济效益评价的基础数据和取值方法。农业科技成果经济效益评价中所涉及的基础数据必须准确无误而且科学合理，只有这样，才能保证对农业科技成果经济效益的评价准确。在计算过程中涉及的基础数据主要有：

①对照。对新科技成果进行经济评价，必须选择当前农业生产中最有代表性的同类当家技术为对照。其功能性质、各项费用、主副产品质量、产值的取值范围和项目、对比条件、计算单位和方法、价格、时间因素与推广的新技术要有可比性。

②有效使用年限和经济效益计算年限。使用年限是指农业新技术发挥作用的时间；经济效益计算年限是指推广农业新技术经济效益最佳和较高时期，各类推广技术经济效益计算年限不同。按作用年限可分为：

短期的：如在一年内发挥作用的农作物新品种，农业、畜禽（猪、鸡、兔等）饲养管理技术，经济效益计算年限从推广使用（不包括示范时间）起，经过稳定推广使用，进入淘汰期为止。进入淘汰期的标志是当年使用面积（或棵、只）下降到最高年的面积的80%。

长期的：如多年生栽培植物（茶、果树等）可按生命周期计算。若由于生命周期过长，进入淘汰期不便计算，可按有经济收入年限的二分之一计算，一般为20~25年。

使用年限无法确切计算的：如土壤改良、水土保持以及特殊优异的种质资源、抗原和方法技术类的，其使用期长久、无确切年限，目前一般可按30年计算。

③有效使用面积。有效使用面积指在经济效益计算年限内，确实发挥了经济效益的累计推广面积。根据有关部门调查研究，在一个省范围，保收系数可取0.9，但不同自然经济区，保

收系数取值应有所不同。如在旱涝保收地区取值可偏大些,在灾害频繁地区,取值就偏小些。

④单位面积增产量。单位面积增产量指推广的新技术与对照比较,单位面积的新增产量。数据的取值要通过多点对比试验和大面积多点调查取得。

A. 当推广地区大面积增产的主导因子是本项技术,且多点大面积调查增产量小于或等于大面积应用本项技术的实际增产量时:

$$单位面积增产量 = 多点调查单位面积增产量$$

B. 当多点调查单位面积增产量大于大面积应用本项技术的实际增产量时:

$$单位面积产量 = 区试单位面积增产量 \times 缩值系数$$

$$缩值系数 = \frac{大面积多点调查单位面积增产量}{区试单位面积增产量}$$

一般情况下,缩值系数变幅范围在 0.4~0.9,平均为 0.6~0.7。

C. 当本地区大面积增产的主导因子不是一项而是多项技术时,需要用大面积综合应用多项技术获得的实际单位面积增产量,去校正单项技术的区试的单位面积增产量,使之接近于实际。

⑤单位面积增产值。单位面积增产值指推广应用单项技术与对照比较单位面积上主产物和副产物增加的产值。

⑥新增生产费。新增生产费指用户使用新的科技成果取代旧的科技成果后所增加的投入总额。新增生产费常包括人工、种子、肥料、农药、农机费、水电费等。

⑦科研、推广和生产单位经济效益的份额系数。这是指科研、推广和生产单位在新增纯收益中各自应占的份额、比例。确定份额系数是由于推广效益的取得是这三者相互努力作用的结果,反映其在新增纯收益中贡献的大小,使三者认识到自己的作用,并且得到鼓励。

三、农业科技成果转化途径和主要模式

农业推广的重要作用是将新成果、新技术、新知识及新信息应用到农业生产中。科技成果只有转化为现实生产力,才能促进农业技术进步和农业生产的发展。有效的途径和适宜的方式是加速科技成果转化的关键。

(一)促进农业科技成果转化的途径

根据农业科技成果的特点和农业推广中存在的实际问题,结合我国的国情,科学地选择适合当地的推广途径,才能促进农业科技成果的转化。

1. 优化管理机构,形成新的科技推广服务体系 农业科技成果的推广转化的速度和效果,不但受科技成果本身特点的制约,还受社会环境条件的影响。在农民文化素质和科技素质偏低的地区,政府部门对于论证好的科技成果项目,应在政策导向等方面加以适当的干预,促进推广,为科研技术推广保驾护航。科研部门不应是以往单纯进行研究的概念,应尽可能地贴近农业生产实际,选题目标要从解决当前生产中的重大技术问题出发,将研究、推广相结合。推广部门不应是单纯的成为生产和科研部门的中介人,不但要直接参与科学研究工作,成为科研部门的一部分,还要成为生产部门的科技成果转化的直接实施者,防止脱节。缩短转化进程,必须保证财、物诸方面按时、优质、优价、按量的到位。支农部门必须紧密配合,按国家有关法律规定和宏观调控的方针办事,使农民真正体会到中国特色社会主

义的优越性，树立采用新技术、新成果的信心和决心，促进农业科技成果的应用。

在农业生产、农村经济改革不断深化，科、农、工、贸有机结合的全新发展阶段，科技推广部门要适应新形势、新要求，转变观念，转变职能，转变运行机制，增强服务功能，形成新的服务体系。县、乡两级推广机构的科技人员，要具有较强的管理才能、推广技能和一定的科研示范能力。知识层次、结构要多样化，种、养、加、贸、管齐全，素质要高，成为科研、推广、生产相结合的纽带；要制定优惠政策，鼓励高学历、高职称技术人员到推广第一线，积极充实新生力量，形成新的技术格局。推广机构要以市场为导向，效益为中心，发展农村经济为宗旨，形成多层次、多形式、多成分的服务网络，具有产前、产中、产后的综合配套服务功能，形成国家扶持、自我发展壮大的适应于中国特色社会主义市场经济发展的新的科技推广体系。政、科、技、支四位一体，协调作用，促进农业科技成果转化。

2. 加强农村开发研究和中试生产基地建设 农业区域综合开发研究是农业科技成果快而好地转化为生产力的最佳途径。它的显著特点是以系统科学观点和做法，促进农业科技成果的转化。在开发过程中，把多项技术综合组装，发挥效益，具有示范带动作用，影响较大。成果产出单位与成果应用单位紧密结合建立中试生产基地，把试验、示范和推广相结合进行以高产、稳产、优质、低耗、高效为中心内容的配套技术研究、成果推广，这不仅可以促进农业科技成果转化为生产力，而且可以带动一批农业企业的技术改造，如国家科技园区的农业展示推广作用。

3. 大众传播途径 现在网络、新闻、电视、电影、广播、杂志、手机短信息等已成为宣传转化农业科技成果的有效途径。调查研究表明，一项农业新技术通过新闻媒介宣传推广，特别是网络媒体的宣传报道作用，农民的提早认识率可达70%以上，可见，利用现代通信设备推广农业科技成果也是目前有效途径之一。

4. 农业技术市场 农业技术市场有六大功能，即交易功能、交流功能、推广功能、开拓功能、教育功能、信息功能。农业技术市场对促进农业科技和农村经济的结合，加速科技成果转化为现实生产力显示出了强盛的生产力。农业技术市场十分有利于农业科技成果在生产领域中的应用。技术作为商品进入流通领域，使科技成果直接与需求者见面，减少了成果推广环节，加快了转化为生产力的速度。

5. 建立科学的培训体系，大力提高农民素质 技术含量较高的农业科技成果在实际推广中往往农民接受慢，普及慢，转化慢，效益低。这主要是因为农民文化水平较低。在技术成果推广地区，针对技术成果特点、农民的文化水平高低，根据教育学、心理学原理，应用农业科技成果推广规律及科技成果转化为生产力的特点，建立科学的培训体系，开展长期的多种形式相结合的教育培训，普遍提高农民文化素质和科技素质是促进农业现代化的根本。如"农业专家大院"专家传播推广农业科技成果的作用。

科技知识是相互依存、相互渗透的，在农业科技推广培训内容上要进行全方位培训，应难易、深浅兼顾，种、养、加、营、管全面培训。农民的文化水平参差不齐，接受能力不一，要把他们分解成若干层次进行培训，针对情况有的放矢，重点培养和普遍教育相结合，形成一批技术骨干和示范户，带动整个地区。这样系统地培训，可使农民科技素质得到大幅度地提高，使其终身受益，科技成果能够保质、保量、保效益地在培训中迅速推广。

6. 根据成果属性采取相应的推广对策 促进成果转化，必须考虑成果属性。根据属性，寻找相应对策。对于物化性强的物化形态农业科技成果，如农作物良种、新畜禽品种、新疫苗、新肥料、新机械等，可边示范边推广，以商品形式参与技术市场竞争，供农民选择，以市场调节为主，促进好成果的转化推广，淘汰效益低的成果。对于技术性强的技术形态成果，如各种作物的三高栽培技术、畜禽饲养防疫技术、土壤改良技术等。要针对某一地区的生产实际选准项目，以技术承包、技术培训咨询、技术入股等形式促进转化。此类成果必须有政、科、技、支四位一体的管理机构来保证成果的推广实施。对于知识形态和理论形态成果，如资源调查、病虫情测报、应用理论研究等，属于社会服务公益性的成果，国家必须拨出一定资金无偿服务，保证成果的推广实施，促进社会物质文明、生态文明的建设。

（二）农业科技成果转化的主要模式

农业科技成果在未应用于农业生产之前，只是潜在的、知识形态的生产力，而不是现实的、物质形态的生产力。从潜在的、知识形态的生产力转变为现实的、物质形态的生产力需要有一个转化过程，即通过某种途径或方式，将先进、成熟、适用的农业科技成果作为生产要素，注入农业生产中，改变要素结构，提高农业产出率和优质率。总结分析国内高效农业科技成果转化模式，可以分为以下几种：

1. 政府主导型转化模式　政府主导型转化模式指以政府设置的农业科研和技术推广机构为主体，其目标和服务对象较为广泛，在我国具有政府主导、自成体系、自上而下和社会公益性等特征，在农业科技成果转化中起着举足轻重的作用（图8-3）。

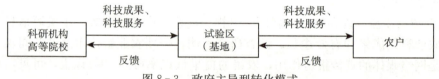

图8-3　政府主导型转化模式

政府主导型转化模式主要由承担着国家、部门科技成果产出和科技服务任务的农业科研机构、高等院校，组织跨部门、多学科优势力量联合攻关，研究并提供具有方向性、创新性的重大科技成果，进行后续试验、开发、应用、推广直至形成新产品、新技术，促进新兴产业和农业持续稳定发展。具体还可以分为以下几种：

（1）"科技+基地（试验区、示范区、辐射区）"转化模式。科技部、农业部、财政部于2004年在陕西杨凌建设的国家农业高新技术产业示范区，是国内唯一的国家级农业高新技术示范区。杨凌示范区和西北农林科技大学在借鉴国外农业科技推广经验的基础上，结合我国农业发展实际首次提出和实施"政府推动下，以大学为依托、基层农技力量为骨干"的农业推广模式。示范区将科技优势与示范基地建设融合，全方位提升农业发展水平。杨凌示范区成立以来，已经探索形成了一个立体式、多元化的示范推广体系，每年示范推广面积4 000多万亩，使5 000多万农民受益，年推广效益达110多亿元。

"科技+基地"转化模式在国家科技攻关中发挥了重要作用。通过在不同类型地区试验示范推广先进农业技术，取得了重大的经济社会效益。同时，通过技术培训，广大农民的科学种田水平不断提高，为振兴地方经济做出了贡献。

（2）"科、教、推"三结合转化模式。由科技部、农业部（现农业农村部）、财政部等部门组织，中国农业科学院等研究院所主持，有关科研机构、高等院校和农业技术推广单位参加的国家"863"计划项目，"六五"至"十一五"期间，坚持实验室与试验场、试验基地结合，取得具有自主知识产权的创新重大科研成果，并形成"科、教、推"三结合运行机制，快速转化与推广自主创新的农业科技成果。

案例：中国水稻研究所是国内最大的以研究水稻为主的农业科研机构，三系法超级杂交稻研究方面处于国际领先地位。该所在主持超级杂交稻研究中，积极探索将育成的好品种大面积推广，将先进科研成果转化为现实生产力，经长期实践总结出"科研机构-技术推广单位-种子企业三位一体"的联合开发转化新模式，通过与浙江中稻高科技种业有限公司、浙江勿忘农种业股份有限公司、浙江江山市种子公司等合作进行种子产业化开发，受到了农民的广泛欢迎。协优9308通过这种新转化模式得到了迅速推广，并成为浙江省单季杂交稻的主栽品种，年推广面积达到20万hm^2，累计推广了66.7万hm^2，为农民增收6亿多元（王玉琪等，2011）。

（3）"科技＋企业"结合转化模式。根据国办发〔2000〕38号文件精神，在农业科研机构在体制改革中，农业部（现农业农村部）有22个科研机构转为科技型企业。在政府主导下，这些企业发挥自身优势，面向市场需求，以经济效益为中心，在实践中创建了"科技＋企业"结合转化模式，取得了一定成效。

案例：中国农业科学院饲料研究所"九五"以来先后研制开发了饲用植酸酶、保健鸡蛋生产技术等多项成果和技术，且80%以上成功实现了转化。特别是饲用植酸酶发酵生产技术，在国内4家企业实现产业化生产，利用该技术生产的植酸酶占国内植酸酶市场的70%以上，成功地替代了进口产品，成本大幅度降低，创造了巨大的经济效益和社会效益。为饲料企业提供技术服务300多项次，转化科技成果40多项次。通过模式和机制创新，推动了科研成果的快速转化（中国农业科学院饲料研究所，2011）。

2. 市场机制主导型转化模式 市场机制主导型转化模式，主要是以农业企业为中心的转化模式，是指涉农企业或集团把农业科技成果由实验室、试验基地转化为现实生产力。这里指的涉农企业，包括农业产业化中的龙头企业、与农业相关的跨国企业和外国公司等。以这些企业为主体研发和转化推广农业新技术、新成果、新产品（图8-4）。

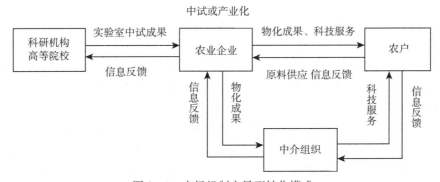

图8-4 市场机制主导型转化模式

这些企业的主要特征是科教企结合或组成企业联盟，自主经营，自负盈亏，以市场为导向，以效益为中心，优先选择可物化为新产品的高技术、新技术，或者可建立稳定的优质原料供应基地的农产品生产技术。通过企业的生产经营，使科技成果供需双方得以互动交流，即，成果供给方为企业提供成果，企业进入中试或产业化生产，同时，企业要利用社会资源向农民提供相关成果及技术服务，以提高产品市场占有率和附加值，发展壮大农业企业。

(1)"企业+基地+农户"三结合转化模式。

案例：陕西华农园艺有限公司，是一家集研发、生产、销售、贸易出口的农业科技型综合性企业。公司选择世界优质苹果产区陕西省富县作为苹果生产基地，生产符合安全食品卫生标准的有机食品"绿冰苹果"。公司按照"公司+基地+农户"的模式，以世界苹果优质品种——富县苹果为主，抓生产，搞经营。现有苹果交易市场、自动化储藏冷库、加工厂和选果线等设施；具有对外贸易经营权，果品加工厂和466.7hm^2基地果园已被国家检验检疫局备案、登记，并予以编号，符合出口欧盟标准。2007年该公司被评为全国苹果经营优秀企业，被农业银行陕西省分行评为"AAA"级信用客户，2008年国家扶贫开发办认定为第二批国家扶贫龙头企业。公司法人代表被评为陕西省企业明星，受聘为中国果蔬协会苹果分会副理事长，获得2008年中国果菜产业突出贡献奖（陕西华农园艺有限公司，2011）。

(2)科技企业一体化转化模式。

案例：保定市科绿丰生化科技有限公司和河北农科院植保所共同承担的微生物农药"10亿芽孢/克枯草芽孢杆菌可湿性粉剂"项目，解决了棉花生产的世界性难题——以棉花黄萎病为代表的农作物土传疾病的防治问题，研制的微生物农药达到国际先进水平，经济效益、社会效益和环境效益显著。该项目的实施，使发酵液中含有的芽孢杆菌数提高为原先的10倍，项目实施1年后，就在黄河流域棉区、长江流域棉区及新疆棉区的12个示范基地、55个示范点进行了区域示范，在防治冬瓜、花生等土传疾病和香蕉、西瓜、草莓等林果根部病害方面，取得了显著效果（科技部，2010）。该项目形成了专业队伍本土化、专业技术平民化、技术推广商业化的成果转化模式，有利于持续增强农技成果的转化能力。

(3)中外农业企业合作转化模式。

案例：美国孟山都公司1992年在我国黄河流域棉区棉铃虫特大暴发的背景下，于1996年与河北省种子站以及美国岱字棉公司合作成立了第一个生物技术合资企业——冀岱棉种技术有限公司，第一次将抗虫棉品种引入中国市场。在取得引进试种成功之后，棉农的种植成本降低了20%左右，安全性也有了显著提高（朱中原，2010）。1998年我国抗虫棉95%的市场份额为外国抗虫棉垄断。与此同时，我国转基因抗虫棉的研究，在国家"863"计划专项和农业部（现农业农村部）、国家发展和改革委员会、财政部等部委的大力支持下取得了重要进展与突破，选育出抗虫棉新品种200多个，2004年国产转基因棉占市场份额的62%。2008年我国转基因抗虫棉种植面积达380万hm^2，占棉田总面积的70%，其中国产抗虫棉已占93%以上（蒋建科，2011）。

3. 科研教育主体型转化模式 这是国家、部分省科研机构和高等院校承担国家、行业和地区重点专项，面向国家和地方农业重大需求，组织全国性科研协作和以科研教育为主体的转化模式，并通过农村试验基地、综合性和专业性基点，试验、示范、推广科技成果，取得显著的经济效益和社会效益（图8-5）。

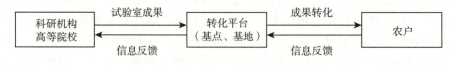

图8-5 科研教育主体型转化模式

通过这种成果转化模式，新品种、新技术被农民广泛接受、认可和大面积地实施和转化,极大地发挥了农业科技成果对农业发展的科技支撑作用,为各级科研部门、高等院校拓宽了发展空间,开阔了发展视野,为农民发家致富、增加收入搭建了农业科技成果信息传播、引进、吸纳、展示和成果转化的发展平台。

案例:西北农林科技大学拥有一支800多人的科技推广队伍,长期深入陕西及西部地区从事科技成果转化与推广工作。该校在陕西省政府的大力支持下,借鉴国外先进经验,积极探索以高等院校为依托的"大学+试验示范站(基地)+科技示范户+农民"成果转化和推广新模式,为新形势下农业科教体制改革进行了有益的尝试,取得了显著成效。

西北农林科技大学选育的小麦新品种"西农979""小偃22",为陕西省的主栽品种,并在河南、江苏、湖北、安徽建立了8个小麦示范园推广,效益显著。为解决苹果产业发展的技术瓶颈,推广人员深入白水县的14个乡镇,累计建立高标准中心示范果园66.7 hm^2,示范园666.7 hm^2,培训果农20多万人次,带动全县新发展果园2 000多hm^2,使全县果园面积达到了36 666.7 hm^2。2007年,白水县苹果总产值达到7.2亿元,果农人均收入达3 000元。

该校长期致力于秦川牛肉用选育改良及产业化工程等项目研究,培育推广秦川肉牛新品系1个,指导了6个国家级和省级产业化龙头企业。10年来,共计新增出栏肉牛12万头,带动农民新增养牛400万头以上,新增经济效益35.6亿元,社会效益达17.7亿元以上(袁建胜等,2009)。

4. 中介组织带动型转化模式 中介组织带动型转化模式是以合作社、专业技术协会等中介组织为龙头,通过产加销一体化经营或合作社内部交易,带动农户从事专业化生产的一种产业化组织模式。以中介组织为依托的农业产业化经营可以实现跨区域联合,有利于扩大经营规模,提高市场竞争力(图8-6)。

图8-6 中介组织带动型转化模式

这种转化模式由于中介组织的介入而分工明确,科研机构专门从事科学研究,农业技术推广单位及其他中介组织专门从事成果的后续熟化和科技服务,农户专门从事农业生产,三方紧密配合,效率得到明显提高。中介组织利用较完善的推广营销体系,为农户提供有效的科技服务;同时,又可将农户的科技需求信息集中起来,反馈给农业科研机构,为进一步完善科技成果和科研选题提供依据。

案例:陕西杨凌示范区的中介平台由企业、农民协会、专家大院、技术会展等组成,通过就地转化,将科技成果送到千家万户,取得显著成效。中介机构通过市场化的技术"买卖"转化与推广科技成果5项、新品种40多个,服务西北、华北等10省区,年辐射效益达10亿元。举办培训班27期,培训果农2 000多名。有9家优秀品牌企业加盟,发展会员3万余名。举办成果博览会,通过参观、交流、购买等形式,传播推广科技成果。据初步统计,参加技术培训和咨询人数超过50万人次,成交额累计超过1 038亿元(张晓奇,2011)。

四、农业科技成果转化的制约因素和解决途径

改革开放以来,我国政府确立了科技成果的商品地位,树立了新的转化观念,颁布了《中华人民共和国农业科技成果推广法》《中华人民共和国促进科技成果转化法》等一系列促进转化的基本法规,促进了农业科技成果转化的数量与质量,但农业科技成果的转化率仍然很低,在政策、措施上应与加强。

(一) 农业科技成果转化的制约因素

在农业科技成果的转化过程中,诸多因素影响着科技成果转化的数量与质量,制约因素主要有:

1. 农业科技成果的有效供给不足 在供给方面,影响农业科技成果转化的主要是农业科研选题与生产结合不紧、农业科技成果结构失衡、农业科技成果质量不高和成果转化效率低等。主要表现为农业科研选题与生产结合不紧,偏离市场需求。国家、部门重点科技计划,包括支撑计划、"863"计划项目选题目标过大,项目层次多,不能与生产需求对接。同时,农业科技成果结构不够合理,还存在着在行业中,产中成果多,产前、产后成果偏少的状况。在种植业中,粮棉油品种成果多,资源环境、土壤肥料、植物保护、耕作栽培、高新技术应用、农业机械化等成果少,而产后贮藏与加工技术成果更少。

2. 农业科技成果的有效需求障碍 在需求方面,影响农业科技成果转化的因素,主要是农户生产规模小、农民科学文化素质低、农业生产经营风险大等。我国农村人口多,人均耕地占有量少,农户以家庭联产承包为单元,生产规模很小,不利于先进的农业科技成果的转化和推广。这种"小农户与大市场"的现状下,农户也面临着较大的市场风险和农业生产过程中的技术风险,造成一些农民对采用新的农业科技成果和先进实用技术顾虑较多,也影响了对农业科技成果的有效需求。不过这一局面随着国家农村土地流转政策的实施将发生变化。

3. 农业推广体系结构不合理 以往的农业科技成果推广是由农技推广总站牵头的省(自治区、直辖市)、地(市)、县、乡四级推广网来完成。现在这一体系破坏了,人员流失严重,队伍不稳。而且这种"四级"推广网推广人员是单纯的技术推广人员,农业科研部门没有参与,这样的推广机构使科研与推广脱节。这一事实,一是影响了科技成果的转化速率;二是科技成果推广后科研部门不能直接受益,科研得不到相应的补偿,对研究不利;三是科研与推广是"两张皮",农业上存在的实际问题不能通过推广迅速地反馈给科研部门立题研究。加之,科技成果又需要一定程序转入推广部门,结果,大大限制了科技成果的转化速度。

4. 技术因素和"命令式"盲目推广 农业科技成果的技术性质与科技成果转化关系很密切,立即见效的技术比较简单易学,转化时间短,如施用新化肥、新农药。相反,难度较大或带有风险性技术,往往需要较多的知识、经验和技能,对农民的科学文化素质要求也高,不具备相应的条件,农业科技成果也就难以转化。此外,如果新技术与过去习惯的技术不协调,也会影响农业科技成果的转化。

由于推广机构结构不合理,推广人员素质低、业务不熟,政府部门的命令干扰,往往给推广带来较大的盲目性。有些科技成果是长期效益,有些是短期效益。对那些难推广的长期

效益项目，农民不易接受，但政府为了完成某个指标，不调查研究而盲目"命令"强迫农民采用，结果效益不佳，挫伤了农民采纳的积极性，给以后推广工作造成极大困难。

5. 农民接受能力偏低，限制了推广速度和范围　农民接受某一项科技成果，都要根据自己的经济情况、生产条件，对成果的认识和了解，达到对成果技术的初步掌握才能下决心。许多农业科技成果推广范围应该是很广的，但由于农民科技文化素质太低，经济条件也比较差，接受速度慢，合适的示范户难选，推广网形成慢，限制了成果的推广范围、速度和效益。

6. 政策措施不到位，推广和科研经费短缺　政府对农业科技成果的转化，可以采取多方面的鼓励性措施，给予支持和促进，主要有土地经营使用政策、农业开发政策、农村建设政策、对农产品实行补贴及价格政策、供应生产资料的优惠政策、农产品加工销售的鼓励政策等。以上一些政策不到位会对农业科技成果的转化带来影响。农业科技成果适用范围具有区域性且阶段成果易扩散，同时兼有社会服务的公益性质，其价值很难得到补偿，农民也很少有能力补偿。再加上农业科技成果的应用又是适应当地的延伸性成果（即根据当地情况要加以改造才能应用），若无补贴很难推广。推广经费短缺，科研得不到补偿，使科研推广部门丧失了经济活力，生产者缺乏应用成果的动力，推广部门没有能力形成具有当地适应性的推广创造力，科研没有后劲，以致造成科研、推广、生产相脱节，大大影响了成果的转化。

（二）消除农业科技成果转化限制因素的对策

1. 提高农业科研水平，多出创新性成果　农业科研机构是出创新性科技成果的源头，也是提高国际农业科技竞争力、转化和推广科技成果的基本力量。要按照国家需求，抓好科研申报、立项工作；在研项目要定期督促和检查；项目验收、成果鉴定时，要严格按照规定程序和方法进行，完善评审机制，保证评审质量；在转化和推广科技成果时，要选择相应的转化模式，把科技成果转化为现实生产力。

2. 发展和引导农业技术市场，规范成果转化和推广市场行为　在农业科技成果转化中，对成果进行有效的保护，有利于供给和需求各方的利益。要加强保护知识产权法律的宣传与普及教育工作，农业科研机构、高等院校、企业、中介组织和地方政府应建立和完善农业知识产权管理制度，提高农民知识产权保护意识；加大知识产权的保护和执法力度，严厉制止和整治各种侵权行为，打击各种伪劣、假冒农业科技成果，切实保障农业科技成果顺利转化与推广。

3. 加强农业科技推广队伍，建立完善的推广体系　采取强有力的和行之有效的措施，加强农业科技推广队伍，重点在省以下的地区，特别是在县、乡。有了强大的推广队伍，才能够迅速把农业科技成果转化为直接的生产力。必须健全和加强县、乡农技推广站（包括种子站、畜牧兽医站、植保站、农技站等）的经费、用房、工作及生产条件，充分调动农业推广科技人员的积极性，基层农业推广站（县、乡、村）是农业科技成果推广转化的最重要形式。

4. 加强农业科技成果的鉴定和评价　强化农业科技成果鉴定，评价中加强成果推广范围、地区特点的权重，实行科技成果鉴定评价负责制，增加科技成果鉴定评价的真实性、科学性，取消"命令式"推广，让农民自愿接受农业科技成果。

5. 加强农业技术培训，提高农村实用技术人才和广大农民的科技素质　从农村实际出发，根据不同地区和不同层次农民的需要，编写以种、养、加工为主体的实用农业技术教材，组织大规模多形式、多渠道的农业技术培训，有条件的地区，要充分利用网络信息技术，零距离培训农民；支持农村各类专业技术协会、研究会工作，建立农民、企业家、专业技术人员广泛参与的农业技术推广队伍，积极转化和推广农业科技成果，政府要予以引导、在经费上予以支持；深入农村调查，了解农民对技术成果的心理需求，宣传诱导，增强农民学科学、用科学积极性，增强农民接受和采用科技成果意识。

6. 加强农村信息网络的投入和建设 农村信息网络是传播农业政策、科技信息、技术推广科研成果转化的重要途径。加强和加快农村信息网络建设，可有力地推进农业科技成果的转化，缩短成果的转化周期、扩大推广范围、提高推广率和推广效益。

7. 增加农业技术转化与推广的资金投入 2012年中央1号文件明确提出：加大对农业技术推广的投入，逐步形成稳定的投入增长机制。政府对农业技术推广经费的投入应实行财政全额拨款制度，其增长机制则可参照各地当年财政增长的比例同步增长；对国家和地方的丰收计划、转化资金项目等要加大支持力度，提高各类项目的资助强度。建立农业科技推广专项基金；利用"绿箱"政策，设立农业科技（绿箱）专项基金，把以前的农产品补贴变为农业科技推广补贴，加大农业科技推广投入的力度；要多渠道筹集资金，包括利用信贷资金、乡镇企业收入中以工补农资金、涉农企业赞助等社会集资及农业部门经营收入提成用于农业科技推广等。

技能训练

农业推广项目方案编制

一、技能训练的目标

（1）掌握推广项目方案的主体框架。
（2）按照要求掌握农业推广项目方案的编制方法。

二、技能训练的方式

1. 项目类型 当地县（市）级农业科技示范基地建设项目——新品种推广。

2. 项目主要内容 以在当地县（市）区域内，推广某一物化新技术（如粮食作物新品种、经济作物新品种）为案例，根据当地农业推广体制和工作现状，编制推广项目方案。

3. 项目方案要求 进行现状调查分析，明确方案的主体内容，编制项目方案并进行小组论证。

复习思考

1. 农业科技成果和科技成果转化的概念是什么？
2. 农业科技成果的种类有哪些？
3. 农业科技成果的特点是什么？
4. 农业科技成果的鉴定内容有哪些？
5. 农业科技成果转化的条件有哪些？
6. 影响农业科技成果转化的因素是什么？
7. 简述农业科技成果转化的途径和方式。

8. 评价农业科技成果推广经济效益的指标是什么?

9. 计算题:

(1) 某地区 5 年间共培育或引进小麦新品种 7 个。据调查统计,各品种的年最高推广度和平均推广度见表 8-1。

表 8-1　小麦新品种推广度

小麦品种	A	B	C	D	E	F	G
年最高推广度(%)	18.0	26.0	49.0	56.0	72.0	32.0	51.6
平均推广度(%)	9.2	20.3	40.3	50.6	49.5	27.3	40.2

求该地区 5 年间小麦新品种的群体推广度、推广率及推广指数(以年最高推广度≥20%为起点推广度)。

(2) 河南省科技攻关课题"高产小麦营养施肥机制及栽培技术体系研究与应用"的成果 5 年累计推广 967 万亩,因灾害影响 10% 面积增产不显著,保收系数为 0.9,有效面积则为 870.3 万亩,平均亩产 456kg,比对照增产 42.3kg,缩值系数按 0.7 计,每亩增产为 42.3×0.7=29.61 (kg),小麦单价为 1.0 元/kg,小麦单位效益值为 29.61 元;按小麦籽粒与麦草 1:1,麦草单价 0.05 元/kg 计,则副产物单位效益值为 1.48 元,以上主副产物两项合计每亩新增产值为 31.09 元。推广费 967 (万亩)×0.1 (每亩平均 0.1 元)=96.7 (万元);科研费和推广费按 3:7 计,则科研费为 (96.7×0.3÷0.7)=41.44 (万元);技术推广每亩多耗生产资料费 0.2 元,967 万亩需新增生产费为 967×0.2=193.4 (万元);推广:科研:生产份额系数按 0.3:0.35:0.35 计。请计算新增小麦产量,新增纯收益,科技投资收益率,科研、推广费用收益率,农民年得益率。

项目九　农业推广案例分析

> **学习提示**
>
> 　　本项目以实际农业推广案例的形式讲授当前农业推广中的主要模式：以政府为主导的农业技术推广，以企业为主导的农业技术推广，以高校、科研院所为主导的农业推广，国家科技园区农业科技成果展示、示范推广，以科技信息服务为主的农业推广等。

案例一　农业技术的示范辐射推广模式

案例背景

一、粮食丰产科技工程概况

　　针对冬小麦、夏玉米两熟种植区水资源匮乏、热量资源紧张以及夏秋粮生产不均衡等限制粮食产量水平提高的关键问题，河北省启动了粮食丰产科技工程，对"十五"期间及以前取得的节水、高产、优质单项技术进行优化配置和系统集成，充分挖掘冬小麦、夏玉米的单产潜力，形成了"山前平原区节水型小麦-玉米两熟高产高效技术""黑龙港地区小麦-玉米两熟节水丰产技术""冀东平原区资源高效利用型小麦-玉米两熟丰产技术"三套技术模式，在河北省中北部相应的小麦、玉米主产区进行示范推广。工程项目区包括高产攻关田、核心试验区、技术示范区、技术辐射区。项目区技术创新成果较多，但推广力度不够，因此，河北省决定加大推广力度，开展小麦、玉米两熟丰产高效农业技术示范推广。

二、农业技术示范辐射模式的内涵与框架

（一）农业技术示范辐射推广模式的内涵

　　农业技术示范辐射推广模式是以地方政府出面组织协调，利用实施各类项目（如丰收计划、星火计划等）的过程，集中应用各项高新技术与实用增产技术，建成高产优质高效农业试验区、示范区、技术园，通过项目自身所体现的科技进步优势与经济效益优势，调动农民学习新技术的积极性，从而加速农技推广的步伐，扩大推广应用面。在项目实施过程中，通常选择有代表性的地区建立示范区、示范片、示范点、示范户，开展与项目有关的试验示范工作，联系和带动周围的农民采用先进技术。

(二)农业技术示范辐射模式的框架

1. 辐射中心　核心试验区(冬小麦 666.67hm², 夏玉米 333.33hm²), 其中含 333hm² 超高产攻关田。通过熟化和适应性示范为示范区提供先进、安全的示范技术。

2. 一级辐射点　技术示范区(冬小麦 6.67 万 hm²、夏玉米 3.33 万 hm²)。将核心试验区研究完成的高产、超高产技术体系进行组装、熟化并示范推广,为黄淮海中北部平原地区小麦、玉米高效生产技术提供展示场所。

3. 二级辐射点　技术辐射区(小麦 66.67 万 hm²、夏玉米 33.33 万 hm²)。发挥核心试验区和技术示范区研究完成的高产、超高产技术体系示范推广对周边地区的辐射作用,带动大面积丰产,提高小麦、玉米主产区丰产高效技术创新与技术集成水平(图 9-1)。

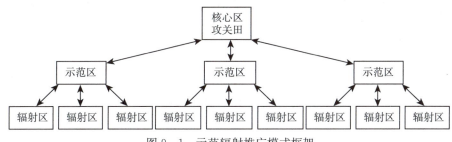

图 9-1　示范辐射推广模式框架

三、农业技术示范辐射模式的管理体制及运行机制

1. 成立各示范县(市)领导小组,实行领导包片责任制　将任务分解到各示范县(市),同项目示范县(市)政府签订目标责任状。10 个示范县(市)的领导小组组长由政府一把手担任。各项目示范县(市)根据省里下达的任务,进一步分解到各乡镇和村,做到分工明确,层层负责,省、市、县、乡、村齐抓共管,保证示范区内每个地块都有专门的行政人员负责。

2. 建立专家顾问指导组,成立课题核心专家组　专家顾问指导组由全国及省内外学术水平较高、经验丰富的权威专家组成,负责指导制定专项实施方案、技术路线和技术实施过程中的督导、检查工作。由来自不同单位的 10 名骨干专家组成课题核心专家组,负责课题实施过程中重大技术问题的决策、监督和管理。

3. 成立课题技术专家组　参加课题的科技人员打破单位界限,按照各自专长形成优势互补的研究和技术推广群体。课题共有 20 多家单位的 300 多人参加,涉及栽培、种子、植保、肥料、水利、农机、推广等多个学科,在课题实施过程中充分发挥不同学科的优势,保证课题在技术集成、示范推广及储备技术研究等多方面的需求。

4. 成立辐射区工作领导小组　负责组织协调课题辐射区各类技术辐射和相关工作,根据不同类型区发生的技术问题和辐射工作需要,统一调配技术辐射力量。在总课题技术和各辐射地级市分别组建技术辐射专家组。各辐射地级市专家组由 5~8 名不同学科专家组成,具体负责本区的技术辐射方案的制定、生产技术指导、技术培训等工作。

5. 实行首席专家负责制和技术人员矩阵式责任制　集成河北全省农业科技力量,打破科技人员的部门、单位、专业界限,在省一级成立总课题专家组,实行首席专家负责制,统一编制全省的《技术方案》,作为各项目区和单位技术实施的依据。总课题组下设若干专业组,每个专业组在本专业领域对全省各类型区、示范区总负责。总课题组的所有专家都身兼两职,既包专业,又分片包县、乡、村,保证示范区内每个地块都有专家负责。县、乡技术人员不少于 5 人,负责具体技术方案的组织实施。与技术人员签订技术目标责任书,实行分片包乡、包村责任制,将任务落实到地块和人员。

6. 建立开放、流动、竞争和协作的运行机制　该运行机制以"试区-专家双向选择"为核心内容,根据项目实施的任务要求,实行双向的示范区、辐射区市、县(市)选择技术专家和技术专家选择示范区、辐射区市、县(市),以期达到优化、高效的组合方式。通过实行项目工作机制,充分调动各方面的积极性,检验参加课题的各级专家的综合能力、敬业精神及完成工作任务情况,促使各项目区积极主动地开展工作,组织实施技术示范、推广和辐射工作,形成了以项目区为辐射源、传播技术带动全局的农技推广新格局。

为了让科技工程成为群众的共同行动,课题组共举办各类培训班 2 642 期次,培训基层农业技术人员 3.8 万人次、农民骨干 210 万人次;发放节水技术、病虫害防治技术、小麦玉米栽培技术、配方施肥技术等课题科技光盘 2 600 多张;小麦、玉米生产的关键时期召开不同规模的现场会 40 余次,在省、市级电视台举办专家专题讲座 60 多场。除了实施面对面的指导外,课题组还利用现代化的信息技术手段开展科技服务,并专门建立了"河北省粮食丰产科技信息网"。

四、粮食丰产科技工程成效显著

随着农业先进实用技术的不断推广应用,河北省粮食单产、总产稳定提高。2010 年 11 月上旬,河北省永年县小北汪村的一户农民庭院中,刚刚收获的玉米堆得像座小山,捧着颗粒饱满、色泽鲜艳的玉米粒,小院主人欣喜地说:"近年来,各级专家亲临田间地头进行指导,俺家粮食是年年丰收,你看我今年刚收获的 0.4hm^2 玉米产量达到了 9 750kg,而夏季收割的 0.4hm^2 小麦产量达到了 7 500kg。政府部门开展的粮食丰产科技工程就是好!"

科学技术为粮食增产插上了腾飞的翅膀。2006 年至 2010 年的 5 年中,整个项目区共计增产粮食 593.8 万 t,增加经济效益 99.8 亿元。

[资料来源:王笑颖,史峥,杨莹光,等.2010.农业技术"示范辐射"推广模式的探索——以河北省粮食丰产科技工程为例 [J].安徽农业科学(10).]

案例分析

一、政府主导型农业推广模式

政府主导型农业推广模式是指以政府农业部门为基础的,以贯彻政府政策、提高产量和农民收入、实现农业综合发展为主要目标的农业推广模式,是一种由各级政府领导的农技推广部门组成的推广主体自上而下的推广模式。政府根据区域生产需求,以农业技术推广部门为主体,同时联合科教单位等,开展技术指导、技术培训、信息传播、试验研究和示范推广,将农业科技成果和新技术普及到生产中,促进农业生产的发展和农业产出的增加。

二、采用的推广理论和方法

采用了以点带面(核心试验区、一级辐射点、二级辐射点)逐步推广的扩散理论和系统科学理论；采用了示范、培训、指导等推广方法有机结合，取得了较好的效果，实现了技术示范推动生产发展的目的。

三、推广特点

（1）该模式由政府负责组织、上下联动，普及推广发动力度大、推广速度快。
（2）技术力量雄厚，有专门的技术指导队伍，长期进行技术指导工作。
（3）由核心区向外辐射，逐步推广，推广效果较好。

案例二　农业大学主导的科技推广模式

案例背景

经过多年探索，西北农林科技大学构筑了一条政府推动下的"大学-试验示范站（基地）-科技示范户-农民"的科技进村入户快捷通道，成功突破了农业科技成果推广的"最后一千米"。

一、农民走上致富路　世代土窑变楼房

初春，已是傍晚时分，一些村民仍在地里忙着农活。"现在，我们村里快有20辆小车了！"说起猕猴桃给村里带来的变化，一位村民自豪地说。

家家盖起二层楼，村民开上小轿车，在下第二坡村，农民的好日子让不少城里人都羡慕。"猕猴桃就是金蛋蛋、钱罐罐！没有'西农'专家的示范指导，就没有现在的下第二坡村。"村支书郝金玉感慨地说。

秦岭是世界猕猴桃的原产地，陕西的猕猴桃栽培面积和产量均居全国之首。但长期以来，品种老化、产量低等问题制约着产业的发展。"秦岭北麓土壤肥沃、光照充足，是猕猴桃最佳适生地之一，我们就把试验示范站建在眉县。"西北农林科技大学猕猴桃试验示范站首席专家刘旭峰说。

15人的专家团队随叫随到，10.7 hm^2 示范站近在咫尺，眉县的猕猴桃种植一改之前10余年停滞不前的状态，产业发展跃上新台阶。

"以前猕猴桃树一病就死，自从有了专家指导，病树也有救了。"郝金玉说，示范站推广的新品种逐渐代替原来的老品种，再加上人工授粉、果实套袋等新技术的应用，果农的经济效益明显增加："过去1kg只能卖1.5元，现在能卖2元多！"

"我刚结婚时家里穷得很，只有几间破窑洞。"正在地里施肥的村民王文智说。2002年，夫妻俩回村承包了0.5 hm^2 猕猴桃，一年净挣五六万元。

富裕起来的人们盖起了新楼房，老宅基地也没闲着，都种上了猕猴桃。2008年，下第二坡村户均收入达到3.3万元；0.067 hm^2 收入过万元的果园占15%。

现在，眉县共有8个猕猴桃示范村、400多户科技示范户，在他们的辐射带动下，不仅本县到处都能看到新建的猕猴桃园，整个陕西省的猕猴桃种植面积也从2006年试验站初建时的不到2万 hm^2，发展到2.7万 hm^2。

按照"把试验示范站建到产区"的原则，包括眉县猕猴桃试验示范站在内，西北农林科

技大学目前共建立了白水苹果、西乡茶叶、阎良甜瓜、山阳核桃板栗等14个试验示范站，以科技示范户为先导，由点及面，辐射整个产区。

二、农技推广到田间 农民致富有保障

园艺学院副院长赵政阳是农业农村部果树专家组成员、陕西省苹果首席专家。4月4日，赵政阳刚走进白水县雷牙乡东方城村的一片果园，正在园子里劳动的农民刘选弟远远地就跟他打招呼。因多次听过赵教授讲课，刘选弟和赵政阳很熟。

陕西是我国苹果主产区，全省苹果栽培面积46万hm^2，产量居全国第一，占全国总产量的25%，占世界总产量的9%。苹果产业在促进区域经济发展、增加农民收入方面有着不可替代的作用。

2005年，西北农林科技大学在素有"中国苹果之乡"的渭南市白水县建立了首个苹果试验示范站。白水县政府给予大力支持，无偿划拨$6.7hm^2$土地。

几年来，赵政阳带领他的科技推广团队，深入白水县的14个乡镇，建立了$66.7hm^2$高标准中心示范果园、$666.7hm^2$示范园，以及$2\,000hm^2$示范基地，每公顷产值7.5万元以上。2008年，全县苹果总产值7.2亿元，果农人均收入达3 000元，其中苹果收入占到农民人均纯收入的70%。

白水县苹果局副局长李世平说："一点儿不夸张地说，西北农林科技大学的专家给我们带来了一场苹果技术革命！"

白水苹果种植技术推广是西北农林科技大学农技推广的典型模式，它的基本思路是：在农业区域产业中心地带的农村一线，建立起产学研三位一体的农业试验示范站，作为农业推广的载体，形成一条从大学到农户的科技进村入户快捷通道。

能够帮农民致富，西北农林科技大学的专家渐渐成了农民心目中的"财神爷"。如今，阎良区的甜瓜种植达到$3\,333hm^2$。但是，谁能想到，就在10年前，这里的甜瓜仅有区区$0.13hm^2$。这个"$0.13hm^2$变$3\,333hm^2$"神话的缔造者，就是西北农林科技大学甜瓜试验示范站首席专家杜军志。

"1999年我刚到阎良时，当地老百姓的主要经济来源是种玉米、小麦，$0.07hm^2$收入只有两三百元。"杜军志发现，阎良地区土层深厚，光、热、水资源良好，加上地处西安市郊区，城市消费水平较高，具备发展厚皮甜瓜产业的资源和区位双重优势。

唯一的问题是，当时种甜瓜要盖大棚，投资一个大棚要几千元，普通农民根本搞不起。杜军志经过技术创新，把造价昂贵的大棚改成了简易棚，投入降到只有区区几百元，当年他就种下了$0.13hm^2$甜瓜试验田。

转眼到了收获季节，起初并不被老百姓看好的$0.13hm^2$甜瓜竟然卖了1.5万元，平均每公顷11.5万元，远远超过种菜、种粮食的收益。$666.7m^2$土地只要投入七八百元，就能收入七八千元！许多农民提着酒、拿着烟，甚至是托人向杜军志买种子。后来，他没办法，就订了一个"土规矩"：凭身份证买种子，一张身份证只能买$0.07hm^2$地的种子。

短短几年，甜瓜已成为阎良农民增收的支柱产业之一。

甜瓜种植让阎良人走上了致富路，可一家一户的生产经营模式毕竟有限，2008年1月，参加学校专门组织的甜瓜产业技术培训班后，示范户张小平就联合当地一些头脑灵活的种植大户成立了一个新型农村合作组织——阎良区科农瓜菜专业合作社。在西北农林科技大学专

家的指导下，合作社注册了"蜜霸"牌商标，成为甜瓜高端市场的抢手品牌，1kg甜瓜比普通瓜多卖2元左右。

"接下来，我们要打一场甜瓜种植的'淮海战役'，把甜瓜推广到更适宜种植的皖北、鲁西南、苏北、豫东等淮海地区！"对于未来的产业前景，杜军志信心满满。

"试验示范站对农民来说，是家门口的示范田；对专家来说，是露天的实验室；对大学来说，则是野外的实践基地。"西北农林科技大学校长孙武学一语道出了试验站产学研三位一体的综合功效。

1999年，杨凌7个农业科研教学单位合并组建为西北农林科技大学，实现了我国教育与科研单位的首例实质性合并，也为更多科教人员参与科技推广搭建了平台。

质疑一直伴随着他们。有人问学校："你一所大学为什么要去做技术推广？"但西北农林科技大学人看准了一条：自己的特色就在于"农"字，就要把农业技术推广出去，让农民得到实惠！

"我们就是要探索一种在政府推动下，以大学为依托、基层农技力量为骨干的农业科技推广新模式。"孙武学说。学校近年来在分配制度和评价机制等方面不断改革创新，设立科技推广处，单列"推广教授"岗位，实施"推广专家"人才支持计划，每年划拨100万元作为专项经费等，鼓励科教人员踊跃投身推广工作。

大学专家与农技人员对接、科技创新与现实生产对接、技术服务与农民需求对接、课堂教学与生产实践对接，为整个干旱和半干旱地区农业发展提供了有力的科技支撑。近4年来，西北农林科技大学以试验示范站为"联结点"，培养了4 000多名基层农业骨干，培训农民200多万人次，引进、示范和推广农牧新品种和新技术160多项，取得社会经济效益150多亿元。

北到内蒙古海拉尔，西至新疆阿克苏，西北农林科技大学的推广成果已经走出陕西，辐射全国30多个地区，成为我国农业发展的一个亮点。

（资料来源：刘琴，余冠仕，柯昌万.2009.西北农林科技大学推广农业科技服务农村纪实［N］.中国教育报，04-17.）

案例分析

一、大学主导的农业推广模式

该模式是在政府的指导和推动下，以市场和农民需求为导向，依托自身的科技资源和优势，以项目为纽带，通过基地、企业、合作组织和基层农业推广机构等媒介，向农民科技示范户、农村经济合作组织、涉农企业和广大农民示范推广农业先进生产技术和转移农业高新科技成果，以实现自有科技成果的转化，是农业推广体系的一个重要组成部分。

二、该模式主要采取由点及面，辐射整个产区的方式

该模式采取"大学-试验示范站（基地）-科技示范户-农民""科技入户""以科技示范户为先导，由点及面，辐射整个产区"等推广方式；在管理上采用以政府为引导、以农业院校和科研机构为主导，广大农户广泛参与的管理模式。

案例三　科学家领衔科研成果带动模式

案例背景

一、基本情况

北京市密云区苏家峪村耕地面积虽有上千亩，但全村146户中有78户是低收入户，而且老龄化、空巢化非常严重。村里种过谷子、木耳、鲜花，但收入微薄。再加上地处密云水库上游，苏家峪村不能开采地下水搞养殖业、种植业，也不能种植大量使用农药的农作物。

二、基本做法

鲜食玉米让"空巢村"再现生机。专家根据苏家峪村的自然条件和生产水平，试验种植了他们团队研发的玉米新品种京科968，这个品种具有高产优质、多抗广适等综合优势，特别是具有耐干旱、耐瘠薄等突出优点，他们还开展了良种良法节本增效栽培技术培训，结合一增四改、雨养旱作等高效种植技术的推广应用，大大提高了苏家峪村玉米的产量和品质。

案例分析

一、科学家领衔，金黄色的玉米让空巢村再现生机

赵久然是北京市农林科学院研究员、玉米研究中心主任，北京农业育种基础研究创新平台重大攻关项目"超级玉米种质创新及中国玉米标准DNA指纹库构建研究"的主持人、首席专家。在专家团队的帮助下，密云的龙耘种业公司在冯家峪镇番字牌、前火岭、西仓峪等7个自然村规模化玉米制种4 000亩左右，在增加农户收入、提升龙耘种业玉米规模化制种水平的同时，还为北京市保留了最后一个规模化玉米制种基地。

二、成果带动，创新培育高端品种满足内循环

专家团队创新培育出的多个甜加糯型玉米、高叶酸、高赖氨酸、高花青素等高端特色玉米品种，已成为北京市场上备受追捧的农产品。他们在京郊房山琉璃河、延庆沈家营等多个千亩级基地发展鲜食玉米生产，提升了当地玉米产业等级。他们团队培育研发的京科甜608、农科糯336、农科玉368等优新品种迅速占领北京多地高端鲜食玉米市场。以农科糯336为例，它的单季亩产值维持在5 000元左右，高者可达上万元。很多低收入户通过种植赵久然团队研发的新品种，逐渐走上了脱低、致富的"希望之路"。

三、科技推广，金灿灿的玉米金灿灿的收获

专家团队的科技帮扶遍布全国多地。通过与内蒙古通辽地区科协的合作，建立了300多个京科968小科技示范园，让当地农户实地认识到京科968品种的优良特性，使京科968的推广面积迅速扩大，仅在通辽市一地年种植面积就超过1 000万亩，相比之前的种植品种，亩均增产100kg以上，一个种植大户每年可增收数万元。专家团队开发的玉米品种京科

968，籽粒淀粉含量超过 75%，具有高产、优质、多抗、广适、易制种等优良特性和氮高效、耐瘠薄、耐干旱、耐盐碱和耐寡照等突出优点，已成为我国迄今为止通过审定区域最广的玉米品种。推广鲜食玉米新品种精准扶贫，仅京科糯 2000 一个品种已累计推广种植数千万亩，产生了巨大的增产增收效果，也使很多贫困地区发展起来了鲜食玉米加工产业。

案例四　科技入村农业推广模式

案例背景

科技特派员制度是 1999 年福建省南平市党委和政府为探索解决新时期"三农"问题，在科技干部交流制度上的一项创新与实践。

一、科技特派员制度的产生

全面建设小康社会，重点在农村，难点在农村，压力在农村。南平农村基层科技力量不足与科技服务"缺位"，是制约农村生产力发展的瓶颈。一方面，农民十分缺乏有效的科技指导，直接制约了农业结构调整的进程和农业生产效益的提高；另一方面，原有农业科技推广网络由于体制和机制的原因已是"线断、网破、人散"，大量的科技人员养在机关，农业科研成果远离农民，难以转化为现实生产力。这种状况已经持续多年，而且实践已经证明，传统的推广体制和工作方式，不可能从根本上解决问题，效果十分有限。

为了更好地破解"三农"难题，南平市从推行科技特派员制度入手，探索出一条把科技资源与农村经济有机结合的路子，有力地促进了南平市农村经济的发展，取得了明显成效。

从 1999 年年初开始，南平市委、市政府从农民群众最需要的科技服务入手，运用利益机制引导大批科技素质较高的人才到农村与农民群众相结合，实现传统农业基础与现代农业的接轨。派出的科技特派员与原单位岗位工作脱钩，长年驻扎在农村，在与农村先进生产力代表者种养大户结成利益共同体的同时，为农民提供包括示范、培训、咨询、合作在内的科技服务，努力打造一个以高等院校和科研院所为依托、以科技特派员和产业带头人为主体、以大量乡土人才和广大农民群众为基础的"宝塔形"的新型科技服务网络，实现科农携手的良性循环。截至 2008 年，南平市已先后分 5 批选派 5 697 名科技人员进驻 1 425 个行政村，进驻村占行政村总数的 85% 以上。这些科技特派员主要来自市县两级政府机关和事业单位，有涉农部门、农业科研院所和乡镇农技站等，一般任职时间为 1~3 年。

在此基础上，南平市政府不断总结经验，针对农村基层组织软弱涣散，民主法治观念薄弱，宗族、家族势力影响大，干群关系紧张，工作落实困难的实际，从党政部门选派了一批具有较高素质的干部到农村党组织直接担任党支部书记，作为村的第一责任人，一任 3 年，带领村党组织直接领导村级工作，言传身教培养和带好村民委员会一班人，使农村有一个好的带头人，提高了村级工作水平，解决了农村基层组织薄弱的问题，并让"科技＋书记"成为第一生产力。

由于科技的导入和组织领导的加强，农业结构调整加快，农产品品质优化、产量提高，解决流通问题迫在眉睫。于是，南平市政府又选派了一批具有相对丰富市场流通知识和经验的干部，到乡镇担任以前从未有过的乡镇长流通助理，并下派了专司农村金融和流通工作的副县（市、区）长帮助农民改革农村流通组织、发展流通队伍、组织产业协会，引导农民开拓市场，打造农村流通网络。

科技的推广、流通的发展、农村经济的培育，都需要大量的资金注入。而金融机构由于经营困难，陆续撤离农村，农民贷款难，信用社难贷款，农村金融萎缩、资金短缺，成为制约农村发展的障碍因素。于是，南平市政府又与金融组织联手，从基层农村信用社选派了一批优秀的信用社主任和信贷员去兼任乡镇长和村主任金融助理，和村级组织一起，培养农村信用户、信用村、信用镇，通过培育农民的诚信观念，打造农村诚信社会，实现信贷双赢，拉动农村经济发展。

调整农业结构、实现农民增收，需要发展农村加工业，做大龙头企业，于是又通过双向选择，选派了具有企业经营管理和专业技术的干部到龙头企业担任总经理助理。

4年间，南平市共适时分批向农村派出5支队伍总计4 000多人，占全市机关事业单位人员的4%。这些人员的选派没有增加太多的行政成本，他们全部进入最基层的行政村这一层面，直接面对广大农民开展工作。

二、实施科技特派员制度的初步成效

南平实行科技特派员制度以来，已经对全市农业和农村经济发展产生了深刻影响，有效地提高了农民收入，显示出了制度创新所带来的经济绩效，并带来了农村社会文化的广泛变化。同时，这项制度还带来农业推广体制的重构，带来了科技人员及相关人员工作方式的重大转变，在某种程度上引发了政府、农民与市场三者之间关系的合理定位，对市场经济条件下的农村制度创新提供了重要启示。具体说来，南平市实行科技特派员制度所取得的初步成效主要体现在以下几个方面：

1. 初步实现了盘活农村既有资源、促进农业发展、实现农民增收的目标　科技特派员制度的实施大大强化了农业结构调整的技术支撑能力，盘活了农村既有资源，提高了科技进步对农业发展的贡献率。4年间，科技特派员先后引进新技术1 829项、农业新品种3 815个，实施科技开发项目2 545个，对改造农产品品质、发展高效特色农业、增强市场竞争力，起到了很大推动作用。目前，全市农业结构战略性调整已初见成效，奶牛业、茶业、笋竹业、水果业等主导产业得到迅速发展，规模效益和竞争力都显著上升，一批专业大户和龙头企业成了拉动农村经济发展和农民增收的重要力量。

根据南平市统计，有科技特派员下派的村农业结构效益和经济运行质量明显优于其他地方。下派村粮经比例已经调到15：85，特色种植业和养殖业在大农业中的比例分别增加了82.2%和78.1%，农业结构调整步伐显著快于非下派村。另据南平市的测算，下派村科技进步的贡献率已由40%提高到50%，农产品"卖难"问题得到缓解，销售率由下派前的50%提高到2001年的70%，家庭经营每百元投入产出的纯收入由405元增加到467元。同时，下派村的农民收入增长速度明显快于非下派村，集体经济实力得到了提高，农民负担和村级债务也都迅速下降。2001年年底下派村的集体经济经营性纯收入平均达到8.73万元，增长35.77%；村级债务共减少2 066万元，农民人均减轻负担23.8元；农民人均纯收入2 706元，增长了10.27%，大大高于全市5.9%的平均增速。2002年全市农民人均现金收入增幅达到8%，比全省高4个百分点，有科技特派员的村农民收入增长平均为11.5%，有的高达20%。这些增长的绩效不能说全部来源于科技特派员制度，但毫无疑问的是这一制度发挥了关键性作用。

2. 增强了农民市场意识，提高了农民科技文化素质和生产经营组织化程度 科技特派员长驻农村，深入生产一线，与种养大户、加工大户和龙头企业结成利益共同体，带动这批农村能人在"干中学"，进一步提高了科技文化素质，成长为具有现代经营意识和科技文化素质的新型农民。同时，在科技人员和这批农村能人的示范带动下，广大农民的态度也发生了很大转变。他们从观望到介入，从半信半疑到坚信不疑，最后把一些科技特派员当作"神仙"来敬仰，普遍出现了学科学、用科学、尊重科学的热情。比如，科技特派员詹夷生现场讲解锥栗栽培技术时，有的农民冒雨行程 20 多 km 前来听课，足见农民学习科技的热情。科技特派员完全可以说是新时期农村市场经济发展中的"播种机"和"宣传队"，他们把科技的星星之火撒向了农村大地。

科技特派员制度还带动了当地行业技术协会和合作组织的发展壮大，提高了农民在市场经济条件下的组织化程度。调查中发现，科技特派员下乡后，最初往往是单个作战，人单力薄，有时会耽误对农民的服务，所以就进行同行业力量整合，形成行业服务组，然后再吸纳广大农民（服务客体）参与，最终发展成专业协会，即存在着一个"科技特派员→行业服务组→专业协会"的发展过程。在这个过程中，科技特派员起到了发动、组织、参与和推动的重要作用，是协会得以成立和顺利运行的关键性因素。

南平目前已经形成了数量众多的协会，尽管大多还是一种没有明晰产权关系的、松散型的"群团性组织"，但它已经具备农民合作组织的雏形，它的发展趋势必然是具有稳定产权关系的实体性的专业性合作社。南平的实践说明，农民合作组织并不一定要全部由纯粹的农民组成，借助一定的外部力量，反而能够增强农民合作组织动员资源的能力，提高管理水平，有助于合作组织的正常运行。科技特派员为我国发展农村合作组织提供了新的思路。

（资料来源：佚名．[2014-3-1]．福建南平市"科技特派员"促进农村发展纪实[EB/OL]．http：//www.china.com.cn/market/nppd/398761.htm．)

案例分析

一、科技入村农业推广模式

政府通过实施"高位嫁接、重心下移、一体运作"的工作思路，选派科技人员进驻农村，为当地农民提供全方位、多层次的科技服务。服务方式包括：①科技人员与农业企业、专业大户直接见面，实行双向选择，达成契约式的服务关系；②科技特派员带资金、带信息、带项目、带技术与专业大户建立利益共同体，利益共享，风险共担。

二、模式效果分析

该模式起到了盘活科技人才资源，大力普及科学技术知识，大大推动农业工业化、产业化、信息化和知识化进程的作用。存在问题：①科技特派员创业行动金融支持力度偏弱，风险承担机制还不健全，项目经费有限，影响试点工作的深入开展；②科技特派员自身素质和创业能力有待提高。

案例五 "农技110"农村信息化服务模式

案例背景

传统的农技服务体系已越来越不能满足农村经济形势的发展,农民在发展效益农业中遇到缺信息、缺技术、缺服务的问题越来越突出,在此条件下,"农技110"于1998年11月在浙江省衢州市应运而生。

一、衢州市"农技110"的基本做法

衢州市"农技110"服务体系由市、县、乡"三站(中心)"和村级终端组成。"三站"做到"五个有":有机构人员、有专家队伍、有场地设施、有经费保障、有规章制度。村级终端既是"农技110"服务体系的组成部分,也是农村信息化应用的示范者,在解决信息传递"最后一千米"问题上起着重要的作用。

1. 咨询服务 一是市、县、乡三级"农技110"配有现场咨询专家;二是在"农技110"网站上建立咨询平台;三是聘用场外咨询专家,他们的手机免费接听来电,其中市级聘有40多名。农民通过来电、来人、来信和上网咨询,"农技110"专家尽可能给予当场答复,一时答复不了的,在查阅资料或请教有关专家后,在7个工作日内给予回复。

2. 网站访问 市"农技110"网站上开设了农业综合信息、农业技术资料、市场分析、供求信息、市场价格、农业政策法规、农业标准化等栏目,农民可以通过电脑或手机上网访问,也可以利用电话或手机"听网",其中手机上网用户数有890户。

3. 网上促销 各级"农技110"随时为农民和经济主体上网采集和发布信息,开展网上产品促销、网上招商引资、网上订单农业等工作。

4. 信息发布 一是与衢州电视台合办《农技110特快》专栏,于周一至周六的黄金时段播出,每周3期,每期重播1次;二是由衢州日报社创办《农家报》周刊,全市订阅总数达11万多份,平均每5个多农户就有一份;三是利用手机发布"农技110"短信息,现有用户4 471户;四是通过网站、电子邮件、广播电台、墙报、资料和信息发布会等形式发布信息。

5. 培训示范 各级"农技110"积极开展农业技术培训、职业技能培训和信息技术培训,提高农民素质,提高经济主体利用信息和网络发展经济的能力。"农技110"网站上开通了"影视频道",有131部农业科教影片和8个专业的技能培训多媒体教材。同时,各级"农技110"科技人员经常下乡对农民进行面对面的指导,开展典型示范。

二、"农技110"极大地推动了农村经济发展

"农技110"运行以来,坚持以需促用、以用促建的思路,服务"三农"的思路,取得了较大成效:

1. 加速了农业技术推广,帮助解决技术疑难 江山市新塘边镇沈家村农民姜天才,种了3亩甘蔗,发生叶子卷缩、生长受阻。他急忙拨县"农技110"电话求救,有关专家当即赶到他的甘蔗田现场诊断,认为是施肥不当产生肥害,又遇干旱所致,指导他立即灌水,并

喷施叶面肥，使甘蔗很快恢复生机，最终获得丰收。2003年8月，受副热带高压连续影响，大量怀孕母猪高烧、停食，产死胎和产弱仔，25～40kg重的架子猪产生高烧病。市"农技110"高级畜牧师吴琳世，除了认真接待每一位来电来访群众、细心讲解有关知识、开好"处方笺"外，短短的一个月里就去了全旺、莲花、云溪、杜泽、万田、航埠、招贤等养猪重点乡镇和专业村诊治。仅莲花犁头山、莲花生猪市场及万田乡山后徐养猪专业村的反馈统计，因他上门及时医好猪病，使养猪户减少经济损失5万余元。

2. 及时获取市场信息，加快产业结构调整　衢江区杜泽镇上泽村地处白水畈农业综合开发示范园区，该村通过村"农技110"从网上了解到长兴县种植吊瓜效益高的信息，经考察论证，有50多户农民引进种植15hm²。吊瓜结果了，有的村民愁吊瓜销不出去，就在网上查找长兴方面收购吊瓜的客商电话和发布信息，瓜子上市后，长兴的客商来了一批又一批，第一批以每千克26元卖出去，第三批客商来时价格出到了30元，甚至更高。据统计去年大部分种植户亩均收入达2 000多元，胡政良、姜永平、郑云泉等3户亩均超3 000元。该村计划加快发展，同时创办一家炒货厂，力争打响"上泽吊瓜"的牌子。常山县球川镇碧石坞村韩金成、方琴夫妇，于2002年创办了花卉苗木场，在镇"农技110"的帮助下，通过网络查询花卉苗木信息，选择花卉苗木品种，制订花卉品种规划，同时利用网络联系到了外地客商，将花卉苗木卖了个好价钱。2003年10月，尝到甜头的夫妇俩，兴冲冲地购置了一台家用电脑，准备充分利用网络便利的信息优势，扩大规模，将花卉苗木场做大做强。

3. 构架生产市场桥梁，促进农副产品销售　衢江区高家镇五界村养鸭户程其耀，参加了区"农技110"举办的电脑培训后，学会了上网捕捉和发布商品信息技术，培训班一结束，他就用起了电脑，在网上卖鸭蛋，不到一个月就有客商上门收购1万多千克鸭蛋。龙游县溪口镇上范村"农技110"承办人范金发是养鸭大户，利用因特网发布鸭苗和鸭蛋销售信息，近一年来已销售鸭苗3万余只，平均每3天就有5t鲜鸭蛋销往上海、杭州、江西等地。常山石龙食品有限公司是一家专业生产食用菌及加工产品的私营企业。公司成立之初，无论是原料采购还是产品销售，无论是种植技术还是市场动向，都是通过传统的跑市场、同行交流、订阅杂志等来了解。为了降低成本、扩大覆盖面、增强时效性，2001年公司配备了电脑，一方面建立了公司主页，另一方面在各类商务网站上查询信息、发布产品信息，取得了明显的效益。两年多来，通过网络销售创产值150余万元，部分客商成为了公司的长期客户。2002年，公司通过网络查询得知，市场对秀珍菇的需求较大，并通过网络与上海市场取得联系后，公司引进了菌种，及时上马了该品种，2003年产秀珍菇100t，实现产值400万元，取得了很好的经济效益。

三、立足机制创新，彰显品牌效应

"农技110"的创办改进了政府指导农业、农村工作的方式，促进了各级涉农部门、农技推广部门从过去的管理型向服务型转变，从指令型向指导型转变，从单纯技术推广向信息与技术并重转变，从落后的推广手段向利用现代先进的传媒技术和信息技术转变，建立了通向广大农民的科技和信息高速公路，大大降低了推广成本，提高了服务效能。

几年来的实践表明，"农技110"在加速农业技术推广、帮助农民解决农业技术疑难、及时获取市场信息、加快产业结构调整、促进农副产品销售以及减少农村社会纠纷、建设和谐社会等方面都起到了积极的作用。网站受到了广大农民的欢迎,被称为送科技的"及时雨"、传信息的"小灵通"、促致富的"好帮手"。"什么技术行,问问'农技110';什么项目好,电脑网上找一找"成为不少农民的口头禅。截至2005年年底,衢州市、县、乡"农技110"共收集信息76.4万条,发布信息54.5万条,接受网络访问264.15人次,网上促销、网上订单和网上招商累计成交7 872次,计11.78亿元。

(资料来源:办公室.2005-3-21.衢州"农技110"信息服务网——奋力探索农村信息化之路[EB/OL]. http://xxcyj.ningbo.gov.cn/homepage/show_view.aspx?id=417&catid=576.)

案例分析

一、政府主导的科技信息服务推广模式

主要依托市、乡、村建立"农技110"服务中心,形成市、县(区)、乡镇三级纵向连通、横向协调的农技服务网络。通过网络服务、电信服务、应邀上门等方式,为农户生产提供全方位的技术指导和服务。

二、模式效果分析

该模式对加快农业科技成果的转化、满足农民对科技信息的需求、促进农民增收致富起到了重大作用,充分发挥了信息助推器的作用,能准确、及时地提供农民所需的科技及信息,对农业增效、农民增收和服务功能增强发挥了重要作用,已成为农技推广手段创新的一个新亮点,是深受农民欢迎的"民心工程"。

三、存在问题

一是不同层次、不同区域信息化服务"三农"存在差异;二是面向农业的信息资源数量匮乏及质量不高;三是农民的科技应用水平有待进一步提高。

案例六 国家农业科技园区示范辐射带动模式

案例背景

河北三河国家农业科技园区于1999年4月被河北省科委批准为省级农业高新技术园区,2010年1月被科技部批准为国家级农业科技园区。依托京津、围绕城郊型农业建设的总体布局,以现代农业为发展方向,以龙头企业的培育和基地示范为重点,以技术装备和传播为主线,在科技成果转化应用、农业企业孵化培育、带动农民规模化生产和产业化经营及就业致富、提高区域科技创新能力、促进新农村建设等方面发挥了重要作用,为区域现代农业的发展做出了积极贡献。

一、强化科技支撑,示范推广新品种、新技术

园区与中国农业科学院、中国农业大学、河北省农林科学院等科研院所和大专院校建立

了长期稳固的技术依托与科技研发、合作关系。形成了由专家、农业技术骨干和农民共同组成的科技推广体系，健全了市、镇、村、龙头企业、基地、示范户多层次的科技服务网络。技术开发、引进与转化能力不断提高，为园区的持续发展提供了不竭动力。园区共引进优新蔬菜、优质小麦、专用玉米、特用玉米、花木、奶牛等242个新品种；引进、转化、推广了47项高新及新型实用技术成果；建成了品种引进基地、育苗基地、生产基地和技术培训基地等产业化示范基地，强化了辐射带动功能。

二、建立了科学的运行模式，创新园区运行机制

园区坚持"政府指导、企业运作、中介参与、农民受益"的原则，完善了农业科技服务体系，对技术、资金、人才、资源、市场等进行了有效整合，形成了"政府指导扶持，业主投资管理，企业主导科技"的经营模式，园区按照政府制定政策及园区总体规划，公司或入区企业按规划进行项目建设，企业或公司与农户建立农业产业化关系的总体思路建设发展，使专家、企业、农民、市场得到有效对接，为产业化经营创造了有利条件。

三、突出特色和科技是根本

经过10年的发展，园区形成了以设施生产为主要手段的无公害蔬菜种植、花木种植、畜牧养殖三大特色主导产业。园区的建设为服务都市、改善生态、优化产业结构、促进农民增收、带动区域发展做出了贡献。华夏畜牧（三河）有限公司，是一家集奶牛饲养、良种奶牛繁育、乳品加工、体验观光等业务于一体的综合性外资企业，是"农业产业化省级重点龙头企业"。公司于2004年4月入区，占地44.7hm^2，已完成投资3.0亿元，现存栏优良品种奶牛7 000头，其中泌乳牛4 000头，日产鲜乳85t。公司配置现代化设施和装备，依托美国农业部、康奈尔大学、威斯康星大学等机构，科学养殖，采用性控冻精应用技术繁育良种奶牛、应用TMR饲料车科学配料、奶牛病害综合防治技术、瑞典利拉阀设备挤乳，实施现代化计算机系统管理，使奶牛产乳量及牛乳品质达到了国内、国际领先水平。

四、引育龙头（大户）促带动

园区入驻企业为五类22家企业，其中：规模畜禽养殖及加工企业4家；蔬菜优新品种繁育、先进技术研发企业1家；无公害蔬菜、食用菌生产及加工企业和大户7家；花木生产及绿化施工企业6家；蔬菜、粮食贮藏、加工企业4家。"农业产业化国家重点龙头企业"3家；"农业产业化省重点龙头企业"5家；"河北省林果产业重点龙头企业"1家；"农业产业化重点龙头企业"1家；"农业产业化市级重点龙头企业"7家。龙头企业培育与基地建设不断壮大。园区充分发挥龙头企业和示范基地主导作用，不断丰富和完善"企业＋基地＋农户"的产业化模式，用多方投入、科学管理的方法，以市场为导向，以效益为核心，以科技为先导，加大高新技术成果的转化、示范与推广力度，通过引进品种、创建基地、订单种植、培训农民和客户，延伸示范链条，形成从播种到收获、加工销售，环环紧扣的产业化发展路子，产业化模式实用有效，带动了示范区畜牧、花木、蔬菜和粮食产业的规模，有力地促进了区域高效农业的发展。

（资料来源：廊坊市科技局.2011-11-17.河北三河国家农业科技园区示范辐射带动作

用显著增强［EB/OL］. http：//www.hebstd.gov.cn/news/shixian/langfang/content_52035.htm.）

案例分析

一、农业科技示范园区主导的农业推广模式

现代农业示范园区是发展现代农业的重要载体和主要突破口，在推动农业科技创新、示范、推广，产业结构优化调整以及农业产业化发展，实现传统农业向现代农业转变中发挥着重要的作用。

二、推广模式分析

园区形成了由专家、农业技术骨干和农民共同组成的科技推广体系，健全了市、镇、村、龙头企业、基地、示范户多层次的科技服务网络。采取企业化的管理方法，把专家的成果和技术直接推广到科技示范户，既达到了示范目的又获得了效益，推广方法先进。

三、推广特点

（1）集约化、规模化生产。
（2）企业化管理运营，管理科学。
（3）农业专家和企业结合，是技术和资金的结合，是科技实施应用与企业化管理的结合，激励作用大，推广效益好。
（4）示范效果好，扩散带动效益大。

案例七 "公司＋农户"农业推广模式

案例背景

传统农业小规模的生产方式和低效率的生产能力，始终因缺资金、缺技术、缺品种、管理落后、销售落后等而改变不了农民的贫困局面，不适应当今市场经济日益繁荣、人们消费水平不断提升的需求。1996年，由玉林市政府牵头，玉林市广东温氏家禽有限公司率先推行的"公司＋农户"饲养肉鸡生产模式取得了成功，从而吸引了更多农户加入了"公司＋农户"的养鸡生产行列。后来，温氏公司又在养猪业上推广这一成功模式。至今全市已有巨东、春茂、凉亭、美凰、祝氏、宝中宝、和丰、利源、富民、富康等18家公司推广这一成功模式。

一、"公司＋农户"养鸡生产模式的具体做法

（1）公司提供优质鸡苗。为确保提供的鸡苗达到优质，首先对种鸡的质量加以调整和提高。多年来，各公司投入大量物力、人力、财力，对饲养的种鸡开展了科学的选种选育工作。对种鸡的体型、体重、毛色和产蛋性能等的整齐度进行了严格筛选；对种鸡场的环境保护、疫病防治、饲料生产和供应等均按照国家有关规定严格进行防控与监测。通过不断选育与疫病防控工作，种鸡的体重、毛色、产蛋量及蛋重的整齐度均处较高水平；种鸡场总体水

平，经过省级专家验收评定，各项指标符合国家标准，达到无公害的种禽场标准。

（2）对自愿参与"公司＋农户"肉鸡饲养，具有饲养场地、鸡舍、劳力且愿意接受技术培训和技术指导的农户，经公司核实，双方签订协议后实施。

（3）公司对养鸡户实行种苗、饲料、药物定价发放（养鸡户不用支付现金），对疫病的防治工作也派技术员免费服务。

（4）公司对农户养大出栏的肉鸡，实行回收销售，保证每只肉鸡农民获养殖报酬1.5元以上。

二、"公司＋农户"推广的效果

"公司＋农户"产业化的推广，推动了玉林养殖业的飞跃发展。据调查，美凰公司2003—2007年5年间共扶持养鸡户8 841户，获养殖报酬的养殖户8 518户，占总户数96.35%，总收入10 686万元，亏本的有303户占总户数3.42%。玉林温氏公司自1995年引进后，由当年156户养殖户发展至今3 900多户，年出栏肉鸡3 000多万只，每年养鸡业达4 000多万元产值，社会上抢着要养该公司的鸡，排队100天也要养，说明群众非常欢迎"公司＋农户"模式。

"公司＋农户"饲养肉鸡和生猪的生产模式收到的良好效果，在玉林市产生了积极反响，得到全市各级党政机关、相关企业和广大人民群众的赞誉与拥护。在玉林市广东温氏家禽有限公司的带动下，"公司＋农户"的肉鸡生产经营模式在玉林市范围内逐步得到推行。至2007年年底，全市有饲养10万～100万种鸡规模的18家企业推行这一经营模式，联系农户43 926户，饲养优质肉鸡27 735.32万只，全年出栏肉鸡20 529.22万只（含外地分公司数），纯收入44 320.72万元，户均1.009万元。现在全市养鸡产业链（含产供销加、饲料、兽药等）基本形成，共安排近70万人就业，为建设社会主义新农村做出了新贡献。

随着种鸡饲养企业与肉鸡饲养农户的不断发展壮大，养殖业已成为玉林市农村经济快速发展的重要支柱。在玉林养鸡业18个龙头企业中，有9家被广西壮族自治区人民政府授予省级龙头企业称号，有2家被农业农村部授予国家级的龙头企业称号。玉林市荣获"中国三黄鸡之乡"称号，2006年大陆、台湾和香港优质鸡大会400多名专家学者蜂拥到玉林参观指导。

玉林市从推行"公司＋农户"饲养肉鸡的生产模式进一步上升到了"公司＋基地（合作社）＋农户"生产的新格局。目前推行这一新模式的养鸡企业不仅在本地，而且跨地区、跨省发展，在南宁、桂林、贺州等市县及广东、湖南、江西、上海等一些地市建立了多处生产基地。

新的养鸡生产方式的形成和发展，有效地改变了传统养殖方式的小规模、低效能的局面，有力地促进了玉林市养鸡集约化、规模化的发展，促进了产业化龙头企业的产生，促进了全市养鸡业快速、健康发展。2007年年末，全市肉鸡、种鸡（优质）饲养量800多万只，年产鸡苗最高达到8亿多只，蛋用种鸡53万只，全年出栏肉鸡1.736亿只，禽蛋产量35 134t，肉鸡占全区养鸡生产总量的25%，禽蛋占全区生产总量的22.72%，均居全区各市首位。养鸡产值占全市水产畜牧业总产值116亿元的近30%；全市水产畜牧业总产值占农业总产值的比重由1978年的12.9%一跃为现在的53.8%，其中18家养鸡龙头企业产值

42.7亿元,占全市肉鸡总产值的85%。全市生产的鸡苗和肉鸡,除在本市、本区销售外,50%以上销往广东、海南、湖南、江西、重庆等10多个省市及港澳地区,为这些地区市场保证了优质鸡的供应,深受消费者欢迎。

养鸡生产快速发展的同时,肉鸡产品的加工也迈出了新的一步。玉林市现已有参皇、春茂、美凰、凉亭、巨东等5家养鸡企业开始或正在筹划进行鸡肉产品深加工,计划年加工量可达9 000多万只。参皇公司、凉亭集团计划投入巨资,兴建年加工共8 000万只的自动生产线,产品将销往国际市场。

三、推广"公司+农户"推广的优势

"公司+农户"的好处是把农民组织起来了,龙头企业带动农户、承担风险、共创双赢。

(1) 以龙头企业为载体并承担市场风险,带领广大农民走上产业化、现代化养殖业之路,形成了规模生产、企业化管理、统一品牌、统一市场调控,实行了产、供、销、加工产业链,促进了增产增收。

(2) 龙头企业帮助养殖农民解决了资金问题,发展了养殖业。

(3) 以龙头企业的雄厚技术力量指导养殖户成功养殖。

(4) 农民有效地利用了闲置山坡地从事养鸡业。

(5) 集约养殖带动了一批运输业、加工业、饮食业、服务业、兽药业、饲料业等企业发展。

(6) 安排了一批农民和下岗人员就业,促进了农民增收。

推行"公司+农户"养鸡模式,既充分运用了社会、企业雄厚的资金和技术力量,又充分利用了广大农村人力、物力等优势和自然环境条件进行养鸡。到2007年年底,全市已有26家养鸡企业获得省级无公害产品认证,15家企业获得无公害产地认证。"公司+农户"饲养模式,达到风险共担、利益共享、企业发展、农民致富的共赢目的。

(资料来源:中国畜牧业协会禽业分会秘书处。)

案例分析

一、"公司+农户"经典推广模式

"公司+农户"推广模式是公司或企业与农户相互合作,农户按公司技术和产品质量要求生产农产品原料,公司进行深加工形成高附加值的农产品,实现农业产业化,通过市场达到互利共赢的农业产品生产组织形式。该模式是农业科技推广采用较早的一种农业推广模式,也是我国应用范围广、推广效果较好的一种模式。"公司+农户"推广模式经过20多年的实施和改进,已形成了不同的类别,主要有"公司+园区+农户"模式、"公司+基地+农户"模式、"公司+专家+农户"模式等。

二、"公司+农户"推广模式成功的条件

(1) 采用合同形式确定公司和农户的责、权、利。

(2) 双方坚持守信、互利、共赢的原则进行合作。

(3) 公司必须掌握农业生产的专门技术和专业技术人员,并负责技术的培训、传播和

实施。

（4）农业生产技术成本较低或无附加成本，农户经济力量可以承担，或公司提供贷款担保等解决资金不足问题。

（5）有履行合同的监督机制。

案例八　农民专业合作社农业推广模式

案例分析

随着社会生产力的巨大发展，农村已迫切需要加大改革创新力度，适时调整完善生产关系，实现农村发展的"第二次飞跃"。河北省迁西县在稳定家庭承包经营的基础上，顺应现代农业发展趋势，立足本地产业优势，把发展农民专业合作社作为调整产业结构、实行规模经营、增加农民收入的手段，初步探索出了一条符合市场经济发展要求的农村新型合作化道路和实现农村发展"第二次飞跃"的有效途径。

一、发展农民专业合作社的动因

迁西县地处河北省唐山市北部，县域面积 1 439 km^2，总人口 37 万，辖 17 个乡镇，417 个行政村，是个"七山二水一分田"的山区县。近年来，该县立足山区特点，以商品农业、旅游观光农业、特色农业和园区农业为发展方向，不断培育壮大特色优势产业，农村经济得到不断发展。与此同时，一些与现代农业发展不相适应的问题也逐步显现出来：

1. 单户经营、产业分散　经过多年持续发展，该县以果品、柴鸡、水产、食用菌等为主的几大优势产业格局基本形成，但是这些产业要实现质的提升却缺乏一个符合市场机制的有效载体，农民生产随意性大、产业优势很难体现的问题突出。如该县燕山早丰、燕山魁栗等四大板栗优种已推广多年，但分散交叉种植在 17 个乡镇，未实现分品种植、分类采收，产品差异大、产业增收困难。

2. 生产粗放、技术落后　该县板栗在北部汉儿庄乡杨家峪村最高产量达 6 000 kg/hm^2，但全县 4.2 万 hm^2 板栗平均产量却只有 600 kg/hm^2，产量的巨大差异在于生产管理技术的参差不齐。

3. 产销脱节、产品难卖　如近年来，全国大多数农产品价格普遍上扬，但该县板栗销售价格却不升反降，从 1997 年的 20 元/kg 降到 2007 年的 6 元/kg；淡水鱼价格 20 年来止步不前，始终徘徊在 10 元/kg 左右。而板栗产量 10 年间由 1.5 万 t 增加到 2.5 万 t，淡水鱼产量 20 年间由 1 万 t 增加到 3 万 t。增产不增收，使得农民的生产经营积极性受到极大影响。

4. 加工滞后、效益低下　一家一户农民生产出来的产品既无品牌又无标准，多数以原品方式出售，往往被视同为"三无"产品，根本打不进大商场、大超市，直接进入终端市场困难。

究其原因，在于传统农业向现代农业转变的过程中，中间生产要素缺失。要实现质的飞跃，就必须选择一种媒介，把一家一户的小生产组织起来，把产前、产中、产后整个生产过程连接起来，实现小生产与大市场的对接，连接生产与销售，增强农产品在市场上的话语权。为此，迁西县结合国家出台的《中华人民共和国农民专业合作社法》，在2007年年底组织有关单位、企业和生产经营大户到南方先进地区进行学习考察后，决定以农民专业合作社建设为突破口，打造农业产业化发展的中间平台，实现农业生产经营方式的转变。思路一明天地宽，通过一年半的实践，全县农民专业合作社发展到32家，入社社员达到5 000多户，覆盖了板栗、核桃、水产、柴鸡、食用菌、花卉等各大主导产业，合作社年实现农产品销售额5亿多元，产品打入了10多个国家、地区和国内100多个大中城市，入社社员人均增收达500元以上。

二、发展农民专业合作社的主要做法

迁西县在农民专业合作社建设过程中，明确提出了把专业合作社建成"农民组织化的纽带、生产标准化的载体、销售集群化的龙头、农业产业化的桥梁"的发展定位，积极探索适应本地经济发展的现代农业实现形式，大力推进农民专业合作社发展。

1. 加强引导支持，使农民专业合作社"兴"起来 一是优化合作经济产业基础。该县以主导产业发展现状和农业资源为基础。分乡镇、分产业划定了666.7 hm^2 果品示范园区、1 000万只柴鸡养殖示范园区、20万头猪生产示范园区、266.7 hm^2 食用菌发展示范园区、666.7 hm^2 花卉生产园区和84座水库淡水养殖示范场等多个农业科学发展示范园区，建设农副产品基地和块状群体，奠定专业合作社发展的产业基础。二是科学划分专业合作社布局。在产业分区域发展的基础上，科学制订了各区域农民专业合作社的发展规划，严格按照各社之间村、户互不交叉，入社社员必须达到200户以上，一个乡镇最多不超过3家的原则进行专业合作社建设，合理配置产业资源，避免内部恶性竞争，保护合作社和农民的利益。三是提供强力政策支持。

2. 发展规模经营，使农村土地"转"起来 该县按照"依法、自愿、有偿"的原则，积极探索多种有效形式，推进农村土地向专业合作社流转，提高土地集约化程度，实现农村土地资源的优化配置。一是"土地转租入股-连片开发-集中经营"的社会能人领办模式。如该县祥瑞花卉专业合作社理事长杨国，领办合作社后，每年以12 000元/hm^2 的价格付给社员做租金，土地由合作社统一发展设施花卉种植，吸收社员在合作社打工，同时社员以土地入股，年底合作社按股分红返利。2008年社员平均在每公顷土地上获得综合收益13.5万元。目前，该合作社集中流转土地达20 hm^2。二是"土地加盟-基地生产-合同购销"的农民合作兴办模式。如该县大自然生态种植专业合作社，由有共同种植意向的农户联合办社，入社农户土地作为合作社生产基地，社员分户按照绿色、有机、无公害的要求进行小杂粮种植，合作社统一收购产品和对外销售，社员每公顷土地纯收入比入社前增加了9 000元。该社2009年发展小杂粮种植666.7 hm^2，带动全县小杂粮种植超过2 000 hm^2。三是"龙头带动-精准生产-一体管理"的龙头企业创办模式。如迁西胡子工贸有限公司为扩大优质栗源，创办了喜峰口板栗专业合作社，对入社农户的板栗统一生产质量标准、统一供应优良苗种、统一技术管理和农资供应、统一加工销售，同时对10年以上栗树产品实行高价采购，促进了当地板栗质量的提高和栗农收入提升，公司产品质量和信誉也得到大幅提高。

3. 强化产业延伸，使农民群众"富"起来 农民专业合作社建立后，该县积极引导专业合作社培育特色优势，开展产品精深加工，集中力量闯市场，迅速使资源优势变成商品优势，以商品优势促进产业发展。一是在"特"字上下功夫。2007年迁西板栗销售价由每千克10元以上降至6元，几千吨板栗滞销。板栗合作社组建后，通过集中宣传迁西板栗特色，直接进入市场，2008年全县3万t板栗销售一空，并且每千克卖到了10元以上。其中，喜峰口板栗专业合作社开发的"百年栗果"系列产品，对100年以上古树生产的板栗进行专门认证。分级管理、分级销售，极大地提高了产品附加值，每千克最高卖到了200元以上。二是在"加"字上拓市场。该县成立的16家板栗专业合作社，开发出了速冻板栗仁、小包装即食板栗、干炒板栗等系列深加工产品，产品覆盖全国100多个大中城市，并远销日本、新加坡和我国台湾、香港等地区。同时，用修剪下来的栗树枝作为原料，推广栗蘑栽培，进一步提高了栗农收入。三是在"名"字上找出路。该县合作社高度注重品牌效应，靠品牌提高知名度、靠品牌抢占市场、靠品牌扩大销量。喜峰口板栗专业合作社注册的"迁西板栗"商标，2008年被国家工商总局（现国家市场监督管理总局）评为地理标志驰名商标，成为全国板栗行业第一个地理标志产品。惠桥花卉合作社种植剑兰种球2 000多万粒，成为全国最大的剑兰种球生产基地。四是在"优"字上挖潜力。该县各专业合作社按照标准化模式组织生产，加大科技投入，产品产量和质量得到明显提高。星桥板栗专业合作社总结出一套栗树"四回缩"修剪技术，在社员中进行了推广，2008年仅此一项就使200户社员增加板栗产量5万kg。2008年，各专业合作社组织培训活动40多次，多项新技术得到推广普及。

4. 做好规范管理，使农民专业合作社"壮"起来　为确保专业合作社健康有序发展，该县在专业合作社的发展中，从领办人审批入手，坚持三条原则：一是以涉农企业、种养大户、科技大户、经纪人为首选的原则；二是必须具备组织能力、营销能力、抗风险能力的原则；三是申请人、社员、当地政府都有积极性的原则。在此基础上，对拟订领办人员把好经济实力考核、发展目标论证、社员意愿调查三关，确保专业合作社领办人都是有实力、有能力的农民致富带头人。同时，该县还制定了《农民专业合作社规范化管理实施细则》等。

三、发展农民专业合作社的启示

启示之一，专业合作社是实现农村土地流转的有效载体。迁西县以专业合作社为载体整合农村资源，把农村的种植大户扶持起来，扩大对土地流转的有效需求，带动农村土地经营权流转，提高了农业集约化、规模化经营水平，同时延伸了农业产业链，推进了农产品加工业、旅游观光业等第二、三产业的发展，有效拓展农业发展空间，为土地经营权流转奠定了很好组织基础，既确保了党的农村政策的贯彻执行，又促进了农业生产力的发展，实现了政策与实践的有效结合。目前，该县已有5家专业合作社开展了不同形式的土地流转，吸引农户500多户，流转土地7 333hm^2。

启示之二，专业合作社是吸引生产要素向农业聚集的重要主体。由于农业是弱质产业，投资回报期长、效益低下，很难吸引资本、技术、人才等重要生产要素投向农业。在中央提出"城市支持农村，工业反哺农业"惠农政策引导下，农业龙头企业、农民专业合作社作为一种以利益为纽带的机制、生产要素向农业聚集的主体，把资本、技术、人才等重要生要素集中起来，起到"洼地效应"。如迁西县罗家屯镇私营业主杨国原从事采矿业，2008年投资800万元，创办祥瑞花卉专业合作社，同时在上海注册了奔腾花卉有限公司，依托资本和市场优势，吸纳周边农户土地发展高档花卉种植，产品打入上海、北京、天津等地，当年就获利 300 多万元。

启示之三，专业合作社适应了当前农民发展生产的迫切需要。专业合作社是以增收为目的、以市场为导向、以产业作为手段，是在一定范围内由农民联结成的共担风险、共享赢利、共同发展的经济利益共同体。它较好地解决了一些因农民家庭经营规模较小，单家独户难以办得到、办得好的事情。

启示之四，专业合作社推进了现代农业的发展。一是引导结构调整。专业合作社通过自主开展技术服务，示范推广新品种、新技术、新模式，及时收集市场供求信息，引导农调整生产结构，增强了产品的市场竞争力。如该县龙顺柴鸡合作社带领和指导农民进行柴鸡养殖，使小鸡蛋成了大业。二是延伸产业链条。农业产业化龙头企业牵头组建加工型专业合作社，与农户和生产基地建立紧密的利益联结系，实行精准生产、合同收购、加工销售，形成了一批拉动县域经济持续发展的强势产业。三是开拓农产品市场。种养大户、产销能人和龙头企业依托自身资金和营销网络等优势组建新型产业生产合作组织，有效解决了农产品"卖难"问题。该县友鑫、龙门两家渔业合作社成立后，与东北三省、内蒙古、青海、天津等地销售市场建立了联系，并购买专用运输车进行直销，该县淡水鱼类售价平均每千克提高了 3 元，仅此一项全县养鱼户年增收 9 000 万元。

启示之五，专业合作社的发展需要政府的积极引导和扶持。由于市场经济体系还不完善，因此一个新兴产业兴起后，需要各级政府因势利导、规范管理，促进产业的良性渐进。迁西县根据全县产业分类、发展现状和特点，在充分调研基础上，科学制订了农民专业合作社发展规划，使专业合社在建社初期就做到了科学、合理、有序发展。同时，在政策鼓励、贷款贴息、土地流转、项目申请和审批等方面优先合作社倾斜，增强了专业合作社的发展动力。

[资料来源：吴浪，郭林，薛向刚，等.2009.创新思路实现农村发展第二次飞跃——河北省迁西县农民专业合作社促进农村发展纪实［J］.科技创新与品牌（8）.]

案例分析

一、农村合作组织主导的农业推广模式

该模式是以农民为主体，吸收部分科技人员做顾问，以种植大户、养殖大户、流通大户、经济能人为骨干的农民联合推广组织形式。为满足专业化生产对农业科技的需要，按照自愿互利的原则，将农户组织起来，成立各类专业性的农业技术协会或组织。其主要形式有"组织/协会＋科技＋农户""组织/协会＋示范基地＋农户""组织协会＋农户"等。

二、模式特点

专业合作社领导农民搞生产，避免了一家一户生产经营的盲目性，有利于促进农民增收，有利于节约生产成本，增强抵御市场风险的能力。建立标准化生产基地，实施规模经营，发展特色产品生产，打造农产品品牌，把专业经营作为农民进入市场的桥梁和纽带，市场信息来源扩大，有利于根据市场需求调整农产品结构，生产适销对路和高附加值商品，有利于促进农民收入的稳定增长。合作社采取试验示范的方式，可以让成员更直观地看到效

果,更快地接受新技术,可以减少因引进技术不适用等导致的风险,有效提高合作社和广大成员的经营效益。

案例九　科技文化融合的文化驻乡推广模式

案例背景

北京市农广校创新形成以"文化驻乡"为主要载体的高素质农民培养模式。通过驻乡进村,建设农村文化大院,开设农民文化中专班,以喜闻乐见的形式来吸引农民自愿接受系统教育,以文化带科技,以科技促文化,实现科技文化融合,提高农民科技文化的综合素质。

一、文化驻乡工程的内涵

文化驻乡工程是北京市农广校充分发挥"市农广校-区县分校-乡镇工作站-村级教学点"四级网络办学优势,实施科技文化教育驻乡进村,开办农民文化中专班,建设农村文化大院,以村民为培养对象,培养扎根农村的乡土科技与文化人才,让骨干农民成为农业科技应用的主力、农村文化舞台的主角。

1. 项目目标　推进农民教育学历化,促进农民技能专业化,培养农民文艺专长化,实现农村文化乡土化,系统培养高素质农民。

2. 项目内容　内容设置遵守"夯基础、抓模块"的原则。"夯基础"就是强调专业基础知识和农民实际需要的专业拓展知识的重要性,为学员今后的学习和工作打下扎实的基础,在项目内容上要浅显易懂,难度、深度应适当。"抓模块"就是突出专业课程的灵活性,将专业课程的内容分解成相对独立的模块,强调实际操作能力的培训,在学习中注重培养学员应用知识解决问题的能力。项目内容结构包括公共必修模块、文化艺术专修模块、专业技能专修模块、生活技巧拓展模块。

3. 教学方式方法　教学方式依据农民职业教育的规律和农业生产的特点,在指导性教学计划基础上,实行动态教学计划,采取集中授课和自主学习相结合形式,学习时间视农时而定,农忙时学技术,农闲时学基础。运用教师团队教学,实施现场教学、项目教学、观摩教学、技能训练等,采取老师教学、骨干带学、村民互学等,使农民成为课堂的主角,不仅增强了学员们学习的积极性和主动性,也锻炼了学员的表达能力、沟通能力、自信心和团队合作意识。

二、文化驻乡工程的特色与创新

文化驻乡工程得到时任中央政治局委员、中央书记处书记、中央宣传部部长刘云山同志关注,并在《农村情况》上做出了重要批示:"北京市开展'文化驻乡工程'对推动农村文化建设有重要意义,受到农民欢迎,可在媒体上宣传介绍他们的做法和经验。"

1. 科技文化融合　以文化驻乡工程为载体,将农业科技与农村文化相融合,不断提高专业技能,不断增长文化专长。

2. 驻村办学　利用农村文化大院、农民书屋等设施,把对农民的科技、文化教育送到乡、送到村,实现就近便捷的科技、文化惠民教育。

3. 模块教学、学分管理 教学内容设置采取模块化结构，实施分时分段教学，采取学分管理。

4. 推进农民教育学历化 适应农民需求和农村发展需要，坚持不懈开展中专学历教育，提高农村成人受教育程度。

［资料来源：《农村通讯》（内参），2011-8.］

案例分析

一、科技文化融合的农业推广模式

文化驻乡工程将农业科技与乡土文化有机结合，采取模块化教学，将文化知识、农业技能、文化专长融入日常教学，组织骨干农民进行系统教育，普及农业科技、繁荣乡村文化，促进农民科技文化素质的整体提升。

二、模式特点

（1）创新形成了高素质农民培养的有效途径。以"文化驻乡"为载体，将农业科技与文化艺术教育有机结合，以文化带科技，以科技促进文化，形成适合新形势、新需求的高素质农民培养模式。

（2）促进了农民文化知识、农业技能与文化素养的同步提升。内容设置采取四大模块化结构，面向骨干农民，提高了文化知识、普及了农业科技、发挥了文艺特长、提高了生产生活技能，丰富了乡村文化生活。

（3）解决了农民难于离开本土学习的难题。根据生产季节的变化，采用农忙学技能，农闲学知识，解决了农民"农学"矛盾，学员不出村就能得到系统的学习。

（4）实现了学用的有效结合。教学组织以生产问题为切入点，边教、边学、边练、边演，形成以用为主、学用结合的互动教学过程。

文化驻乡工程是这种培养模式的重要载体，为推进农村职业教育、培养高素质农民探索出了一条有效途径。

附录 I

中华人民共和国农业技术推广法

(2012年8月31日第十一届全国人大常委会第28次会议通过)

第一章 总 则

第一条 为了加强农业技术推广工作，促使农业科研成果和实用技术尽快应用于农业生产，增强科技支撑保障能力，促进农业和农村经济可持续发展，实现农业现代化，制定本法。

第二条 本法所称农业技术，是指应用于种植业、林业、畜牧业、渔业的科研成果和实用技术，包括：

（一）良种繁育、栽培、肥料施用和养殖技术；
（二）植物病虫害、动物疫病和其他有害生物防治技术；
（三）农产品收获、加工、包装、贮藏、运输技术；
（四）农业投入品安全使用、农产品质量安全技术；
（五）农田水利、农村供排水、土壤改良与水土保持技术；
（六）农业机械化、农用航空、农业气象和农业信息技术；
（七）农业防灾减灾、农业资源与农业生态安全和农村能源开发利用技术；
（八）其他农业技术。

本法所称农业技术推广，是指通过试验、示范、培训、指导以及咨询服务等，把农业技术普及应用于农业产前、产中、产后全过程的活动。

第三条 国家扶持农业技术推广事业，加快农业技术的普及应用，发展高产、优质、高效、生态、安全农业。

第四条 农业技术推广应当遵循下列原则：

（一）有利于农业、农村经济可持续发展和增加农民收入；
（二）尊重农业劳动者和农业生产经营组织的意愿；
（三）因地制宜，经过试验、示范；
（四）公益性推广与经营性推广分类管理；
（五）兼顾经济效益、社会效益，注重生态效益。

第五条 国家鼓励和支持科技人员开发、推广应用先进的农业技术，鼓励和支持农业劳动者和农业生产经营组织应用先进的农业技术。

国家鼓励运用现代信息技术等先进传播手段，普及农业科学技术知识，创新农业技术推广方式方法，提高推广效率。

第六条 国家鼓励和支持引进国外先进的农业技术，促进农业技术推广的国际合作与交流。

第七条 各级人民政府应当加强对农业技术推广工作的领导，组织有关部门和单位采取措施，提高农业技术推广服务水平，促进农业技术推广事业的发展。

第八条 对在农业技术推广工作中做出贡献的单位和个人，给予奖励。

第九条 国务院农业、林业、水利等部门（以下统称农业技术推广部门）按照各自的职责，负责全国范围内有关的农业技术推广工作。县级以上地方各级人民政府农业技术推广部门在同级人民政府的领导下，按照各自的职责，负责本行政区域内有关的农业技术推广工作。同级人民政府科学技术部门对农业技术推广工作进行指导。同级人民政府其他有关部门按照各自的职责，负责农业技术推广的有关工作。

第二章　农业技术推广体系

第十条 农业技术推广，实行国家农业技术推广机构与农业科研单位、有关学校、农民专业合作社、涉农企业、群众性科技组织、农民技术人员等相结合的推广体系。

国家鼓励和支持供销合作社、其他企业事业单位、社会团体以及社会各界的科技人员，开展农业技术推广服务。

第十一条 各级国家农业技术推广机构属于公共服务机构，履行下列公益性职责：

（一）各级人民政府确定的关键农业技术的引进、试验、示范；

（二）植物病虫害、动物疫病及农业灾害的监测、预报和预防；

（三）农产品生产过程中的检验、检测、监测咨询技术服务；

（四）农业资源、森林资源、农业生态安全和农业投入品使用的监测服务；

（五）水资源管理、防汛抗旱和农田水利建设技术服务；

（六）农业公共信息和农业技术宣传教育、培训服务；

（七）法律、法规规定的其他职责。

第十二条 根据科学合理、集中力量的原则以及县域农业特色、森林资源、水系和水利设施分布等情况，因地制宜设置县、乡镇或者区域国家农业技术推广机构。

乡镇国家农业技术推广机构，可以实行县级人民政府农业技术推广部门管理为主或者乡镇人民政府管理为主、县级人民政府农业技术推广部门业务指导的体制，具体由省、自治区、直辖市人民政府确定。

第十三条 国家农业技术推广机构的人员编制应当根据所服务区域的种养规模、服务范围和工作任务等合理确定，保证公益性职责的履行。

国家农业技术推广机构的岗位设置应当以专业技术岗位为主。乡镇国家农业技术推广机构的岗位应当全部为专业技术岗位，县级国家农业技术推广机构的专业技术岗位不得低于机构岗位总量的百分之八十，其他国家农业技术推广机构的专业技术岗位不得低于机构岗位总量的百分之七十。

第十四条 国家农业技术推广机构的专业技术人员应当具有相应的专业技术水平，符合岗位职责要求。

国家农业技术推广机构聘用的新进专业技术人员，应当具有大专以上有关专业学历，并通过县级以上人民政府有关部门组织的专业技术水平考核。自治县、民族乡和国家确定的连片特困地区，经省、自治区、直辖市人民政府有关部门批准，可以聘用具有中专有关专业学历的人员或者其他具有相应专业技术水平的人员。

国家鼓励和支持高等学校毕业生和科技人员到基层从事农业技术推广工作。各级人民政府应当采取措施，吸引人才，充实和加强基层农业技术推广队伍。

第十五条 国家鼓励和支持村农业技术服务站点和农民技术人员开展农业技术推广。对农民技术人员协助开展公益性农业技术推广活动，按照规定给予补助。

农民技术人员经考核符合条件的，可以按照有关规定授予相应的技术职称，并发给证书。

国家农业技术推广机构应当加强对村农业技术服务站点和农民技术人员的指导。

村民委员会和村集体经济组织，应当推动、帮助村农业技术服务站点和农民技术人员开展工作。

第十六条 农业科研单位和有关学校应当适应农村经济建设发展的需要，开展农业技术开发和推广工作，加快先进技术在农业生产中的普及应用。

农业科研单位和有关学校应当将其科技人员从事农业技术推广工作的实绩作为工作考核和职称评定的重要内容。

第十七条 国家鼓励农场、林场、牧场、渔场、水利工程管理单位面向社会开展农业技术推广服务。

第十八条 国家鼓励和支持发展农村专业技术协会等群众性科技组织，发挥其在农业技术推广中的作用。

第三章　农业技术的推广与应用

第十九条 重大农业技术的推广应当列入国家和地方相关发展规划、计划，由农业技术推广部门会同科学技术等相关部门按照各自的职责，相互配合，组织实施。

第二十条 农业科研单位和有关学校应当把农业生产中需要解决的技术问题列为研究课题，其科研成果可以通过有关农业技术推广单位进行推广或者直接向农业劳动者和农业生产经营组织推广。

国家引导农业科研单位和有关学校开展公益性农业技术推广服务。

第二十一条 向农业劳动者和农业生产经营组织推广的农业技术，必须在推广地区经过试验证明具有先进性、适用性和安全性。

第二十二条 国家鼓励和支持农业劳动者和农业生产经营组织参与农业技术推广。

农业劳动者和农业生产经营组织在生产中应用先进的农业技术，有关部门和单位应当在技术培训、资金、物资和销售等方面给予扶持。

农业劳动者和农业生产经营组织根据自愿的原则应用农业技术，任何单位或者个人不得强迫。

推广农业技术，应当选择有条件的农户、区域或者工程项目，进行应用示范。

第二十三条 县、乡镇国家农业技术推广机构应当组织农业劳动者学习农业科学技术知识，提高其应用农业技术的能力。

教育、人力资源和社会保障、农业、林业、水利、科学技术等部门应当支持农业科研单位、有关学校开展有关农业技术推广的职业技术教育和技术培训，提高农业技术推广人员和农业劳动者的技术素质。

国家鼓励社会力量开展农业技术培训。

第二十四条 各级国家农业技术推广机构应当认真履行本法第十一条规定的公益性职责，向农业劳动者和农业生产经营组织推广农业技术，实行无偿服务。

国家农业技术推广机构以外的单位及科技人员以技术转让、技术服务、技术承包、技术咨询和技术入股等形式提供农业技术的，可以实行有偿服务，其合法收入和植物新品种、农业技术专利等知识产权受法律保护。进行农业技术转让、技术服务、技术承包、技术咨询和技术入股，当事人各方应当订立合同，约定各自的权利和义务。

第二十五条 国家鼓励和支持农民专业合作社、涉农企业，采取多种形式，为农民应用先进农业技术提供有关的技术服务。

第二十六条 国家鼓励和支持以大宗农产品和优势特色农产品生产为重点的农业示范区建设，发挥示范区对农业技术推广的引领作用，促进农业产业化发展和现代农业建设。

第二十七条 各级人民政府可以采取购买服务等方式，引导社会力量参与公益性农业技术推广服务。

第四章　农业技术推广的保障措施

第二十八条 国家逐步提高对农业技术推广的投入。各级人民政府在财政预算内应当保障用于农业技术推广的资金，并按规定使该资金逐年增长。

各级人民政府通过财政拨款以及从农业发展基金中提取一定比例的资金的渠道，筹集农业技术推广专项资金，用于实施农业技术推广项目。中央财政对重大农业技术推广给予补助。

县、乡镇国家农业技术推广机构的工作经费根据当地服务规模和绩效确定，由各级财政共同承担。

任何单位或者个人不得截留或者挪用用于农业技术推广的资金。

第二十九条 各级人民政府应当采取措施，保障和改善县、乡镇国家农业技术推广机构的专业技术人员的工作条件、生活条件和待遇，并按照国家规定给予补贴，保持国家农业技术推广队伍的稳定。

对在县、乡镇、村从事农业技术推广工作的专业技术人员的职称评定，应当以考核其推广工作的业务技术水平和实绩为主。

第三十条 各级人民政府应当采取措施，保障国家农业技术推广机构获得必需的试验示范场所、办公场所、推广和培训设施设备等工作条件。

地方各级人民政府应当保障国家农业技术推广机构的试验示范场所、生产资料和其他财产不受侵害。

第三十一条 农业技术推广部门和县级以上国家农业技术推广机构，应当有计划地对农业技术推广人员进行技术培训，组织专业进修，使其不断更新知识、提高业务水平。

第三十二条 县级以上农业技术推广部门、乡镇人民政府应当对其管理的国家农业技术推广机构履行公益性职责的情况进行监督、考评。

各级农业技术推广部门和国家农业技术推广机构，应当建立国家农业技术推广机构的专业技术人员工作责任制度和考评制度。

县级人民政府农业技术推广部门管理为主的乡镇国家农业技术推广机构的人员,其业务考核、岗位聘用以及晋升,应当充分听取所服务区域的乡镇人民政府和服务对象的意见。

乡镇人民政府管理为主、县级人民政府农业技术推广部门业务指导的乡镇国家农业技术推广机构的人员,其业务考核、岗位聘用以及晋升,应当充分听取所在地的县级人民政府农业技术推广部门和服务对象的意见。

第三十三条 从事农业技术推广服务的,可以享受国家规定的税收、信贷等方面的优惠。

第五章 法律责任

第三十四条 各级人民政府有关部门及其工作人员未依照本法规定履行职责的,对直接负责的主管人员和其他直接责任人员依法给予处分。

第三十五条 国家农业技术推广机构及其工作人员未依照本法规定履行职责的,由主管机关责令限期改正,通报批评;对直接负责的主管人员和其他直接责任人员依法给予处分。

第三十六条 违反本法规定,向农业劳动者、农业生产经营组织推广未经试验证明具有先进性、适用性或者安全性的农业技术,造成损失的,应当承担赔偿责任。

第三十七条 违反本法规定,强迫农业劳动者、农业生产经营组织应用农业技术,造成损失的,依法承担赔偿责任。

第三十八条 违反本法规定,截留或者挪用用于农业技术推广的资金的,对直接负责的主管人员和其他直接责任人员依法给予处分;构成犯罪的,依法追究刑事责任。

第六章 附 则

第三十九条 本法自公布之日起施行。

附录 Ⅱ

农业部关于贯彻实施
《中华人民共和国农业技术推广法》的意见

十一届全国人民代表大会常务委员会第二十八次会议审议通过了《中华人民共和国农业技术推广法》（以下简称农业技术推广法），已于 2013 年 1 月 1 日起施行。为做好农业技术推广法的贯彻实施工作，现提出如下意见。

一、健全国家农业技术推广机构

（一）依法完善国家农业技术推广机构设置。根据农业生态条件、产业特色、生产规模、区域布局及农业技术推广工作需要，依法设立各级国家农业技术推广机构。县级以上机构要突出动植物良种繁育、作物栽培、土壤改良与肥料施用、植物保护、畜牧（草原）、水产、动物防疫、农业机械化等重点专业的技术推广工作，科学设置。乡级国家农业技术推广机构可按乡镇设置，也可按区域设置；可按行业（专业）设置，也可综合设置。要处理好乡级农业技术推广机构与其他农业公共服务机构的关系，确保技术、人才和设施设备资源发挥最大效能。对于县以上主要从事行政管理、执法监督或技术支持性业务，同时承担本区域内部分行业或专业农业技术推广职能的机构，其技术推广工作要依照农业技术推广法管理。

（二）明确国家农业技术推广机构职责。根据职能分工，将农业技术推广法第十一条规定的公益性职责细化分解，落实到每个国家农业技术推广机构。国家农业技术推广机构在履行好公益性职责的同时，要参与制订本级农业技术推广计划并组织实施，按照当地政府和农业部门以及上级农业技术推广机构的部署，实施农业技术推广规划和项目，组织开展农业技术推广工作，协调指导好其他农业技术推广组织的推广服务活动，切实发挥在农业技术推广工作中的主导作用。县级以上农业技术推广机构要做好本区域农业技术推广工作的组织与指导，组织开展跨区域重大农业技术的引进、集成、试验、示范；乡级农业技术推广机构要按照上级有关部署，宣传贯彻农业法律法规及强农惠农富农政策，进村入户开展技术推广服务工作，指导并支持村级农业技术服务站点、农民技术人员开展农业技术推广活动。切实把基层农业技术推广机构的经营性职能分离出去，按市场化方式运作。

（三）规范国家农业技术推广机构名称和标识。按照突出职能、易于识别的原则，会同有关部门进一步规范国家农业技术推广机构的名称和标识。按照"行政区划名称＋行（专）业名称＋通用名称"的形式，对乡级国家农业技术推广机构名称予以统一。按乡镇设立的机构以"站"或"中心"为通用名称；跨乡镇设立并承担两个以上乡镇相关行业全部技术推广工作的机构可称"区域站"；设置在某一乡镇并辐射带动周边其他乡镇农业技术推广机构开展业务工作的机构称"中心站"。按行业设置的机构以"农业技术推广（或畜牧兽医、草原工作、水产技术推广、农业机械化技术推广等）"为行（专）业名称；综合设置的机构以"农业技术推广"或相关专业组合为行（专）业名称。行政区划名称统一为乡级农业技术推广机构所在乡镇名称，其中区域站、中心站使用驻在地的乡镇专名。规范后的乡级国家农业技术推广机构名称,应逐步达到在同一省份、同一行业范围内的统一。农业部(现农业农村部)将统一设计发布国家农业技术推广机构标识,各级农业技术推广机构要将标识置于明显位置。

(四)理顺国家农业技术推广机构管理体制。各省级农业部门要根据地方农业技术推广工作特点,会同有关部门研究提出完善乡镇农业技术推广机构管理体制的意见,加强县级农业部门对乡镇农业技术推广工作的管理和指导。乡镇农业技术推广机构以县级农业部门管理为主的地区,要进一步巩固改革成果,稳定管理体制。乡镇农业技术推广机构以乡镇政府管理为主的地区,要明确县级农业部门在农业技术推广计划制定、组织实施、工作考核以及人员调配、岗位聘用和晋升等方面的指导职责,落实乡镇农业技术推广工作责任,确保乡镇推广机构及农技人员有效履行职责。继续深化乡镇农业技术推广机构管理体制改革,实现管人与管事的有机统一,发挥县乡服务机构的整体功能。

(五)科学核定国家农业技术推广机构人员编制。协调配合机构编制、财政等部门科学确定国家农业技术推广机构人员编制,确保公益性职能的有效履行。编制确定要根据当地农业产业特点和规模、工作职责任务、服务对象数量与分布、服务半径与服务手段、交通状况等因素综合考虑。其中种植业、畜牧兽医(草原)、渔业技术推广机构人员编制分别以所服务区域农作物播种面积和主要作物种植比例、畜禽养殖量与规模养殖比重(或草原管护面积)、水产养殖面积与水面结构比例等为依据。农业机械化技术推广机构人员编制以种养方式、种类构成及农机保有量为依据。承担农产品质量检验检测服务的人员编制要以服务区域的农产品种类、规模与质量要求为依据。

(六)合理设置国家农业技术推广机构的岗位。根据农业技术推广服务工作需要和人员编制情况,按照因事设岗、以岗管人、优化组合的原则,设置国家农业技术推广机构岗位,明确岗位名称、职责任务、任职条件,实现农技人员由身份管理向岗位管理的转变。严格按照法律规定控制岗位比例,乡级推广机构的岗位应当全部为专业技术岗位。乡级推广机构岗位设置要围绕当地特色主导产业和共性服务需求,突出作物栽培、植物保护、养殖技术、草原管护、动物防疫、农机化服务、农产品质量安全服务、农情信息、生态监测保护等重点岗位,同时兼顾各行业发展需要和个性化服务需求,做到突出重点、统筹兼顾、全面履责。人员编制不足的机构,要加强岗位整合和人员协作,实行一岗多职或双重系列交叉设岗。加快实施农业技术推广服务特设岗位计划,选拔一批大学生到乡镇担任特岗人员。

二、加强国家农业技术推广队伍建设

(七)强化农技人员聘用管理。建立公开招聘、竞争上岗、择优录用的人员聘用制度,按核定编制配齐技术人员,签订聘用合同,明确责任义务。根据规定权限和程序,以定编、定岗、不定人的方式,探索实行人员动态管理,逐步建立总体稳定、留优汰劣、人尽其才的人员进、管、出新机制,不断优化队伍结构。严格农技人员上岗条件,新进人员应当具备全日制普通高校相关专业大专以上学历,并符合岗位职责要求。省级农业部门要会同人事部门抓紧制定完善新进农技人员的专业技术水平考核办法,以及特定地区聘用中专学历或其他具有相应专业技术水平人员的办法。现有人员未达到法律规定专业技术水平的,要通过继续教育,在规定时间内达到要求。

(八)建立农技人员培训长效机制。科学制定培训规划和年度计划,统筹安排农技人员培训工作，实现农技人员培训制度化。坚持按需培训，突出农业先进技术、政策法规、推广方法以及农业经营管理、农产品市场营销等方面的知识技能培训，着力培养业务精、素质高、能力强的复合型农技推广人才。遵循成人继续教育规律，创新培训方式，运用现代培训手段，采取多种形式，提高培训实效。依托农业科研、教学、推广机构，建立一批农技人员培训基地。加强培训督导，明确工作责任，保证培训质量。鼓励支持在职农技人员攻读推广硕士，到农业院校、科研院所进行专业研修深造，提高专业水平和学历层次。

（九）完善农技人员职称评聘制度。加快推进农技人员职称评定制度改革，分层分类、科学合理制定农技人员职称评定标准。对在县、乡镇、村从事农业技术推广工作的专业技术人员，要充分考虑实际情况，合理把握其学历资历、成果奖项、论文论著等条件，重点考评业务工作水平和推广服务实效，注重业内与群众认可。在全国农业技术推广研究员评审中，将推荐比例向县乡基层倾斜；对符合条件的乡镇农技人员要优先推荐；对县级以下农技人员职称外语不做硬性要求。逐步达到县级都有农技推广研究员、重点乡镇有具有高级职称的农技人员。

三、创新国家农业技术推广机构工作运行机制

（十）全面推行农业技术推广责任制度。推行农业技术推广工作目标管理，将各项推广职能分解成具体任务，细化量化并落到每个机构、每个岗位、每名农技人员。实行县级农业技术推广首席专家负责制，按照县域农业主导产业及重点专业设置首席专家，负责制定并组织实施重大农业技术推广计划，开展关键农业技术的引进、集成、示范和推广，研究解决农业生产技术难题，指导农业灾害应急处置。分类组建县级技术指导员队伍，按首席专家的部署落实农业技术推广计划，联系和指导乡镇农技人员、核心示范户和农业生产经营组织，开展关键农业技术推广工作。明确乡镇农技人员工作责任，通过包村联户等方式，联系村级农业技术服务站点、农民技术人员、科技示范户和试验示范基地，确保农业技术推广服务全覆盖。将农业技术推广机构和每名农技人员的服务区域和服务内容向社会公开，向服务对象作出服务时限、服务质量等承诺。督促农技人员制定工作计划，填写工作台账，撰写工作总结，强化工作考勤和督查，确保职责有效履行。鼓励各地积极探索其他有效落实农业技术推广责任制的方式和办法。

（十一）健全农业技术推广工作考评机制。建立工作考评制度，科学制定考评方案，细化实化考核指标，坚持定量考核与定性考核相结合，平时考核与年度考核相结合。对农业技术推广机构的考评，要注重公益性职责履行、工作目标实现、农业技术推广项目实施、向社会提供公益性服务的质量和效果等。对农技人员的考评，要以推广服务工作实绩为基础，以岗位职责、聘任合同、年度工作目标、服务对象满意程度为依据，结合日志记录、制度执行等情况，做到专业能力与工作表现并重、工作数量与质量并重、标准统一与岗位差异兼顾。对乡镇农业技术推广机构实行县级农业部门、乡镇政府、服务对象三方考评。对乡镇农技人员全面推行所在单位、县级农业部门、乡镇政府、服务对象综合考评，根据不同管理体制状况，科学确定考核权重，突出把农民的满意程度作为考评的重要指标。

（十二）建立农业技术推广工作激励机制。将农技推广人员的考评结果作为绩效工资兑现、职务职称晋升、岗位调整、合同续聘解聘、技术指导补贴发放、学习培训和评先评优的主要依据，将农业技术推广机构绩效考评结果与全体人员尤其是机构负责人的个人绩效挂

钩，做到按绩取酬、奖勤罚懒。坚持全国农牧渔业丰收奖奖励制度，完善推荐、评审程序和标准，鼓励各地依法设立农业技术推广奖，对在农业技术推广中做出贡献的单位和个人给予奖励，评奖指标向基层和生产一线倾斜。建立责任追究制，对不依法履行推广服务职责的农技推广机构和农技人员，要依法追究相应责任。

四、促进多元化农业技术服务组织发展

（十三）引导农业科研教学单位成为农业技术推广的重要力量。完善农业科研评价机制，将试验示范、推广应用成效以及科研成果的应用价值评估等内容作为相关研究工作的重要评价指标，吸收农业技术推广机构、农业企业和基层农技人员作为验收评价的重要主体。鼓励各地根据农业生产需要设立农业技术推广专项，支持符合条件的农业科研院所、涉农学校参与农业技术推广。农业科研教学单位要切实把科研、教学人员从事农业技术推广服务工作实绩作为工作考核、职称评定的重要依据。推行推广教授、推广型研究员制度，鼓励科研教学人员深入基层开展农业技术培训和指导服务，解决农业生产一线的实际问题。大力推行专家大院、科普大集、院（校）地共建、科技特派员等模式，引导科研院所、高等学校建立农业科技园区和试验示范基地，集成、熟化、推广农业技术成果。

（十四）充分发挥农民专业合作社、涉农企业、群众性科技组织及其他社会力量的作用。加快推进多元化农业服务组织发展，完善资金扶持、业务指导、订购服务、定向委托、公开招标制度，落实税收、信贷优惠政策，多渠道鼓励和支持农民专业合作社、涉农企业为农民提供农资统供、统耕统种统收、病虫害统防统治、农产品统购统销等各种形式的农业产前、产中、产后全程服务，提高农民应用先进技术的组织化程度。支持符合条件的农民专业合作社、涉农企业参与国家或地方重大农业技术推广项目的实施。积极引导和扶持农村专业技术协会等群众性科技组织发展，发挥其在农业技术推广中的作用。支持农垦系统进一步健全和完善适合自身实际的农业技术推广体系。鼓励农场、牧场、渔场面向社会开展农业技术推广服务活动。

（十五）加强村农业技术服务站点和农民技术人员队伍建设。以村集体经济组织、农民专业合作社、科技示范户、农民技术人员等为依托，采取民办公助、技物结合、动态管理的方式，积极稳妥推进村农业技术服务站点建设。强化站点布局、建设标准、人员选配等方面的规划与指导，拓展服务内容，规范服务行为，推行标准化管理。积极推进村级动物防疫员、农技员、植保员队伍建设，落实工作责任，符合条件的按规定授予技术职称。加大投入力度，对协助开展公益性农技推广活动的村农业技术服务站点可给予一定经费支持，对选配的农民技术人员按规定落实工作补助。切实发挥基层国家农业技术推广机构的技术支撑作用，建立基层农技人员与村农业技术服务站点和农民技术人员对接机制，加强技术培训、指导与考核，协助解决生产技术难题。协调村民委员会和村集体经济组织，通过提供办公场所和试验示范基地、资助活动经费、加强信息宣传等方式，帮助和推动村农业技术服务站点和农民技术人员开展工作。

五、加强农业技术推广与应用

（十六）注重农业技术推广活动的统筹协调。立足农业农村经济发展实际，将重大农业技术推广工作作为重点内容列入当地经济社会、农业农村、科学技术发展规划与计划，会同

地方有关部门共同组织实施。运用行政工作协调、重大项目集聚、市场机制引导等手段，努力打破部门、地域、行业、单位界限，统筹配置农业技术推广服务资源，推进农业科研教学单位、国家农业技术推广机构、农民专业合作社、涉农企业等的联合协作，形成产学研紧密结合、公益性推广与经营性推广优势互补、专项服务与综合服务良性互动的农业技术推广工作新机制。在有关规划部署、任务落实、政策支持、监督考核、总结宣传中，将各类农业技术推广主体一同考虑，充分调动各方参与农业技术推广工作的积极性。

（十七）创新农业技术推广方式方法。坚持主导品种、主推技术推介制度，每年遴选发布一批适于当地推广应用的主导品种和先进实用技术。大力推行"专家—农技人员—科技示范户"、农民田间学校等服务模式，组织农业科技人员在关键农时季节深入田间地头开展技术服务，实现对农业大县、重点乡村全覆盖，提高技术入户率和到位率。依托重大项目工程，大力示范推广防灾增产、节本增效、生态环保、安全优质等重大关键技术。加快各种现代农业示范区和农业示范基地建设，强化与国家现代农业产业技术体系、地方创新团队的有机衔接，主动承接其各类项目、计划的研发成果。充分利用传统媒介，积极运用信息网络和现代通讯传播手段，提高推广服务效率。

（十八）规范农业技术推广行为。认真做好农业技术推广应用前的试验示范，确保技术的先进性、适用性和安全性。坚持农业技术应用的自愿原则，不得强迫农民和农业生产经营组织采用新品种、新技术。坚持公益性推广与经营性推广分类管理，国家农业技术推广机构要切实依法履行公共服务职责，推广农业技术一律实行无偿服务；其他各类单位和个人以政府订购、定向委托、实施项目等形式承担公益性服务的，不得额外向农民收费；支持农业科研教学单位、企业及其科技人员依法开展有偿技术服务，依法保护知识产权。加强农业技术推广事故的责任鉴定和损失评估，为惩处违法行为、保护农民权益提供依据。

（十九）提高农民应用先进技术的能力。加大各类农村实用人才培养计划实施力度，依托重大工程项目，扩大培训规模，提高补助标准。深入实施农村劳动力培训阳光工程，加快培养农村技能服务型和生产经营型人才。按照农时季节需求，运用多种方式，广泛开展农业先进实用技术普及性培训。加强政策引导，加大投入力度，加快试点进度，大力培育高素质农民。积极探索解决农民接受非全日制中等职业教育享受国家助学和免学费政策，鼓励农民以半农半读形式，就地就近接受职业教育。

六、落实农业技术推广保障措施

（二十）建立农业技术推广经费投入的长效机制。积极争取地方政府和有关部门的支持，发挥政府在农业技术推广投入中的主导作用，保证财政预算内用于农业技术推广的资金按规定幅度逐年增长。将国家农业技术推广机构的人员经费、基本运转经费等各项支出依法纳入同级财政预算给予保证。深入实施中央财政重大农业技术推广项目，推动大幅度增加农业防灾减灾稳产增产关键技术补贴。鼓励各地设立农业技术推广专项资金，对地区性重大农业技术推广给予补助。积极鼓励和引导社会资金的投入，推动全社会用于农业技术推广的资金持续稳定增长。

（二十一）提高基层农技人员工资待遇。认真贯彻国家事业单位工作人员收入分配制度改革方案，推动地方有关部门保障县乡农技人员的工资福利待遇，包括基本工资、津贴补贴、绩效工资、社会保险缴费、住房公积金等。落实乡镇农技人员工资上浮和固定政策，按规定发放有毒有害保健、畜牧兽医医疗卫生和艰苦边远地区工作等津补贴,切实提高基层农技人员的工资待遇水平。按规定将农技人员的养老、医疗、失业等各项社会保险支出纳入当地社会保障体系,为他们扎根基层、服务基层提供保障。

(二十二)落实基层国家农业技术推广机构工作经费。加强基层农技推广体系改革与建设补助资金的使用管理和绩效考核,完善中央财政对基层农业技术推广工作经费的补助机制。各地农业部门要抓紧会同有关部门根据当地实际状况,以所服务区域的农作物播种面积、畜禽养殖量、草原管护面积、水产养殖面积、农机保有量等为依据,结合产业结构、地域范围等因素,研究提出县乡农业技术推广机构履行法定公益性职责所需工作经费测算参考标准和额度,明确省以下各级财政承担比例并依法纳入预算,用于试验示范、咨询服务、检验检测、农民培训、下乡交通等日常业务工作支出,保障基层农业技术推广工作持续有效开展。将基层农业技术推广工作实绩作为分配中央财政补助资金和测算安排地方财政工作经费的重要参照指标,充分发挥资金的引导激励作用。

(二十三)改善基层农业技术推广工作条件。加快实施乡镇农技推广机构条件建设项目,抓紧落实地方配套资金、建设用地及其他相关配套政策,为推广机构建设业务用房,配置检验检测、技术推广、农民培训设备及交通工具等。加强项目建设和资金管理,规范工程招投标和设备采购程序,落实工作责任,确保建设质量和进度。鼓励有条件的地区加大地方财政投入,扩大投资规模,提高建设标准。对县以上财政投资形成的基层农业技术推广机构固定资产,要抓紧办理产权手续,建立固定资产台账,未经建设审批机关及国有资产管理部门同意,任何单位不得随意变更用途或擅自处置。推动地方财政设立专门资金,用于基层农技推广服务设施设备的更新完善。

七、营造贯彻实施农业技术推广法的良好氛围

(二十四)切实加强组织领导。各级农业部门作为农业技术推广工作主管部门,要切实发挥牵头作用,把贯彻实施农业技术推广法摆上更加突出的位置,加强组织领导,制定工作方案,明确目标任务,落实工作责任。要加强与编制、人事、发改、财政、科技、教育等部门的沟通协调,积极争取落实有关政策,加强对农技推广工作的扶持。要加强与农业科研机构、相关学校的联系,强化联合协作,形成工作合力。要加强调查研究,及时解决农业技术推广法贯彻实施中出现的新问题。各级农业科研教学单位要积极配合,面向"三农"需要,立足自身实际,创新服务模式,主动参与农业技术推广工作。新疆生产建设兵团农业部门和农业部(现农业农村部)直属垦区,要组织所属农业技术推广单位做好农业技术推广法贯彻实施的各项工作。

(二十五)广泛开展学习宣传活动。各级农业部门、有关单位要组织广大农业科技人员,深入学习法律条文尤其是各项新规定,把握立法目的和精神实质,做到准确理解法律、自觉遵守法律、严格执行法律,夯实贯彻实施农业技术推广法的主体基础。要充分利用各类新闻媒体,向社会广泛宣传农业技术推广法的重要意义和规定要求,宣传农业技术推广工作成效,宣传长期扎根农村、服务农民的农技人员典型,引导社会各界更加关心、理解和支持农业技术推广事业,营造贯彻实施农业技术推广法的社会氛围。

(二十六)抓紧完善地方性法规规章。各省农业部门要按照法律规定和中央的统一部署,会同林业、水利等部门,积极争取地方党委、人大、政府和有关部门的支持,抓紧启动农业

技术推广法实施办法的制修订工作,并纳入省级立法计划。要立足当地农业农村发展实际,抓紧研究相应政策措施,在农业技术推广法的基本框架下,对农业技术推广机构人员编制、管理体制、上岗条件、经费保障等方面规定进行细化实化,进一步强化农业技术推广的法制保障。

(二十七)加强法律实施的监督检查。各地农业部门要以农业技术推广法贯彻实施为契机,依靠和运用法律手段加快推进农业技术推广各项工作,全力维护农业技术推广单位、农技人员和农民群众的合法权益。积极配合各级人大、政府,以基层农业技术推广机构建设、公益性职责履行、保障措施落实等情况为重点,加强对贯彻实施农业技术推广法情况的督导检查,对发现不符合法律规定的行为依法予以查处和纠正,着力打造学法知法、懂法用法、依法行政、依法推广的良好局面。农业部(现农业农村部)将适时组织对农业系统贯彻实施农业技术推广法情况的督导检查。

农业部

2013 年 1 月 4 日

附录 Ⅲ

实施《中华人民共和国促进科技成果转化法》若干规定

为加快实施创新驱动发展战略，落实《中华人民共和国促进科技成果转化法》，打通科技与经济结合的通道，促进大众创业、万众创新，鼓励研究开发机构、高等院校、企业等创新主体及科技人员转移转化科技成果，推进经济提质增效升级，作出如下规定。

一、促进研究开发机构、高等院校技术转移

（一）国家鼓励研究开发机构、高等院校通过转让、许可或者作价投资等方式，向企业或者其他组织转移科技成果。国家设立的研究开发机构和高等院校应当采取措施，优先向中小微企业转移科技成果，为大众创业、万众创新提供技术供给。

国家设立的研究开发机构、高等院校对其持有的科技成果，可以自主决定转让、许可或者作价投资，除涉及国家秘密、国家安全外，不需审批或者备案。

国家设立的研究开发机构、高等院校有权依法以持有的科技成果作价入股确认股权和出资比例，并通过发起人协议、投资协议或者公司章程等形式对科技成果的权属、作价、折股数量或者出资比例等事项明确约定，明晰产权。

（二）国家设立的研究开发机构、高等院校应当建立健全技术转移工作体系和机制，完善科技成果转移转化的管理制度，明确科技成果转化各项工作的责任主体，建立健全科技成果转化重大事项领导班子集体决策制度，加强专业化科技成果转化队伍建设，优化科技成果转化流程，通过本单位负责技术转移工作的机构或者委托独立的科技成果转化服务机构开展技术转移。鼓励研究开发机构、高等院校在不增加编制的前提下建设专业化技术转移机构。

国家设立的研究开发机构、高等院校转化科技成果所获得的收入全部留归单位，纳入单位预算，不上缴国库，扣除对完成和转化职务科技成果作出重要贡献人员的奖励和报酬后，应当主要用于科学技术研发与成果转化等相关工作，并对技术转移机构的运行和发展给予保障。

（三）国家设立的研究开发机构、高等院校对其持有的科技成果，应当通过协议定价、在技术交易市场挂牌交易、拍卖等市场化方式确定价格。协议定价的，科技成果持有单位应当在本单位公示科技成果名称和拟交易价格，公示时间不少于15日。单位应当明确并公开异议处理程序和办法。

（四）国家鼓励以科技成果作价入股方式投资的中小企业充分利用资本市场做大做强，国务院财政、科技行政主管部门要研究制定国家设立的研究开发机构、高等院校以技术入股形成的国有股在企业上市时豁免向全国社会保障基金转持的有关政策。

（五）国家设立的研究开发机构、高等院校应当按照规定格式，于每年3月30日前向其主管部门报送本单位上一年度科技成果转化情况的年度报告，主管部门审核后于每年4月30日前将各单位科技成果转化年度报告报送至科技、财政行政主管部门指定的信息管理系统。年度报告内容主要包括：

1. 科技成果转化取得的总体成效和面临的问题；

2. 依法取得科技成果的数量及有关情况；

3. 科技成果转让、许可和作价投资情况；

4. 推进产学研合作情况，包括自建、共建研究开发机构、技术转移机构、科技成果转化服务平台情况，签订技术开发合同、技术咨询合同、技术服务合同情况，人才培养和人员流动情况等；

5. 科技成果转化绩效和奖惩情况，包括科技成果转化取得收入及分配情况，对科技成果转化人员的奖励和报酬等。

二、激励科技人员创新创业

（六）国家设立的研究开发机构、高等院校制定转化科技成果收益分配制度时，要按照规定充分听取本单位科技人员的意见，并在本单位公开相关制度。依法对职务科技成果完成人和为成果转化作出重要贡献的其他人员给予奖励时，按照以下规定执行：

1. 以技术转让或者许可方式转化职务科技成果的，应当从技术转让或者许可所取得的净收入中提取不低于50%的比例用于奖励。

2. 以科技成果作价投资实施转化的，应当从作价投资取得的股份或者出资比例中提取不低于50%的比例用于奖励。

3. 在研究开发和科技成果转化中作出主要贡献的人员，获得奖励的份额不低于奖励总额的50%。

4. 对科技人员在科技成果转化工作中开展技术开发、技术咨询、技术服务等活动给予的奖励，可按照促进科技成果转化法和本规定执行。

（七）国家设立的研究开发机构、高等院校科技人员在履行岗位职责、完成本职工作的前提下，经征得单位同意，可以兼职到企业等从事科技成果转化活动，或者离岗创业，在原则上不超过3年时间内保留人事关系，从事科技成果转化活动。研究开发机构、高等院校应当建立制度规定或者与科技人员约定兼职、离岗从事科技成果转化活动期间和期满后的权利和义务。离岗创业期间，科技人员所承担的国家科技计划和基金项目原则上不得中止，确需中止的应当按照有关管理办法办理手续。

积极推动逐步取消国家设立的研究开发机构、高等院校及其内设院系所等业务管理岗位的行政级别，建立符合科技创新规律的人事管理制度，促进科技成果转移转化。

（八）对于担任领导职务的科技人员获得科技成果转化奖励，按照分类管理的原则执行：

1. 国务院部门、单位和各地方所属研究开发机构、高等院校等事业单位（不含内设机构）正职领导，以及上述事业单位所属具有独立法人资格单位的正职领导，是科技成果的主要完成人或者对科技成果转化作出重要贡献的，可以按照促进科技成果转化法的规定获得现金奖励，原则上不得获取股权激励。其他担任领导职务的科技人员，是科技成果的主要完成人或者对科技成果转化作出重要贡献的，可以按照促进科技成果转化法的规定获得现金、股份或者出资比例等奖励和报酬。

2. 对担任领导职务的科技人员的科技成果转化收益分配实行公开公示制度，不得利用职权侵占他人科技成果转化收益。

（九）国家鼓励企业建立健全科技成果转化的激励分配机制，充分利用股权出售、股权奖励、股票期权、项目收益分红、岗位分红等方式激励科技人员开展科技成果转化。国务院财政、科技等行政主管部门要研究制定国有科技型企业股权和分红激励政策，结合深化国有企业改革，对科技人员实施激励。

（十）科技成果转化过程中，通过技术交易市场挂牌交易、拍卖等方式确定价格的，或者通过协议定价并在本单位及技术交易市场公示拟交易价格的，单位领导在履行勤勉尽责义务、没有牟取非法利益的前提下，免除其在科技成果定价中因科技成果转化后续价值变化产生的决策责任。

三、营造科技成果转移转化良好环境

（十一）研究开发机构、高等院校的主管部门以及财政、科技等相关部门，在对单位进行绩效考评时应当将科技成果转化的情况作为评价指标之一。

（十二）加大对科技成果转化绩效突出的研究开发机构、高等院校及人员的支持力度。研究开发机构、高等院校的主管部门以及财政、科技等相关部门根据单位科技成果转化年度报告情况等，对单位科技成果转化绩效予以评价，并将评价结果作为对单位予以支持的参考依据之一。

国家设立的研究开发机构、高等院校应当制定激励制度，对业绩突出的专业化技术转移机构给予奖励。

（十三）做好国家自主创新示范区税收试点政策向全国推广工作，落实好现有促进科技成果转化的税收政策。积极研究探索支持单位和个人科技成果转化的税收政策。

（十四）国务院相关部门要按照法律规定和事业单位分类改革的相关规定，研究制定符合所管理行业、领域特点的科技成果转化政策。涉及国家安全、国家秘密的科技成果转化，行业主管部门要完善管理制度，激励与规范相关科技成果转化活动。对涉密科技成果，相关单位应当根据情况及时做好解密、降密工作。

（十五）各地方、各部门要切实加强对科技成果转化工作的组织领导，及时研究新情况、新问题，加强政策协同配合，优化政策环境，开展监测评估，及时总结推广经验做法，加大宣传力度，提升科技成果转化的质量和效率，推动我国经济转型升级、提质增效。

（十六）《国务院办公厅转发科技部等部门关于促进科技成果转化若干规定的通知》（国办发〔1999〕29号）同时废止。此前有关规定与本规定不一致的，按本规定执行。

主要参考文献

高启杰.2008.农业推广学[M].北京：中国农业大学出版社.
高启杰.2010.多元化农业推广组织发展研究[J].技术经济与管理研究（5）.
郝建平.1997.农业推广技能[M].北京：经济科学出版社.
李远，孟晓宏.2000.美国合作农业推广体制[J].世界农业（2）.
李长春，陈泉，姚国新，等.2012.农业推广组织多元化实证分析——以湖北省孝感市为例[J].湖北农业科学（9）.
刘斌.2004.中国"三农"问题报告[M].北京：中国发展出版社.
卢敏.2009.农业推广学[M].北京：中国农业出版社.
马占元，杨林.1992.农业技术推广指南[M].石家庄：河北科学技术出版社.
聂闯.2001.世界农业推广体系现状[J].世界农业（4）.
任晋阳.1998.农业推广学[M].北京：中国农业大学出版社.
汤锦如.2007.农业推广学[M].北京：中国农业出版社.
田伟，皇甫自起.2009.农业推广[M].北京：化学工业出版社.
王多胜.2002.农技推广实践与创新[M].北京：中国农业科学技术出版社.
王福海，王海波.2014.农业推广[M].3版.北京：中国农业出版社.
王慧军.2002.农业推广学[M].北京：中国农业出版社.
许玉璋.1989.农业推广学[M].北京：世界图书出版社.
杨映辉.1998.中国农业推广运行机制改革[M].北京：中国农业科学技术出版社.
张仲威.1996.农业推广学[M].北京：中国农业科学技术出版社.
赵艳华.2007.发展农业科技园区，推广现代农业科技[J].今日中国论坛（8）.
朱启臻.2013.生存的基础：农村社会学特性与政府责任[M].北京：社会科学文献出版社.

图书在版编目（CIP）数据

农业推广／王福海，王海波主编．—4版．—北京：
中国农业出版社，2019.9（2024.12重印）
"十二五"职业教育国家规划教材　经全国职业教育
教材审定委员会审定　高等职业教育农业农村部"十三五"
规划教材
　　ISBN 978-7-109-26196-9

Ⅰ.①农…　Ⅱ.①王…②王…　Ⅲ.①农业科技推广
—高等职业教育—教材　Ⅳ.①S3-33

中国版本图书馆CIP数据核字（2019）第247200号

中国农业出版社出版
地址：北京市朝阳区麦子店街18号楼
邮编：100125
责任编辑：吴　凯
版式设计：杨　婧　责任校对：周丽芳
印刷：北京通州皇家印刷厂
版次：2002年2月第1版　2019年9月第4版
印次：2024年12月第4版北京第4次印刷
发行：新华书店北京发行所
开本：787mm×1092mm　1/16
印张：12.5
字数：290千字
定价：40.00元

版权所有·侵权必究
凡购买本社图书，如有印装质量问题，我社负责调换。
服务电话：010-59195115　010-59194918